驯化

十个物种造就了今天的世界

〔英〕 艾丽丝·罗伯茨 著

李文涛 译

读者出版社

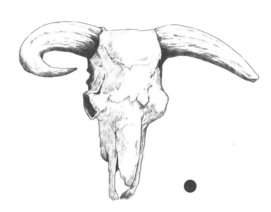

Tamed

*Ten Species
That Changed Our World*

新经典文化股份有限公司
www.readinglife.com
出　品

致痴爱荒野的
菲比
和
威尔芙

目录

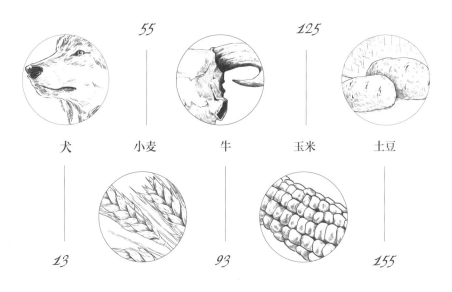

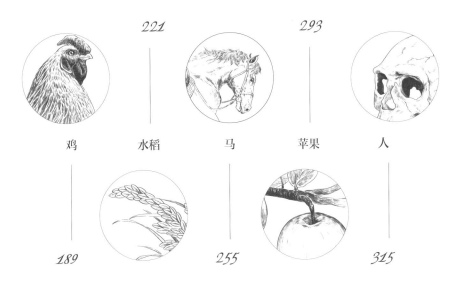

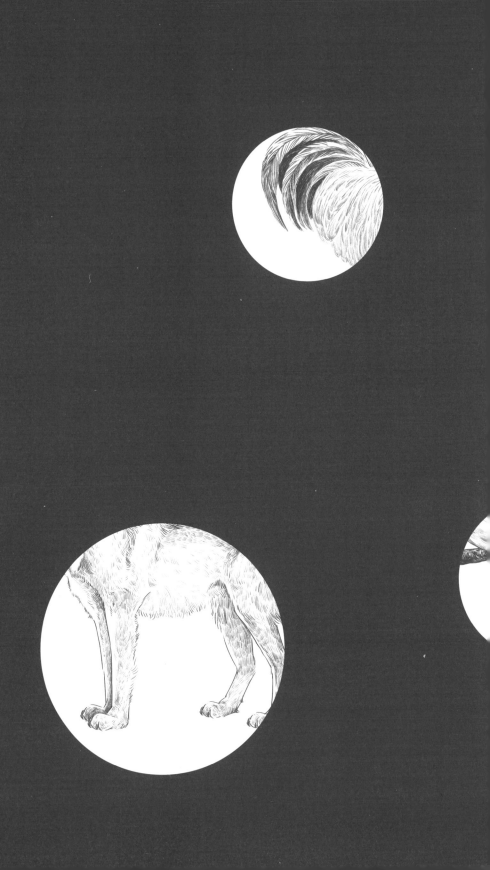

引 言
Introduction

最亲爱的人啊，注意用心听啦！因为这一切，都是如今已驯化的动物还处于野生状态下发生和变化的。当时，狗没有驯化，马没有驯化，牛也没有驯化……这些动物孤独地行走在潮湿的野森林中……

——鲁德亚德·吉卜林 《独来独往的猫》

数十万年的时间里，我们祖先都依赖于野生动植物生存。他们狩猎、采集，具有高超的生存技能，但他们只是在接受世界的本来面目，少有以己之力改造之。

　　后来，发生了新石器革命，虽然时间不同、地点不同、方式各异，但都不妨碍这是一场全球范围的革命。作为猎人和采集者，我们的祖先也决定性地改变了与其他物种交流的方式。他们驯化了野生物种，成为牧人和农民。野生动植物的驯化和培养为人类走向现代社会铺平了道路，使得人口激增，早期的文明也开始萌芽壮大。

　　揭开我们熟悉的物种背后所深藏的历史你会发现，这些动植物从过去到现在对我们人类的生存和发展是多么重要。这些"他者"已经和我们一起遍布整个世界，它们给我们生活带来的改变不可估量。在本书中，我们将发掘历史，探寻那些往往是令人惊讶的源头。我们还要探究，在人类驯化它们使之成为我们世界的一部分时，这些动植物有了怎样的变化。

驯化物种的起源

维多利亚时代的科学家查尔斯·达尔文着手写当今进化生物学的基石《物种起源》时，他知道，他将引起轩然大波，而且不仅仅在生物学领域。他明白，在着手之前，必须进行认真的基础准备工作。他具有非凡的洞察力，理解物种是如何在历经无数代的时间后，在不经意的自然选择中，变魔术般地发生了变化。他需要带着读者一起爬山，虽然途中会荆棘满布，但只有"凌绝顶"才能见到惊人之美。

因此，达尔文并没有急于直接解释他的发现。相反，他用了整整一章——在我读的版本中篇幅达 27 页，来描述各物种在人类影响之下进化的实例。在众多植物或动物中，都存在变种。通过与某一变种的接触，农民和牧民能够一代一代地改良品种乃至物种。在成百上千年间，人类对一些物种变种的生存和繁殖有促进作用，又对其他物种变种的发展有限制作用。我们祖先的这种塑造行为使得部分物种种类能够更加契合人类的需求、欲望和品味，从而也给驯化物种带来了变化。达尔文将人类选择对驯化物种的影响称为"人工选择"。他知道，读者对这一观点更加熟悉，也更易于接受。他描写了农牧民的选择——在选择特定的个体用以繁殖的同时抛弃其他个体，是如何在无数代的时间里产生许多微小变化，而这些微小变化又随着时间而聚集，从而产生不同的物种品种或亚型。

事实上，关于人工选择能够带来的生物学变化，达尔文的这一介绍不仅仅是文学性的。他本人此前已经着手研究野生物种的驯化问题，因为他相信，这种研究能够更概括地阐明物种进化的机制，也就是如何能够逐渐改进野生动植物。他写道："在我看来，认真研究驯化的动物和栽培的植物很有可能会给我们提供一个最佳的机会，去弄明白这一晦涩的问题。"他还补充说："这种研究没有令我失望。"后人读到此处，仿佛能够看到他眼中闪烁的光芒。

在讨论了人工选择的影响之后，达尔文接着介绍了他的关键理论——自然选择是这个星球上生命的进化机制，是一个自然的过程；随着时间的推移，物种的各种改进会得以传播，最终不仅会催生出新的品种，而且会引发全新物种的出现。

今天读达尔文的书，"人工"（artificial）一词会给我们的理解带来困难。首先，这个词还有另外一层意思，它与"假冒"（fake）同义。达尔文所使用的当然不是这个意思，而是指"使用某种方法"。即便如此，"人工"一词还是隐含着一种"知晓"的含义，因此，它夸大了人在物种驯化中的作用。在现代动植物的繁育中，可能预先会有仔细而审慎的目标。但在早期，我们与那些如今已经成为我们主要盟友的物种接触时，是缺少任何计划的。这一点很令人惊讶。

所以，我们也可以努力找一个新词来取代"人工"。但是，还有另一个问题。既然我们现在已经接受了自然选择在物种进化中的根本性作用，而且大多数人也已经接受了这一生物学现实，那么，对于人类如何影响驯化物种的进化，我们还需要另起炉灶，再做一番描述吗？

区分人工选择和自然选择有助于达尔文建构其论述，有助于他提出一种挑战旧理论的新思想。但是，这种区分实际上是错误的。在将物种个体归为易于繁殖或不易繁殖这个问题上，到底是人类还是自然环境抑或其他物种发挥作用并不重要。对其他任何物种，也都不会有这一区别。以蜜蜂对花的选择进化的影响为例，经过很长时间，这种影响能够改变花朵，使之对授粉昆虫更具吸引力。花的颜色、形状和气味并不是为了使人类感官愉悦，它们的进化只是为了吸引那些长着翅膀的朋友。那么，是蜜蜂进行了人工选择吗？或者这还是自然选择，蜜蜂只是起了媒介的作用？也许，说到人类对驯化物种的影响时，我们不应认为其是"人工选择"，更应把它当作"有人类参与的自然选择"（虽然这样说有点拗口）。

自然选择能够创造奇迹，是通过淘汰一些特定物种变体，而让其他变体存活并繁殖，从而将基因传给下一代。人工选择或"有人类参与的自然选择"经常也是如此。对一些不够温驯、繁殖力不强、不够健壮、高大或乖巧的物种，农牧民也会淘汰掉。达尔文在《物种起源》中如此描述这种反向选择：

> 某一种植物一旦培育好了，育种者并不会去挑选长得最好的，而只会在苗圃里走一圈，将那些长得不合标准、被他们称为"劣种"的苗拔掉。动物实际上也有这样的选择过程，因为谁也不会任由长得最差的动物繁殖后代。

拔掉劣种，剔除那些我们不想用于繁殖后代的动物，或者，更加精心地照顾某些动物，这些行为都使得人类成为自然选择的强大影响因素。我们也使许多种动植物成为我们在生活这场比赛中的盟友。

然而，后面我们还会看到，有时候，驯化这一过程的发生几乎纯属偶然，有时候，那些动植物实际上好像是自我驯化了一样。也许，我们并不如我们曾经想的那样无所不能。甚至当我们专门去驯化某一物种，让其有用于我们时，所做的也不过是激发了一种隐藏的自然驯化的潜力。

要探究那些如今已司空见惯的动植物的历史，我们往往会被带到一些稀奇古怪的地方。现在是追根溯源的好时机。关于每一种被驯化的物种是如何出现的，历来争论激烈：是一个源头、一个独立的驯化区，还是在一个更广阔的区域里，不同的野生物种或亚种被驯化，然后再互相杂交。19世纪，达尔文认为不同野生物种的杂交能够解释我们所见的驯化过程中出现的众多亚种。相比之下，20世纪早期伟大的植物学家尼古拉·瓦维洛夫认为，他能够准确找出各个不同物种的起源中心。考古学、历史学和植物学能够给我们提供很多线索，但也留下了许多未解之谜。随着基因科学——一种新的历史证据源的出现，我们有望对各种互相矛盾的假说进行测试，解释这些看似难解的谜团，揭示出已经被人类所驯化的动植物背后的故事。

生物所携带的基因序列之中，不仅包含形成现代生物体的信息，而且还包含其先祖的蛛丝马迹。通过研究现有物种的DNA（脱氧核糖核酸），我们能够探寻到几千年甚至几百万年前的一些线索。如果我们能再找到一些从古化石中提取的DNA线索，就能获得进一步的信息。基因科学最初的贡献集中在碎片化的基因序列上。但是，就在前几年，基因科学的研究领域拓展到了整个基因组。于是，关于那些与人类最亲近的动植物的起源与历史，出现了许多令人惊奇的发现。

其中有些发现对我们划分生物世界的方法构成了挑战。当然，识别物种是有用且有意义的事情。它将看起来相似的生物体归为一类，看起来相异的归为其他类。但事实是，生物群体会随着时间推移产生进化意义上的变化，这使得明确区分一些物种变得困难。人类确实偏好将事物归类，而生物学似乎更偏向突破类别的界限，这一点我们在本书中将多次体会到。物种世系要差异到什么程度才能形成真正不同的物种？这个问题仍使分类学家困惑。关于被驯化的动植物，其中一些被认为是其野生同类的亚种，因此也被赋予与其野生祖先以及现有同类（如果这些近亲物种还存在）相同的物种名称。有一些生物学家认为，为了称呼方便，即使被驯化物种与其野生同类非常相似，也应提倡赋予其完全不同的物种名称。这种关于命名的争论显示出家养和野生物种之间的界限是何等模糊。

每一种情况下，从牛、鸡到土豆和水稻，驯化物种都与一种早前已经遍布世界的非洲大猩猩①的生活发生交汇，因而在进化轨迹上受到深刻影响。这其中的故事多种多样、不同寻常，但我只重点讲述十个物种，其中一个物种就是我们"智人"。从野生猿猴到文明人类，我们经历了骇人的变化，也可以说，人类从某种程度上是自己驯化了自己。只有自己得到驯化，我们才能驯化其他物种。我将人类的故事放在了最后一章。届时会讲到许多稀奇之事和科学界的最新发现。但是，读者们，你们得耐心等待，首先要了解一下其他九个物种。它们每一种都曾对我们和我们的历史产生巨大影响，现在对我们也很重要。这些驯化物种在时空上分布很广，这样，我们就能理解，在历史的长河中，

---

① 指人类的祖先。——译注（文中脚注皆为译注）

人类是如何在全世界范围内以不同的方式与动植物发生联系的。这些物种散布全球的过程伴随着我们人类的移动轨迹，有时候甚至还促成、催生着人类的迁徙。我们发现，狗伴随着猎人；小麦、水稻和牛伴随着早期农民；马驮着牧民走向历史舞台；苹果被放在鞍囊之中；鸡随着帝国的扩张而遍布全球；土豆和玉米则在信风吹拂下跨越大西洋。

新石器时代构成了现代世界的根基，它起始于约 1.1 万年前的东亚和中东。这是整个人类历史上最重要的发展阶段。这时，人类的命运与其他物种交织在一起，他们之间形成一种共生关系，进化路径也发生交汇。农业的发展，具备了供养地球激增人口的能力。现在，人口仍在增长，但是这个星球养活人类的能力正逐渐被推向极限。很快，我们就得想法找出一些可持续的方法，去养活比现有人口至少还多 10 亿的人。

有些解决之法可能技术含量较低，譬如有机农业。甚至在 15 年前，还有人对它并不看好，但它现在已经显露出非常雄厚的发展潜力。高新技术也会提供一部分解决方案，最新一代的转基因技术能够对生物基因做出调整，使之适应人类需求。这样我们就不必像我们的祖先那样，单纯依赖选择性育种。甚至可以说，人类想象力的边界在哪儿，转基因技术的潜能就能到哪儿。所以，我们人类需要决定的是接受还是拒绝最新的转基因技术。

人类还面临着其他挑战；世界人口仍在增长，而 40% 的土地已经用于农业，要尽可能多地保护野生物种，我们需要充分的证据帮忙找到最佳解决之法。人类是聪明的——聪明一直是人类的特点之一。但是，世界人口还在增长，人们的胃口巨大，生存又离不开成群的驯化物种。人类要通过生物多样性和保留真正的野生环境实现二者的平衡，还需要更多的智慧。有时候会感觉，人类似乎是这个星球上的瘟疫。如果因为人类的新石器革命而最终导致大量物种灭绝和生物毁灭，那将是彻头彻尾的灾难。我们希望人类和我们驯化的物种能够有一个更加绿色的未来。科学研究不仅会阐明我们与其他物种互动的历史，也会给我们提供强大的手段，让我们能够选择未来的方向。而更多地了解驯化物种的历史将有助于我们规划未来。

但是，让我们还是从历史开始，看看它会带我们走向何方。我们的探寻之旅将始于久远的史前社会。那是一个如今已经不可辨识的世界，那里没有城市，没有定居点，没有农场；当时仍处于冰河时代，就在那个时候，人类与他们最早的盟友相遇。

Dogs

犬

男人醒来时问道："那只野狗在干什么？"女人答道："他的名字已经不再是'野狗'了，而是'最好的朋友'，因为他将一直是我们的朋友，直到永远。打猎时记着带上他。"

——鲁德亚德·吉卜林 《独来独往的猫》

树林中的狼

太阳已经落山，气温降得更低。在这几个寒冷的月份里，白昼太短，人们几乎没有足够的时间狩猎、缝补帐篷和砍柴。室外气温一直都在冰点以下。晚冬时节，日子总是难熬。夏日贮存的浆果干总有吃完的时候，之后的一日三餐，都只能以肉食充饥。当然，主要吃的都是驯鹿肉，偶尔也会有点马肉或兔肉调剂。

营地中有五顶高高的圆锥形帐篷，就像印第安人用的那种。这些帐篷都是用七八根落叶松树干做框架，然后将多张缝制在一起的兽皮覆于其上加以固定，这样就能抵御寒风。在积雪下面，还用石头绕帐篷一圈将其底部压牢。帐篷四周还有至少半米厚的落雪，这也使兽皮能牢牢地附着在框架之上。各顶帐篷之间，雪被踩踏得凌乱不堪，在其间有一座壁炉的遗迹。这座壁炉几乎废弃了——这几个星期滴水成冰，在帐篷内生火取暖可是要好得多啊！所以，人们给每一顶帐篷里的中央壁炉都生上火。这时，室内外的温差极大，人们晚上回到帐篷时，就会把皮衣、皮裤和皮靴都扔在门边，积成一大堆。

一圈帐篷之外是堆柴火的地方。整天都会有一两个男人劈开伐倒的落叶松，以保证帐篷内一直有柴火用。另一处有少量的驯鹿残骸。它已经被剁成一块一块的，除了一些肋骨和带血污的雪，已经没剩下什么了。那天早上，猎人们猎杀驯鹿之后，将它带回了营地。一回来，他们立即剖开它的腹部，吃掉其尚有余温的肝脏，再喝掉它的血。五个家庭分掉其余的鹿肉，带回各自的帐篷。但是鹿的头部另有归宿，鹿舌和鹿头前部的肉被割掉，鹿角被锯掉，头骨则被运回到森林边缘。某个年轻人会将其系在腰带上，带上它爬到一棵落叶松树上几米高处，然后将它塞在树干和树枝之间：这就是天葬；它是给林中诸神的祭品，也是给驯鹿自己灵魂的祭品。

又用了一餐主要是肉食的饭后，几家人开始安顿准备过夜。他们给孩子们盖上好几层鹿皮。每家最后一位入睡的成年人会给炉中添满柴火。这些柴火只够烧一两个小时，然后，帐篷里的温度会下降到几乎与室外一样。但是驯鹿皮毛能给人们温暖，它原来的主人（指驯鹿）能在这北方苦寒之地过冬，正是因为有这身皮毛保暖。

随着帐篷顶上飘出的缕缕蓝烟开始变得稀薄，人们停止了低声的交谈。而食腐动物被帐篷边上仅剩的那具驯鹿残骸所吸引，从树林里跑了出来。从针叶林的婆娑树影中，群狼悄无声息地潜行而出，接近营地。它们迅速干掉了驯鹿残骸，然后在帐篷和中间的火炉四周逡巡，搜寻其他残渣，最后又消失在树林之中。

对于群狼在近旁活动，猎人们已习以为常。他们甚至看出自己与这些动物之间似乎有某种精神上的联系，因为这些动物也是在冻土带边缘稀疏的林间艰难谋生。然而今年冬天，群狼比以往更频繁地出现在人类附近，每夜都会来到营地。前几年，它们偶尔也会在白天接近帐篷，但从未进入帐篷圈内。今年它们这样，也许是为饥饿驱使，也许是经过多年，甚至几代的时间，胆子已经变得更大。绝大多数情况下，人们容忍着它们。但是，如果离得太近，就会朝它们扔石块、骨头和木棍。

正是在那个漫长而寒冷的冬天——甚至比前一年的冬天还要漫长而寒冷，有一只小狼径直来到了营地中央。当时，一个约7岁的小姑娘正坐在一根原木上修她的弓，这只狼离她已经很近了。小姑娘放下弓，停下活计，手放在膝盖上，低头看着地上被踩得坚实的雪。狼又近前了几步，小姑娘还只是上下瞥了几眼。这时，狼径直走到她跟前，她已经感觉到了狼温热的呼吸吹到皮肤上。狼舔了舔她的手，然后蹲坐下来。小姑娘抬头盯着狼的蓝眼睛。这一刻，他们之间似乎有了一种令人惊讶的联系。随后，狼跳了起来，四下疾驰了几圈后，撒欢跑进树影婆娑的针叶林中。

那年夏天，群狼似乎在追随着人们的足迹，而人们又跟随着在那片土地上不停迁徙的大群驯鹿。积雪融化之后，出现了大片草地，鹿群就在草地上吃草，再迁徙寻找下一片草地。人们总是比鹿群晚一步，每次鹿群开始迁徙时，人们就拔营紧追，鹿群在一片草地上安顿下来时，人们也扎营住下。往年夏天时，群狼通常会消失，这是因为与跟在猎人后面吃些动物残骸相比，此时狼捕获的猎物要更丰。但是今年，这些狼，至少其中一部分，好像被猎人们所吸引，有时甚至也加入人们的狩猎行动当中，从被杀的猎物中分一杯羹。

这是一个脆弱得令人紧张的联盟，狼群提防着人类，而人类也时刻提防着狼群。有传言说，这些捕食动物从营地中掠走婴儿，当然没有人真正经历过这种事情。还有人说，猎人们杀了一只鹿，而群狼却赶走了猎人，把鹿抢走。部落里的老人满腹猜疑，小心翼翼。但可以确定的是，群狼的出现，提高了狩猎的成功率。它们会协助将一只驯鹿或马从鹿群或马群中隔离出来。有时候，在猎人未及近前投掷猎矛之前，狼甚至会先将猎物袭倒。群狼还会将弱小猎物单独驱赶出来，这样，猎人们很少空手回家。因此，人们就少了挨饿之苦，在寒冬的几个月里更是如此。白天时，更多的狼大着胆子走进人们的营地，看起来也不具攻击性。几度寒暑之后，有父母甚至会让孩子们和一些友好的小狼玩耍，他们就在帐篷之间的空地上打滚嬉闹。有一些狼开始在营地附近睡觉。很明显，这群狼已经和人类紧密联系在一起。当人们拆掉帐篷，打点行囊启程迁徙时，群狼也随他们而行。

到底是谁驯化了谁呢？是狼选择了人，还是人选择了狼？不管这一联盟如何形成，它都改变了人类的命运，也改变了人的犬科伙伴的样子和行为。仅仅过了几代人的时间，那些最友好的狼已经开始对人摇尾巴了。它们已经变成了狗。

这个故事显然是虚构的，但这一虚构是基于我们现在能够确信的科学事实。现代的狗尽管种类繁多，却都是狼的后代，而不是狐狸、豺、郊狼甚至野狗的后代。狗是狼的后代，确切地说应该是欧洲灰狼的后代。现代的狗与灰狼的基因序列有 99.5% 相同。

是什么把狼吸引到人类身边？考古学家过去曾表示，这可能始于农业时代的来临。家畜的诱惑是难以抗拒的，对于饥一顿饱一顿的捕食动物来说，这意味着很容易就能有吃的。农业标志着人类开始了一个新的时代——新石器时代。农业最早的证据可以追溯到 1.2 万年前的中东地区。但是，在一些考古遗址发现的狗的头盖骨要比这一时间早得多。在所有因为与人类密切接触而结盟的物种之中，狗似乎是我们最古老的盟友。最早养狗的不是农民，而是冰河时代以狩猎采集为生的人。但是要探寻这一同盟，我们得追溯到多久远的史前社会？犬和人类的结盟是在哪里，又是怎样实现的？其原因又是什么呢？

遥远的冰河时代

关于狗的驯化，传统说法认为发生于 1.5 万年前最后一个冰河时代末期。当时，冰层正在向北方消退，欧洲和亚洲高纬度地区开始有树、灌木、人类以及其他动物生长繁衍。随着冰冷的北方变得暖和而有生气，冻土带变绿了，河里的水位和海平面也都升高了。曾经覆盖整个北美大陆的冰层开始消退，已经有人群经过广阔的白令陆桥进入"新世界"①。

关于 1.4 万年前的家犬，已经有大量确凿的证据。欧洲、亚洲和北美的考古遗址出土的一些动物骨头，明显是狗而不是狼的。但是，这些还有可能只是比较晚的实例。21 世纪初，随着遗传学家开始与考古学家联手探究驯化物种的起源，出现了一种新观点——狗被驯化的时间比以前人们所认为的要早得多，甚至要早出几万年之久。

遗传学家研究了狗的线粒体 DNA 中的分布差异，以给这些小基因包重建一个"家谱"。研究结果可以有多种解读，因为重建出的"家谱"与关于狗的两种完全不同的起源理论相一致。一种认为，狗有多个祖先源头，时间约在 1.5 万年前；另一种认为绝大多数狗都有单一祖先，时间可以追溯到 4 万年前。这两种说法在时间上的差异不仅有几万年之巨，而且中间还间隔着最后一个冰河时代的高峰期，那已经是约 2

---

① 新世界，指美洲。

万年前的事了。

线粒体 DNA 实际上只是生物体内部携带的一小部分基因。染色体则是细胞核中包含的基因包，因而可以从中找到更多的生物信息。在线粒体基因组中有 37 个基因，相比之下，人和狗的细胞核基因组中则有约 2 万个基因。接下来，遗传学家研究狗的细胞核 DNA 时发现，狗被驯化的时间很可能要更早一些。2005 年，《自然》杂志上刊登了一篇关于家犬的第一份基因组草图，它包含所有染色体中的基因序列。该文显示，家犬显然与欧洲灰狼有紧密的亲缘关系。作者们（令人难以置信的是，作者人数超过了 200 位）不仅研究了狗的全部基因组，而且还开始着手绘制不同品种的狗在基因上的差异图。他们研究了 DNA 序列中的单个点位，这在基因组中有超过 250 万个位置。这一分析揭示了每一品种相应的遗传瓶颈效应。换句话说，这些狗的 DNA 可以显示，每一个品种是如何从为数不多的祖先进化而来，其间它们仅吸收了存在于整个物种当中的少量基因差异。每一个品种仅仅体现了这种差异的一小部分。这些遗传瓶颈效应与各品种狗的起源有关。实际上，这些瓶颈效应的形成并不遥远，很可能也就是 30 代到 90 代的时间。假定一代的平均时间为 3 年，所以实际上就是 90 年到 270 年间。除了这些距今很近的遗传瓶颈效应，现代犬的基因中还保有一种更古老的遗传瓶颈效应。据推测，它是某种灰狼最初被驯化时基因融入了狗基因当中而形成的。遗传学家估计，这一瓶颈效应出现在 9000 多代以前，比现在要早 2.7 万年。

狗的驯化史如此久远，这促使考古学家和古生物学家思考其研究中是否遗漏了什么内容。于是，有一些研究人员开始探讨这一可能性。他们研究了 9 种大型犬科动物的头盖骨，这些动物既可能是狗也可能是狼，它们是在比利时、乌克兰和俄罗斯的考古遗址中被发现的，时间可以追溯到1万年到3.6万年前。研究人员并未推定这些头盖骨到底是属于狼还是家犬。相反，他们对这些古头盖骨进行了准确测量，并将其与更接近当代的犬科动物头盖骨相比较，比较对象中包括狗和狼的头盖骨。对比结果显示，这9个头盖骨中有5个似乎是狼的，有一个无法确定，3个与狗的头盖骨更接近。与狼相比，这些犬科动物的鼻子更短、更宽，脑壳也稍宽一些。事实上，其中一具狗头盖骨距今非常久远。它是在比利时的戈耶洞穴被发现的，这是一座冰河时代人工制品宝库，其中包括一些贝壳项链、一把骨制鱼叉，此外还有猛犸象、猞猁、赤鹿、穴狮和穴熊的骨头。显然，人类和其他动物利用这一洞穴已经有几千甚至几万年的历史。但是，利用碳同位素时间测定法，人们还是能够测出这个头盖骨的准确时间，这只动物生活在距今3.6万年前，是世界上已知最古老的狗。

戈耶洞穴中特别有意思的发现是，这只狗的头盖骨形状与狼截然不同。参与研究的古生物学家认为，这种明显是狗的特征显示，驯化的过程可能非常快，或者至少某些与驯化相关的外形变化是很快的。而一旦头盖骨形状从狼的样子变为狗的样子，这种变化就会稳定几千年。

然而，这只是一个孤例，它只是一只生活在最后一个冰河时代高峰期的貌似狗的动物。它生活的时代太久远了，因此，人们有理由认为戈耶洞穴中的这一发现只是某种偏离常规的现象。即使碳同位素测定的时间可信，它难道就不可能是一只长得古怪的狼吗？然而，很快人们又发现了另一只很久远的狗的生活遗迹。那是在2011年，在关于戈耶洞穴的研究结果出版仅两年之后，一组俄罗斯研究人员公布了一只很像是古代犬的证据，这只动物发现于西伯利亚的阿尔泰山。

这具西伯利亚头骨是在拉兹博伊尼察洞穴被发现的，这是一个石灰岩洞，隐藏在阿尔泰山的西北角。考古发掘工作始于 20 世纪 70 年代末，一直进行到 1991 年，在洞内深处发掘出了数千块埋藏在棕红色沉淀物之下的骨头。这些骨头中有野山羊、鬣狗以及野兔，还有一具疑似狗的头骨。洞穴中没有发现石制工具，但是其中的一些木炭颗粒表明，在冰河时代，曾有古人类到访过此地。

在最初的分析中，通过碳同位素时间测定法，人们发现，洞穴化石层中的一块熊骨属于约 1.5 万年前的冰河时代末期。人们据此推定，其他骨头都应属于同一时期。因此，那具狗的头骨本来有可能被装入箱内，置于某所大学生锈的货架上或博物馆贮藏室中，然后迅速被遗忘。因为它只会被当作冰河时代末期世界正在变暖时出现的一只普通的狗而已。

但是，俄罗斯科学家认定，这具头骨值得仔细研究。首先，它真的属于一只狗吗？拉兹博伊尼察洞穴里的这具头骨很快就得名"拉兹博"。研究人员对其进行了测量，并和古代欧洲狼、现代欧洲狼和北美狼以及约 1000 年前出现在格陵兰的狗的头骨进行对比。格陵兰犬体形大，但未经改良，因为它们没有经过非常严苛的选择性繁殖，所以其基因也就未得到"打磨"。现代犬的种类繁多，稀奇古怪，都是因为经历了选择性繁殖。确定"拉兹博"的特性是很难的一件事。它和戈耶洞穴里的犬科动物一样，鼻子较短且宽阔，这是狗的特征。但是它有一个钩子一样的冠突，这是在上颚处突出的一块骨头，颞肌（一个重要的咀嚼肌）就在此处连接。这一特点则更接近于狼。其上裂齿的长度也符合狼的长度范围，这种牙齿能够切割开肌肉组织。但是这颗牙却比"拉兹博"口中的其他牙齿要短一些，它比叠在一起的两颗臼齿短。这一特征则更像是狗。下裂齿要比现代狼的要小，但另一方面，又完全符合史前狼的特征。"拉兹博"下颌中的牙齿并不像狗那样密。所以，"拉兹博"尽管鼻子较短，牙齿看起来却更像是狼的，而不是狗的。然而，对它头骨的测量又将判断引向另一个方向——头骨形状最接近于格陵兰犬。

当然了，要确定其准确归属肯定不是一件容易的事。早期的狗只是稍微偏离了狼的模样而已。虽然解剖学和行为学上的一些特征会批量出现，但是，因为这些特征常常取决于一部分基因，在狗被驯化的过程中，大多数特征都是一点一点逐渐出现的。这一转型过程要历经好多代时间，微小变化一点点地出现，最终出现一个全新的结果。这就是戈耶洞穴犬的特别之处，它的头骨上出现了两个明显的变化，一个是宽鼻，一个是宽脑壳，而且这些变化在早期犬身上似乎很快就出现了。但是，对于"拉兹博"头骨形状和牙齿所显示出来的差异，我们也不必大惊小怪。

面对头骨形状像1000年前的格陵兰犬而牙齿更像狼的"拉兹博"，俄罗斯科学家断言，这很可能是最早期的狗，它是驯化试验中最早的例子。但即便如此，一只1.5万年前刚被驯化的狗也没什么值得多言的，这样的例子俯拾即是。真正引起轰动的是对这具头骨进行的时间测定。研究人员在图森、牛津大学和格罗宁根三地的实验室里对"拉兹博"身上的骨骼样本直接进行了时间测定。结果显示，这一头骨距今约3.3万年。戈耶洞穴犬不再孤独。

这样，这项研究就可以收官了。骨头和基因似乎都将狗被驯化的时间指在了大约3万年前。作为人类最忠实的朋友，狗的出现与农业的发端（农业最早出现于 1.1 万年前的欧亚大陆）无关，甚至也与冰河时代行将结束时环境与社会的变化无关，它的起源要早很久，早在旧石器时代，在最后一个冰河时代高峰期之前，也早于人类开始在村镇或城市居住。当时，人类还都处于游牧状态，还远未定居下来，不是以狩猎就是以采集来谋生。

但不幸的是，家犬的起源问题还远未解决。2014 年，又有一群遗传学家参加到争论中来。研究人员就狗的驯化地点到底是在欧洲、东亚还是中东而展开争论。因此，遗传学家希望更仔细地研究狗起源于何地，探究狗到底是有单一起源还是有多个起源。他们对来自欧洲、中东和东亚的三种狼以及澳洲野狗、巴辛吉（一种西非猎犬的后代）和亚洲胡狼的基因进行排序后发现，有大量证据表明在不同犬科种群之间存在杂交现象。这使问题变得有些复杂。源头距今不远的几种狗身上有与狼杂交的线索，例如，乡村里游荡的狗很可能会经常与野狼有接触。但是，遗传学家能够仔细筛选 DNA 数据，放过这些距今比较近的杂交案例，去寻找狗最古老的线索，而这些线索通常都隐藏在它们最近的后代身上。基因证据表明，狗的驯化源头是单一的，时间上估计在距今 1.6 万年到 1.1 万年之间；它还说明，狗的驯化并非像一些研究人员此前认为的那样，与农业的出现有关。但是另一方面，这项研究确定的时间比最后一个冰河时代高峰期要晚得多。这样，戈耶洞穴狗和"拉兹博"就被归类到更久远的过去了。

但是，这些冰河时代的狗又总是引起争议。有些研究人员已经质疑这些动物属于犬科的凭据，因为它们与其他的考古证据极不相符。不可否认的是，这些引起争议的犬科动物与狼身体上的差异是非常小的。受质疑的是用于分析和解读其头骨的方法。戈耶洞穴里的犬科动物大小就被认为是有问题的。既然头骨如此之大，其身体肯定也很大，而驯化的动物通常要比其野生同类的体形要小。因此，有些研究人员辩称，戈耶洞穴里的实际上只是一种现在已经灭绝的狼，而不是狗。或者说，如果戈耶洞穴里的犬科动物和"拉兹博"确定是早期的狗，那么它们也很可能是进化链条上的死结，是人类不成功的驯化试验。大部分考古证明仍然倾向于认为，现代犬的真正祖先被驯化的时间要晚得多，要到最后一个冰河时代高峰期后。这一论点也能在一定程度上解释诸如猛犸象和披毛犀等冰河时代巨型动物的消失——人类已经和那些凶猛得要命的犬类结成了伙伴关系，将那些巨型动物猎杀殆尽了。而认为戈耶洞穴里的犬科动物并不具有狗的特征的观点非常鲜明，甚至有些情绪化。此类观点认为这些早期的"狗"与现有的理论架构格格不入；即使它们真是狗，也不大可能是现代犬的祖先。对驯化犬科动物的研究充满争议。如果读者能原谅我用词不雅，可以说，研究犬类的古生物学领域简直就是一个"狗咬狗"的世界。

头骨和DNA分析都未能给出一个明确的答案。2015年早些时候，似乎有更多的证据支持狗被驯化于一个较晚时代的观点，即在最后一个冰河时代高峰期之后。在早先对戈耶洞穴犬和"拉兹博"的兴奋退去之后，人们认为，那些像是狗的头骨的东西，可能只是属于一种长得奇怪的狼，或者属于一种已经灭绝的早期犬类。

但是，通过分析现有狗和狼DNA而推断出狗的驯化发生在1.1万年到1.6万年前的观点，其基础是对突变率和代际时间所做的几项关键假定。如果实际的突变率慢一些，或者代际时间长一些，那么，得出的驯化时间就会早一些。因为现代犬和狼之间的DNA差异需要更长的时间才能聚集，进而使它们成为相异的物种。

2015 年 6 月，一个令人惊讶的基因证据被公之于世。这一回，遗传学家没有通过筛查现代犬和狼的基因组去寻找其先祖，相反，他们选取了古时的 DNA。这一跨越大西洋的研究团队，成员来自哈佛大学和斯德哥尔摩。他们的研究对象是 2010 年在俄罗斯泰梅尔半岛野外科考时发现的一根肋骨。这根肋骨明显是属于 3.5 万年前的犬科动物。研究人员对它的一小部分线粒体 DNA 进行了排列，确定它是一只狼的肋骨。随后的调查主要是将泰梅尔狼古时的基因与现代狼和狗的基因进行对比。古今基因差异的程度与之前人们假定的突变率根本不相符。研究人员用标准突变率来计算现代狼和泰梅尔狼的基因差异，得出结论认为，二者共同的祖先生活在 1 万年到 1.4 万年前。但是这还不到泰梅尔狼实际出现时间的一半。因此，突变率比之前人们推定的要慢，应该是推定率的 40%，甚至更慢。应用这一新的、更慢的突变率计算，狼和狗在进化中分开的时间将会从 1.1 万年到 1.6 万年前推进至 2.7 万年到 4 万年前。

研究并未就此停止。接着，遗传学家仔细检查了各种现代犬 DNA 的差异模式，研究了涉及一个核苷酸"代字"的每一种突变。这些基因变体被称为单核苷酸多态性，或者简称为 SNP。因为这些单一核苷酸的突变很普通，通常也无关紧要，所以不会被自然选择淘汰，因而它们能很好地显示基因组的进化历史。遗传学家将一些现代犬的部分 SNP（准确地说是 17 万种）与泰梅尔狼相比较发现，有一些狗比另一些具有更多狼的基因特性。这表明，在家犬的祖先出现之后，它们其中的一部分与狼进行过杂交。那些具有更多狼的基因的狗包括西伯利亚哈士奇、格陵兰雪橇犬、中国沙皮狗以及芬兰猎犬。遗传学家还研究了现代狼的基因多样性。他们发现，北美灰狼和欧洲灰狼在进化过程中的分离肯定发生于泰梅尔狼脱离灰狼种群之后，但估计又在冰河时代末期之前。那一时期海平面上升，淹没了白令陆桥。而在冰河时代时，由于海平面低，白令陆桥曾经给东北亚和北美洲提供了陆路联系。

那么是否可以说，戈耶洞穴犬和"拉兹博"被基因研究拯救了呢？我们似乎没有理由怀疑 3.3 万年到 3.6 万年前就有家犬存在，也没有理由怀疑它们的后代今天仍和人类生活在一起。遗传学把以前的研究都弄得乱七八糟。戈耶洞穴犬的线粒体 DNA 既不同于古今的狼，也不同于古今的狗。这一点很不寻常。所以，我们被弄得丈二和尚摸不着头脑，戈耶洞穴犬到底是什么？它是不是犬在驯化早期的一次无果而终的试验？或者是一种如今已经灭绝的奇怪的古代灰狼？ 2015 年，曾有一项对戈耶洞穴内犬科动物头骨 3D 形状的详细分析，结果显示，它更像狼而不是狗。于是，争论仍然继续。另一方面，"拉兹博"则与狗的线粒体 DNA 系谱图相当吻合。因此，看起来"拉兹博"确实可能是一种早期的犬类，它的亲戚中很多今天仍然存在，就是我们的伙伴——狗。

过去几年里，有关狗起源的争论激烈得令人难以置信。因为一些新技术和新发现可能会从根本上改变已有理论，所以情况在不断变化。但是，有了所有这些进步——更准确地测定考古发现的时间、更快地给 DNA 排序，作为我们最古老、最亲密朋友的狗，其起源的真相已渐渐浮出水面。只需看一下我们所知的人类历史是多么复杂就知道，这一真相注定也是复杂的。我们着手研究史前社会人类以及其他物种的历史时，可能会天真地期待有一个简单的理论，能够简要地总结物种之间几千年来复杂的交往。随着更多科学分析的进行和更多细节的出现，研究中出现一些变化是不足为怪的。对泰梅尔狼及其古今同类 DNA 的研究说明，追寻物种驯化源头的道路是何其曲折。

我们已经将狗的起源时间推到了冰河时代，那么下一个问题来了：狗是在哪里被驯化的？狗的驯化是始于一个明确的区域然后再向外扩散吗？或者，野狼是在多个地方、经过多个驯化进程才变成狗的？答案很难确定。因为，狗的驯化始于 4 万年前，而其与狼的杂交在之后的很长一段时间里都在持续，有可能今天还在发生。但是，有了最新的基因技术，我们就能解开古今基因组的秘密，进而至少可以尝试探寻答案。

寻找狗的故乡

一方面，关于狗驯化时间的争论还在持续；另一方面，准确定位驯化地点的过程也同样充满争论。基因结果是毫不含糊的：狗明显就是被驯化了的灰狼。然而，灰狼的活动范围很大，遍布欧亚和北美大陆，而其在史前社会的活动范围比这还要大。那么，在灰狼如此广袤的领土内，其与人类的结盟到底始于何处？我们可以很快地将北美洲排除，因为人类是在最后一个冰河时代高峰期抵达北美的，这已经太晚了。因此，狼不可能在那里被驯化成狗。经过对狼和狗基因组的分析，科研人员能够得出进一步的证据，证明狗肯定是在欧亚大陆由狼进化而来。犬科动物基因组谱系能够显示出一个较早的分化事件，那就是北美狼和欧亚狼分道扬镳。它还显示出，在较晚的时候，欧亚大陆的狼和狗也出现了分化。在灰狼活动的欧亚大陆范围内，关于其被驯化的具体地点，也是众说纷纭，欧洲、中东和东亚都被认为是它们最早的家园。

现在，读者们应该不会惊讶于遗传学家在这一问题上为何争论不休。早期，研究人员分析线粒体 DNA 后，倾向于认为狗可能只有一个起源地，那就是东亚。中国狼和现代犬的下颌骨有一部分形状特别，似乎能支持上述推测。全基因组分析似乎也支持单一起源说，但是暂时还无法确定驯化发生的具体地点，因为整个欧亚大陆的狼好像都与现代犬有同等的亲缘关系。经过进一步研究全世界现有犬类线粒体 DNA，这一争论貌似得到了解决。它显示，所有现代犬、古代犬以及欧洲狼之间似乎都存在一种清晰的关联。这一点与考古研究结果相符。虽然在东亚和中东都发现过古代犬的骨头，但是，最早的也不过属于 1.3 万年前，而欧洲和西伯利亚史前犬类出现的时间则可以从 1.5 万年前一直前推到 3 万年前。因此，狗最早的祖先极可能是更新世（冰河时代）时期的欧洲狼。

2016 年，出现了一项新的证据。首先，研究人员对一块下颌骨进行了仔细分析，这块骨头明显支持亚洲起源说，因为它曾被认为揭示了西藏狼和现代犬之间的关联。在西藏狼和现代犬身上，颞肌所附着的冠突形状相似，这一突出的大块骨头很奇怪，它像一只钩子，还向后倾斜。但是扩大研究范围后，人们发现，只有 80% 的西藏狼和 20% 的狗下颌骨具有这一特点。因为变量太多且互相不一致，所以不能据此推断出犬类起源于亚洲。正当从形态上推论犬类亚洲起源说未能成功之时，2016 年发表的一项新的遗传学研究，又在研究领域激起了层层涟漪。

这一次，遗传学家实现了自我超越。他们对爱尔兰著名的新石器遗址纽格莱奇出土的一具 5000 年前的犬的残骸进行了完整的基因排序。此外，又对 59 只其他古代犬进行了线粒体 DNA 排序。他们将这些基因数据与现代犬的数据进行了对比，其中包括 80 个全基因组和 605 组 SNP。结果显示，纽格莱奇犬的基因看起来与现代犬相似——所有现代犬的品种都经过选择性非常强的繁育过程，但是，纽格莱奇犬并没有受这一过程的影响。并且，这种犬的基因显示，虽然它对淀粉的消化能力比狼要好，却不如现代犬。

然而，真正引起研究人员关注的是变化的模式，或者说，是变化中的间歇。有一种名为萨尔路斯的现代犬，因为与其他犬科动物隔绝而自成一体，与众不同。这并不奇怪，因为这种犬是在 20 世纪 30 年代由德国牧羊犬与狼杂交而创造出来的，是一种真正的杂交犬。但是，犬的基因中还有一个明显的分叉，使东亚犬与欧洲犬、中东犬之间的距离又远了一些。新石器时代纽格莱奇犬的基因组与欧亚大陆西部的犬聚集在了一起，或者说最为匹配。但是线粒体 DNA 所显示的则是另一种结果——绝大多数古代欧洲犬与现代欧洲犬基因特征并不相同。因此，遗传学家认为，大部分古代欧洲犬肯定是被来自东方的犬所取代了。

跟在这项研究之后，又有一项研究发表了对两种新石器时代狗基因组全面分析的结果。这两种狗源自德国，一种可以追溯到 7000 年前（公元前 5000 年）德国新石器时代的开端，另一种则来自 4700 年前（公元前 2700 年）德国新石器时代末期。其中，早期犬的基因组与爱尔兰纽格莱奇犬非常相似。但是，它穿越千年，与新石器时代晚期的犬以及现代欧洲犬也都有着明显的基因联系。这里并没有大的种群替换的迹象。但是较晚的那种犬身上却还有一种与其祖先有关的特征让人困惑。这一特征显示，这种犬曾与来自遥远东方的犬之间发生过杂交。这可能是狗伴随一次人类大迁徙的结果。在那次大迁徙中，人类从东方草原国家西迁到黑海北岸，颜那亚文化遍播欧洲。颜那亚人是骑马的游牧民族，他们会将死者与陶杯及祭祀动物一起葬于大土堆之中。现在看起来，颜那亚人迁徙时可能是带着狗的，但是这些狗并没有取代欧洲的狗，而是与其融合了。纽格莱奇犬线粒体DNA谱系只是其基因组成的一小部分，其消失并不一定意味着这种狗的种群被取代。这种消失其实只是对特定基因谱系的剪除而已，它的发生再正常不过了。

但是，再向比纽格莱奇犬更久远的古代追溯，探寻狗被驯化的地点，人们会问，在狗的祖先问题上，这一东西分裂有什么含义呢？有两种可能：一种是狗起源自一个地方，然后向外扩散，种群之间被地理分割，基因上也各自发展，从而形成了很明显的区别；另一种可能是，现代犬有两个完全不同的起源地，它们源于不同基因的狼群，一支来自欧亚大陆西部，一支来自东部。这一问题的答案取决于狼群分开及被驯化的时间。经过对两种新石器时代德国犬的基因排序，这些关键事件的时间得到了确定。遗传学家对所得数据与现有数据进行了整体分析，得出结论认为犬和狼分离的时间约在距今4.2万年到3.7万年之间。而欧亚大陆东部和西部的犬种群分开的时间为距今2.4万年到1.8万年之间，也就是在其被驯化之后。这意味着，犬的驯化很可能只有一个源头，只是后来又发生了分离。当下，仍然有待解决的问题是驯化最早准确地发生在什么地方。要解决这一问题，唯一的办法就是分析更多的古代犬DNA，从更早期的犬一直分析到冰河时代。然而目前各种说法莫衷一是。线粒体DNA和考古证据似乎显示欧洲是最可能的发源地，但是古今犬的全基因组数据却揭示，在东亚有一个犬进化的热点区域，犬在那里存在的时间久于任何其他地方。

显然，关于犬的起源，这也不会是最后的结论。但是，我们仅在过去 5 年就了解了这么多，确实值得骄傲。线粒体 DNA 的母系谱系展开之后，就形成了一条条纤细的路径，遗传学的初期探索就给我们展示了这些路径。而对整个基因组进行排序这一最新技术使我们能够看到犬进化的基因全貌。以前无解的问题，如今也可以找到答案。未来几年，我们对进化历史的视野将更加广阔。我们已经知道，犬很可能是在欧洲某地被驯化的，当时我们的祖先还处于游牧状态，以狩猎采集为生。很快，我们就有可能更清楚地了解人和犬最初是如何结盟的。

但是，犬的驯化是如何发生的？它多大程度上是有意而为的？我们一直习惯性地认为，动植物的驯化发生在大约 1.1 万年前，是所谓"新石器革命"的一部分。当时，我们的祖先放弃了原始的狩猎采集生活，开始定居下来从事农耕，他们能够控制自己和周围的环境，为文明的发展打下了基础。这一观点谬误甚多，也太过简单化。驯化是一个渐进的过程，从人类的观点来看，有意为之的成分可能要比我们一直以来的推定要少得多。

最初的接触

冰河时代以狩猎采集为生的人是如何与灰狼走到一起，我们只能想象了。这很可能在不同的地方发生过好多次。可能在一些情况下形成了脆弱的联盟，随后又发生了解体。历史的发展不是像铁路一样，有一个目的地。它时而蜿蜒曲折，时而又有岔路，经常会走到死胡同（我们只能在向上追溯时才能识别出哪些是死胡同）。但是，在科学的助推下，回首历史，我们知道，人和犬的联盟中，至少有一个稳固了下来并成功发展，这就是今天人和犬之间伙伴关系的基础。

我们所不知道的是，到底是谁选择了谁？我们本能上可能会猜想，是我们的祖先选择了狼，将它们关起来，经过好多代的时间，刻意驯化成犬，因为人类的祖先无疑能够掌控自己的命运。实际上，某些品种的狼被驯化，很大程度上可能并非人类有意而为。这一过程可能更像本章开头所杜撰的故事，人和犬之间开始很可能是一种温和的共生关系，他们之间建立的是一种基于互利的松散伙伴关系，甚至有可能是狼驱动了这一进程。我们不必去想狼有某种巧妙的总体规划，它们也许只是在人类周围活动得多了，甚至只是在人类的废弃物中觅食，然后不知不觉地"训练"了人类，使他们接受了自己——先做邻居，然后成为伙伴。

两个物种之间的联盟要成功，一定取决于双方的意愿，而且这种意愿是相互的。人和犬都是群居动物，但是只有这一点还不够。毕竟，有很多其他群居动物，而我们并没有和它们结成伙伴。比如，我们并没有像驯化犬一样地将猫鼬、猴子和老鼠也驯化了。我认为，可能有别的因素。狼的习性中有某种特别之处，为它能够与人类建立联系打下了基础。为了研究这一特别之处到底是什么，我需要详细论述一些品种的狼。

古时候，在塞文河冲积平原的山脊之上，有一小群狼在林间游荡。它们只有5只，还都是兄弟，其中两只3岁，另外几只4岁。它们都是欧洲灰狼，身子细长紧凑，还有很长的腿。它们身上的色彩比名字所显示的（灰色）要更加斑斓，侧腹为赤褐色，后背下部是黑胡椒色，尾巴底色和尖部都是黑色，下巴和两双颊都是白色，尖尖的耳朵是黑色的，边上是一圈黑毛。

这些狼定期在其领地巡游。在林间小路上，它们步履轻盈，要跳过倒下的树毫不费力。一旦受惊，它们会快跑一阵，然后停下来，找个空地躺下。它们是食肉动物，主要吃马肉、牛肉、兔肉甚至鸡肉。但是它们从未猎杀过比喜鹊大的猎物。实际上是它们没有必要，因为有人类照看它们，会提供其所需的全部肉类。这些都是被人们捕获的狼，它们生活在布里斯托动物园里的一个野生动物区，就在南格洛斯特郡的野外。

我去看过这些狼，并与一位名叫佐伊·格林希尔的管理员一起安然无恙地待在狼的领地之外。她每天都和这些狼在一起，对它们很熟悉，同时也正努力使它们习惯于在一个更小的区域内生活。这样，只要有需要，就可以对它们进行兽医检查。训练的目的就在于此，而不是要对这些狼进行驯化。虽然它们已经习惯了佐伊的陪伴，但是整体而言，它们对人类还是心存戒惧，一有突然响动或大的声音就会受到惊吓。它们对其领地里的新东西会感到紧张。佐伊对我说过，它们花了很长时间才习惯领地里新栽的一些冷杉树。我猜是不是只有这一群小狼是如此神经紧张，但是野生动物区管理者威尔·沃克对我说，他见过的所有狼都类似，小心翼翼，与人类保持距离。

他说："我对三种不同的圈养狼进行过研究，从未见过有一种会主动接近人类，在人跟前会泰然处之的。我们在它们的圈养地对其进行研究。为了防止意外，我们每次都是两人一起，但狼却总是离我们远远的，待在圈养地的另一端。狼在我们面前会非常紧张，有时候甚至会吐出食物然后逃走。"

我说："那么这肯定是个难题。如果说狼天生在人面前就是如此谨慎小心，它们怎么可能会接近人，以至最终被驯化呢？"

"是的，它们是很紧张。如果你正对它们，它们就会转身向相反方向逃走。但是你可以和它们玩耍。如果你背对它们，跳着躲到圈养地另一端的树后面，它们会都跑过来，尾巴翘起，显得非常自在。但是如果你转身正对它们，它们又会跑开。它们是好奇心很强的动物，会看我们在做什么，但是它们胆子一点都不大。"

尽管在很久以前，手持长矛的人比现在拿着猎枪的人对狼威胁更大，但是，狼完全有可能是在距今较近的时候才变得在人跟前如此小心。谨慎无疑是一项良好的生存本能。但还是有办法能让狼克服紧张心理的。

威尔告诉我，在他们进行晨检时，狼是如何跟在管理员身后的。当人们在栅栏周围走动时，狼会在栅栏另一侧跟在人身后几步远。好奇心肯定是最早使狼接近人的因素。尽管如此，由于早期的人类流动性很强，总是在迁徙，狼的这种好奇心只能使之和人类有零星短暂的接触，形成持久联盟的机会还无法出现。

此时，环境的变化发挥了重要作用。在3万年前的阿尔泰山区，环境变化日益适合早期的人类过上定居生活。这些靠狩猎采集为生的人仍然处于游牧状态，但是他们可能已经在一个地方连续停留几个月，然后再迁徙。一旦人们过上更为稳定的生活，就会有足够的时间和狼建立联系。无疑，猎人带回的肉以及动物残骸对狼有巨大的吸引力。尽管狼生性谨慎，但它们最终会被好奇心和饥饿驱使，越来越接近人类。也许，狼易紧张的天性还对其驯化有利。这些食肉动物体形大，看起来又凶恶可怕。但是，如果它们看起来很紧张，而不是很大胆，人们就不会被吓着，对它们也就会更加宽容。慢慢地，人和狼之间从最初的小心接触进步到相互容忍，再发展成为伙伴。作为两种截然不同的动物，人和欧洲灰狼的联盟关系也就变得更加牢固。

当一些狼开始与人类相处时，它们的未来以及它们自身都发生了变化，人们会容忍那些生性紧张但友好的狼。另一方面，那些古怪甚至富有攻击性的狼，则会被驱赶甚至粗暴对待。人类会对那些接近他们的狼产生一种进化上的压力。他们只选择那些最友好、攻击性最小的动物，这不仅会影响狼的某种行为，而且会产生更广泛的影响。

友好的狐狸和神秘的法则

1959 年，科学家德米特里·贝尔耶夫决定试验选择性繁育是如何改变动物的。研究的重点集中在特定行为上。他相信，在犬的驯化中，有一些关键性的基本特点。在任何一只幼狼身上，天生的温驯特点都会被选中，而攻击性的倾向会被无情地排除在外。他展开了一项犬驯化史上非常有名的试验，对象是与狼有近亲关系的银狐。他和他的团队从每一代银狐中选取最温驯的一部分进行集中繁育后发现，温驯的特性在狐群中传播得很快。经过 6 代具有高度选择性的繁育后，有 2% 的银狐已经变得非常温驯；10 代以后，这一比例上升到了 18%；经过 30 代后，有一半的银狐变得很温驯；到了 2006 年，仍在实验过程中的几乎全部银狐都变得和驯化了的狼——犬一样，对人类非常友好。

它们看起来也不一样了，毛色发生了改变。尽管一些仍然是银色，但另外一些已经变成了红色。这也不算太奇怪，因为红色也是银狐的标准色。然而，有一些已经变成了白色，并带有黑色斑纹，它们被称为"格鲁吉亚白狐"，是一种在野外从未见过的全新品种。实际上，驯化了的格鲁吉亚白狐看起来非常像一种体形不大的、狐狸模样的牧羊犬。有一些狐狸身上在银白背景色上，又出现了棕色斑点。有一些的耳朵是耷拉着的。它们头骨的形状也有些微变化，腿和鼻口都更短了，头骨则更宽一些。繁殖生理特征也发生了变化：野狐每年只交配一次，而驯化了的银狐则每年发情两次。驯化了的狐狸也比野生狐狸性成熟更早。

被驯化的狐狸对人类友好，较少有攻击性，这些特点都是专门为实验而挑选出来的。此外，它们还显示出另外一些人们熟悉的行为类型。它们的尾巴翘在空中，还会摇尾巴；会呜呜叫以引人注意；还会嗅、舔主人；会注意人的手势和目光方向。俄罗斯的狐狸繁育科学家选择的是温驯的特性，但结果却是顺带出现了一些其他特点，不可否认的是，这些特点都与犬类似。

这个育狐实验显示，几千年前那些最友好、攻击性最小的狼一代一代变得越来越温驯，这一过程是何其之快。我们的祖先不必像俄罗斯科学家那样进行选择性繁育，即严格执行实验方案，只让每一代中最友好的 10% 的狐狸进行繁育。在某种程度上，犬的祖先可能是进行了自我选择，因为只有最友好的那部分才能忍受在人类附近生活。狼群都是家庭式的，所有狼之间都是近亲。如果一只狼能够忍受人类，甚至对人类友好相待，其他狼很可能也会有相同的基因和行为倾向。所以，有可能一整群狼，或者说群狼中的绝大多数会与人结成联盟。温驯的狼可能会形成对人的一种依附，会开始跟随人类的某些社交性信号，比如手势或眼神。犬会与人类进行目光交流，而狼根本不会。犬已经进化得可以理解人的信号，这似乎是不可思议的。我以前养过一只受过部分训练的边境牧羊犬，它很少能按我的想法去做事，但是最近，我被一只斯普林格猎犬理解我信号的能力所震惊。有一次，我带着这只名叫"利尼"的猎犬在苏格兰长湖岸边散步。我将一只球扔向它，球在沾满海藻的石块上弹跳。利尼没有仔细看，所以就看着我，寻求帮助。我一边喊"球在那儿！利尼！"，一边用手指着，想象着是我自己在石头间攀爬去找回那只球，但是利尼很准确地顺着我指的方向在一个岩石缝隙里找到了它。它跳上岸，将球扔到我脚下，我和它都很高兴。利尼不仅认识到我用手指其实是一个指示信号，而且知道这一信号的含义，并且知道怎样沿着我指的方向去找回那只湿漉漉的带着味的奖品。很明显，它的祖先也是经过很长时间的培育，不仅知道关注人发出的信号，而且会按照信号去行动，这确实令人震惊。人类繁育斯普林格猎犬是要利用它们将猎物赶出来，并将被猎杀的猎物叼回。一只浸水的球可以代表一只死鸭子。利尼将球找回给我，它很高兴。现代犬的品种都是距今较近的时期才繁育出来的，绝大部分是在这几个世纪里，经过高度选择性的繁育而出现的。这种理解人类手势的奇异能力尽管是在猎犬身上得到了磨炼，但其基因可能在很久以前就已经出现了。就像贝尔耶夫实验用的狐狸一样，最早被驯化的犬很可能也理解人的信号。

家犬和家狐似乎已经进化出了一系列行为习惯和解剖生理特点，所有这些都与其野生祖先差异很大。但是，这些特点并非都是全新的。威尔·沃克告诉我说，狼偶尔也会摇尾巴，他甚至听到过狼像狗一样地叫。这让我很惊讶。

他说："但是我听到狼这样叫时，它们只是在发出警报。在圈养地周围布有电网，最初将它们放入时，它们很好奇，就去触摸电网，然后就像狗一样叫起来，那声音就像是一只大狗。那是我第一次听到狼那样叫，但很清楚，那是狗的叫声。你在狗身上能见到的所有特点，它们身上都有，包括高兴时摇尾巴。"

这似乎很能讲得通，毕竟犬只是被驯化了的狼而已。那些我们认为属于犬的特点并非凭空出现的，而是早就在狼身上存在的行为习惯。在狼的行为习惯中，这些特点并不突出，但确实存在。在狼被驯化的过程中，一些原有的行为习惯因为被选择或者加强而变得常见起来，而另一些则被淘汰或剔除。

随着时间的推移，温驯的狼和人类的关系也在变化。他们不仅互相容忍生活在一起，还发展出一种共生关系，这是他们美好友谊的开端。当狼群可以到人类营地中活动时，对它们而言，人类已经不仅是食物的提供者；人类对狼也不只是容忍，而是会鼓励它们，因为它们显然也能对人类有回报，包括陪伴大人和小孩。这一点在驯化理论中少有提及，因为它似乎太琐碎空洞。但是，我认为，这一特点肯定在驯化中发挥了作用。有一些幼狼无疑会被人们收养。我的孩子经常会吵着要一只宠物犬，同理，冰河时代的父母亲无疑也会屈服于孩子的这种压力。

然而，给人类以陪伴，给孩子带来欢乐，这些都只是让狼在人附近生活所带来的部分好处。野狼偶尔会像犬一样大声叫，这是一种警报，它在人和狼之间的共生关系中非常重要。也许那些最早的犬会跟随着猎人，帮助跟踪、狩猎并将猎物带回，这也是一种用途。农耕时代开始后，犬又会发挥关键作用，保护家畜不被熊、鬣狗和狼吃掉。但是在此之前很久的冰河时代，驯化后的狼就能保护人类的营地，也能像狗叫一样发出警报，这确实非常有用。

因此，像狗一样地叫和摇尾巴并不是什么新奇的特点。我们不必用一些基因上的突变来解释狗身上的这些特点，因为它们在狼身上已经存在。但是，即使我们能够这样解释犬和狼之间的部分差异，它们之间，或者说野生银狐与实验家狐之间在一些特点上还是存在大大差异，这从生物学上都讲不通。实际上，我们研究现代犬之间的差异时，也存在同样的难题。它们的变种实在多得惊人，从吉娃娃到松狮，从达尔马西亚狗到澳洲野狗，种类之多远远超过野生种群。

达尔文对众多家犬品种也很有兴趣。他曾认为这一多样性是因为犬有多个不同的祖先。但是，现在我们已经知道，犬是源于同一个野生物种——欧洲灰狼。从某种意义上讲，这给我们提出了一个更大的难题，各种现代犬到底分别源于哪里？关于这一多样性的出现，达尔文猜测，可能是因为多种环境因素影响了犬的生育或者其胚胎的发展。达尔文明白有一些特点是遗传的，但他不知道是怎样遗传的。他倾向于接受是环境因素（即后天培养）发挥了重要作用。

20 世纪早期，人们重新发现了 19 世纪修道士和科学家格里戈·孟德尔的研究工作。他在研究生物特点如何遗传上取得了重要进展，其研究也成了遗传科学出现的基础。遗传学将博物学者的观察结果和达尔文的自然选择论相结合，解释了进化的原理。达尔文有一个重要支持者托马斯·亨利·赫胥黎，他的孙子朱利安·赫胥黎于 1942 年出版了一本名为《进化：现代的综合》(*Evolution: The Modern Synthesis*) 的书，其中，他描述了各种不同生物间的融合。但是，这本书的诞生却经历了一个难产的过程。

根据赫胥黎的描述，19 世纪末期时，达尔文主义陷入陈规，变成了纯粹理论性、纯粹适应主义的学说。它将一个有机体的每一个特征都描述成因为自然选择而被动适应的结果。达尔文主义已经变成了接近自然神学的东西。根据这一理论，物种进化的设计师只是自然选择，而不是某一位神灵。同时，一些新的生物学学科也出现了，包括研究遗传的遗传学。而实验遗传学和胚胎学似乎又与经典达尔文主义相矛盾。

赫胥黎写道："信奉细胞学或遗传学（实验胚胎学）或者比较生理学等新学科的人都瞧不起坚持达尔文主义观点的动物学家，把他们当作守旧的理论家。"但是，从20世纪20年代到40年代，人们的观念开始交汇，由零碎观念聚成了一个整体：

> 随着这些新生的生物学学派之间互相融合并且与传统学科融合，它们之间实现了和解。达尔文主义成了这些不同学派实现和解的交汇点。在过去20年里，生物学新学科逐次出现并相对封闭地发展。现在，生物学已经变成了一门更加统一的科学。因此，达尔文主义实现了再生。

《进化：现代的综合》一书中的观点今天仍然是现代进化生物学的基础。我们知道，从根本上说，物种内部发生的渐变，都是由于随机的基因突变。自然选择或者人工选择则会按照一定的规则作用于这些突变，促进有利的突变，淘汰不利的突变。尽管如此，家养物种，特别是家犬的进化由于过于极端，不能只用基因变化随着时间聚集（即基因随机产生的新突变与选择繁育相互简单作用）来解释。生物选择能够使有利基因（和特点）很快在种群中传播开来，但它并不能加速基本的突变率。

贝尔耶夫当然认为，他所见到的越来越温驯的狐狸身上出现的所有变化，不仅仅是DNA突变的结果，而且还有其他因素。需要解释的不仅仅是变化的速度，还有被驯化的银狐和犬之间惊人的相似性。以下说法简直令人无法相信：从摇尾巴到耷拉的耳朵，狐狸身上所有这些特点都是因为新突变而出现的，其与犬的相似也只是偶然而已。每一种特性都以完全渐变的方式出现是不大可能的。相反，更可能的情况是，存在一两种基础性的基因变化，它们有着更广泛的影响，也就是说，基因的作用模式是有等级的，一些基因能够控制另外一些。

拥有某种基因只是这一理论的开始，基因也可以打开或关闭。贝尔耶夫提出一项假说认为，控制行为变化的基因在物种进化中还发挥着重要的管理作用，从而影响着其他基因，将它们打开或关闭。在贝尔耶夫之后继续进行实验的俄罗斯科学家认为，他们研究的基因可能与皮质醇激素①有关，这种物质调节着身体的压力反应和神经递质血清素。被驯化的狐狸血液中的皮质醇水平很低，而大脑中的血清素水平较高。其他家养动物的皮质醇水平也较低，而血清素水平高能够抑制攻击性。但重要的是，这两种生物信号对幼狐胚胎的发育有何影响。

俄罗斯科学家认为，在胎儿发育期，甚至幼儿出生后的哺乳期，母体的皮质醇和血清素能够影响很多其他基因的表现。科学家选择了特别温驯的狐狸，就可能是选择了拥有某种能承受压力和降低攻击性的基因的狐狸个体。这意味着，下一代狐狸在子宫中可能就面对非同寻常的压力激素模式，这又会影响胚胎发育中基因被打开和关闭的模式，而这在野生狐狸中通常是不会发生的。自然选择本来已经使胚胎发育程序进入一个相当稳定的状态，但在实验中这一程序又在一定程度上被改变，这就导致在日益被驯化的银狐中出现了惊人的多样性。研究人员认为，仅仅一些基因变种就可能会产生广泛影响，造成很多

---

① 一种压力激素，是从肾上腺皮质中提取出的对糖类代谢具有最强作用的肾上腺皮质激素，属于糖类皮质激素的一种。

不同的毛色和古怪的特性，比如狐狸的耳朵下垂甚至也有卷曲的尾巴。另外一些研究人员认为，甲状腺激素和相应基因的变化可能会对压力反应、温驯程度、体形和毛色等有类似的广泛影响。因此，聚焦于某一特性，并且可能与承压和温驯程度相应基因有关的自然选择，能够很快地影响其他特性。

我们刚开始确定一些可能会产生这么多不同影响的基因，也是刚开始理解其在分子层面上是如何发生的。遗传学家已经开始筛查犬的基因组，以寻找貌似经历过选择的特定区域和特定 DNA 分段。这项工作很棘手。家犬的种群历史很复杂，其间发生过多次迁徙，有些种群已经灭绝，在某些地方又发生过杂交，而在另外一些地方，基因又曾经孤立发展。所有这些都增加了研究的难度。尽管如此，还是有一些基因组区域显得很突出。在前 20 种确定的区域中，有 8 种包含了有重要神经功能的基因。我们知道，其中一个对社会行为和毛色都有影响，它被称为 ASIP，即刺豚鼠信号蛋白基因（Agouti Signalling Protein gene）。它所包含的蛋白质能够使毛囊中的黑素细胞产生出一种较淡的黑色素，这种黑色素从根本上控制深色和浅色的毛在不同区域的发育。此外，刺豚鼠信号蛋白基因也影响脂肪新陈代谢，并且能影响鼠类的攻击性。这一基因很好地说明，对一些显示出某种社会行为的动物进行选择性繁育如何能够在毛色和新陈代谢上产生偶发性变化。但是，有一些被一起继承的特性却可能追溯到不同的基因，这些基因在染色体上相距很近。对某一特性和某一特定基因的强正向选择经常意味着相邻的基因也会搭上顺风车。

不同特性能够连接在一起，被打包继承。这一理论的出现已有时日，甚至比遗传学还早。它被称为基因多效性（Pleiotropy），这一术语是 19 世纪创造出来的。达尔文在《物种起源》中写道："……因为物种生长互相关联的神秘法则，如果人类继续选择，并继而增强某种特性，他们几乎肯定会不自觉地修正遗传框架中的其他部分。"今天，这些法则已经不再神秘，因为我们已经知道，不同的特性是被基因和发育连接在一起的。我们至少能理解在一些情况下物种生长相互关联的准确基础，比如刺豚鼠信号蛋白基因及其对肌体的广泛影响。基因多效性与反稳定选择理论相结合，能在相当程度上解释犬为什么表面上看与狼基因非常相似，却比狼更具多样性。在反稳定选择中，人工繁育肯定会将一些特定的基因有规则地聚集起来。新的基因突变会产生广泛的、多效性的效果，影响到许多特性。在一些情况下，物种的变化甚至可能不需要全新的突变就可以实现，而只需将野生状态下通常不会规则地压在一起的特定基因结合起来。这样，物种进化的程序就被打乱了，增加了一些新的有趣的品种。很有可能在任何现代犬的品种出现之前，早期犬也有很多品种，就如同被作为实验对象的银狐一样。

狼最初被驯化成犬的过程可能也就是 50 年的时间。这比野生银狐被驯化所需的时间要长一些，但也算是比较快的进程了。有关物种变化的基础性分子机制的理论显示，在几乎每一个转折点，都有基因多效性的影响。人类起初会选出一些特定的基因变种，因为它们对动物的温驯度和宽容度有影响。这些基因变种能产生一连串的不稳定效果，能够在动物身体结构、生理和其他行为方面产生广泛和快速的变化。从野生到驯化这一看似困难得不可实现的转变，似乎突然变得容易多了。我们找到的一些相关基因线索，只能说明有一两只狼进化成犬并且今天仍然存在的实例，但是，实际上这样进化的例子可能会有许多许多。

最后一个冰河时代高峰期的酷寒在距今 2.1 万年到 1.7 万年达到了顶峰，对欧亚大陆的动物造成了巨大压力。冰层覆盖了整个欧洲，西伯利亚变得出奇的寒冷干燥。有许多生物品种灭绝了。有时甚至是整个物种都灭绝了。如果这一环境灾难破坏了一些犬类驯化的实验，也不足为奇。在冰河时代高峰期之后，早期人类的营地边缘留下的食物对一些狼，意义非凡。

所有生物都感觉到了寒冷，人类也不例外。专家辩称，即使古代犬类的一些品种灭绝了，对最后一个冰河时代高峰期从事狩猎和采集的人类而言，有犬类相伴可能也是很关键的一项生存优势。这是不是甚至能解释，为什么人类尽管（在冰河时代）遭受重创，却能坚持挨过冰河时代最后的高峰期，而尼安德特人却没有？这一解释简单明了又很能诱惑人，但我却总是感觉不安。我怀疑这也太简单化了。历史是复杂的，虽然我们可以提出假说，但是如果我们还不能对其进行检验，那就得非常谨慎了。尽管如此，似乎也没有理由怀疑，犬类帮助某些早期的人类狩猎采集部落存活下来并进一步发展。

极寒季之后的家犬化石证据已经开始遍布欧亚大陆。在距今 8000 年，从西欧到东亚的考古遗址中，都发现有家犬的化石。我们已经知道，古今犬类的最新基因数据都指向一个共同的源头，因此，所有这些全新世犬类都是从本地狼群中独立驯化而来是不大可能的。相反，犬类肯定是随着人类迁徙而至，或者，它们是被当地人从别的地方带来的。

至少从头骨来看，史前犬仍然与狼相当相似。但是，如果能根据俄罗斯的银狐试验进行推断的话，当时犬类很可能在毛色、尾巴的卷曲和耳朵的耷拉等特点上已经有相当强的多样性。在距今 8000 年的丹麦斯维德贝格考古遗址中，考古学家发现了三种不同体形的犬。因此，即使在如此久远的过去，在可被视作几个原始品种的犬之间，也存在着一些差异。也许我们的史前祖先已经在试图繁育拥有不同技能的犬，有用于看家和牧羊的，有擅长追踪气味的，甚至还有拉雪橇的。

另一个品种？

在农业出现并得到发展之后，犬类的分布变得更为广泛。随着人类饮食的变化，犬类的饮食似乎也在变化。虽然有研究显示，犬类所吃的肉与作为其同类的狼不同，但它们还是食肉动物。经过分析捷克普莱得莫斯蒂考古遗址距今 3 万年的动物骨头，人们发现，被认为是新石器时代狗的犬科动物吃的是驯鹿和麝牛肉，而狼吃的则是马和猛犸象的肉。农业出现后，人类提供的食物就会发生变化。早期人类刚刚定居下来，犬类在他们倾倒垃圾的地方游荡，肯定能找到很多人类丢弃物来充当食物。

绝大多数现代犬类都拥有多拷贝淀粉酶基因，它能消化淀粉。一只犬拥有的这种基因越多，就能在自己的胰腺中合成越多的淀粉酶，这对在乡村垃圾觅食或在餐桌边吃残留食物的犬类来说非常有用。随着时间的推移，犬类的饮食中，肉类在变少而更偏向杂食，这一点更像人类。但是，在现代犬类当中，淀粉酶基因的拷贝数相差很大。这有多种原因。研究人员已经确知，这种差异不仅仅是由偶然因素引起的。他们猜想，这会不会与系统发育有关，即与犬类的"家族史"有关。但是事实似乎并非如此。他们还猜想，是不是与狼的杂交减少了某些犬类所拥有的淀粉酶的拷贝数，但是这也不足以解释。目前还站得住脚的一种解释是，淀粉酶的拷贝数反映出古时犬类饮食的差异。

对古代犬骨样品的碳和氮同位素进行分析，就能提示出古时犬类饮食的一些线索，体现它们饮食的多样化程度。比如，我们知道，在9000年前的中国，犬类饮食当中，小米占了65%到90%；而在3000年前的朝鲜海岸，犬类则以海洋哺乳动物和鱼类为食。在不同的地区，犬类在饮食方面会遇到不同的挑战。随着时间的推移，其基因也会发生相应变化。

基因组中某一基因数量的增加，其原因是在细胞分裂中出现了错误。这种特殊的细胞分裂能够产生卵子或精子（而卵子或精子中含有一组染色体，相比之下，身体其他的细胞则包含两组）。在细胞分裂中，染色体会结成对子，然后在每一对中相互交换DNA。在这种"交换"中发生错误，就会导致某一种基因被复制到某一种染色体上。一旦发生这种情况，在下一代中发生类似错误的概率就会增加，它们同样也会发生在细胞分裂并产生卵子或精子时。同一染色体上有两组拷贝叠在一起的基因，会使错误结对和基因复制的可能性增大。因此这种错误最终会使某一基因的拷贝数倍增。如果这种变化是有利的，自然选择就不会剔除这些错误，相反，还会倾向于保留这些错误。

犬似乎可以分成两个种群，一种的淀粉酶拷贝数很少，另一种则很多。像狼一样只拥有最低数量（两拷贝）淀粉酶的现代犬，可能源于西伯利亚哈士奇、格陵兰雪橇犬和澳洲野狗。而拥有较多拷贝数淀粉酶的犬，其分布则与地球上的农业区相吻合，在那里，史前的人类就从事着农耕。农业起源于中东地区，那里的萨卢基犬拥有多达29拷贝淀粉酶。但是，这种变化并不是一朝一夕完成的。和它们与农民生活在一起的后代不同，新石器时代犬类身上的淀粉酶数量并未大幅增加。

新石器时代，人类开始农耕。正是在这一时期，犬类也开始跟随着农业扩散的路径，首次向欧亚大陆之外扩散。犬出现在撒哈拉以南的非洲地区是在5600年前新石器时代开始之时；而它们抵达南非则是4000年后的事了。犬类出现在墨西哥考古遗址的时间约在5000年前，这也与当地出现农业的时间一致，但又过了4000年，才抵达南美最南端。线粒体DNA研究显示，欧洲人在南北美洲殖民之后，所有美洲早期的犬类品种都被取代了。但是，最新的全基因组研究结果则完全不同，它显示，过去500年间与殖民者一起抵达美洲的欧洲犬与当地土著的"新世界犬"发生了融合。

我们如今所熟知的现代犬品种的出现，则是更晚的事情。它们实际上是距今非常近的"发明"。犬的基因反映出这一历史进程。犬类祖先中两个显著的遗传瓶颈效应有两个特征，一个出现在其被驯化之时，一个则出现在过去200年间现代犬类出现的时候。繁育者开始集中精力增强某些特征，繁育出了既特别听话又能帮助人类打猎和放牧的犬类。但是在选择性繁育下出现的可塑特点本身对人类就有吸引力，于是，人类就繁育出不同形状、体形、毛色和纹理的犬来。现代犬品种的形态种类超过了所有其他犬科动物的种类，包括狐狸、豺、狼和犬。

如今的犬大约有400个品种，尽管十分多样，但它们绝大部分都是在19世纪后才出现的。当时的养犬俱乐部认可一些品种，要繁育并保存这些品种需要严格的繁育过程，这一技术是19世纪才兴起的。那些似乎最为古老、拥有犬科动物最牢固谱系特点的品种实际上却是在现代犬出现较晚的地方被人们发现的。犬于3500年前抵达东南亚岛屿，1400年前到达南非，但是这些地方却有着一些具有"古老基因"的犬品种：巴仙吉犬、新几内亚歌唱犬和澳洲野狗。这一模式显示，与其他品种相比，这些犬类品种处于隔离状态的时间更久。源头久远并不意味着它们就是最早分离出来的，相反，它们因为处于物种边缘，因此在基因上最为独特。

通过分析各品种犬的基因组，人们建立起了一个非常详细的犬类家谱。其中又可分为 23 个种群或进化枝，每一种都包含一些小分支，代表的是一组相互有密切亲缘关系的品种。例如，欧洲小猎犬就构成了一个进化枝；而巴塞特猎犬、狐狸犬、奥达猎犬以及达克斯猎犬和比格犬则形成了另一个进化枝。西班牙猎犬、寻回犬和巴塞特猎犬又是有密切亲缘关系的一个种群。对繁育进行严格控制使得这些进化枝很大程度上互相独立。但是，有一些品种则包含了来自两个或多个进化枝的 DNA，这说明，就在距今不远的过去，人类让有特定特点的不同犬类进行杂交，以创造出新品种。例如，虽然哈巴狗正如人们期待的那样，与其他亚洲观赏犬有基因关联，但它们又属于一个包含欧洲观赏犬的小种群。这说明，哈巴狗是从亚洲传过来的，然后被专门与欧洲犬杂交，以创造出新的体形较小的犬类。虽然基因数据反映了过去 200 年间人们创造各种严格区分的犬类的过程，但是很明显，这些犬类并不是源于一个同质的种群。人们对犬不同特性的选择已经将它们按照特定功用分成不同类型，这些分类构成了犬类家谱中 23 个进化枝的基础。

然而，有许多被认为是源于古代的犬类，现在却被证明是人们在距今不远时再造出来的。正如其名字所显示的，猎狼犬被非常成功地用于捕获它们的野生同类。到 1786 年时，爱尔兰已经没有了狼，因此也就不再需要猎狼犬了。到 1840 年时，爱尔兰猎狼犬已经灭绝。但是，后来，一个住在格洛斯特郡，名叫乔治·奥古斯特斯·格雷厄姆的苏格兰人又使"爱尔兰猎狼犬"复活了。他的做法是将一种被他认作爱尔兰猎狼犬的犬与苏格兰猎鹿犬杂交。今天的爱尔兰猎狼犬种群来自一个非常小的祖先群体，因此，它们和许多犬类一样，都是近亲交配产生的。这虽然有助于维持种群特点，但由于基因组成很强，又增加了罹患某些疾病的风险。爱尔兰猎狼犬中，有大约 40% 患有某种类型的心脏病，有 20% 患有癫痫。不仅仅这种犬有问题。在 20 世纪两次世界大战之间，有许多犬类几乎灭绝，后来又通过与其他犬类杂交而得以"复活"。自此以后，非常严格的繁育产生了近亲交配情况严重的种群，其中严重缺乏基因多样性，各种疾病风险大增，包括心脏病、癫痫、眼盲和某些癌症。特定种群易患特定疾病：达尔马西亚狗患耳聋的风险较高；拉布拉多犬臀部经常出问题；可卡犬则易患白内障。

如今，各种犬的繁殖可能是相对孤立的，但其基因告诉我们，在各个品种或原始品种之间，曾经有许多基因交流。不同国家的犬类会有共同的特点和基因，表明它们在过去肯定有过杂交。墨西哥无毛犬和中国冠毛犬共同的特点是无毛和缺牙，而这些特点都正是由同一基因发生的同一突变引起的。两种不同的犬类种群中以同样的方式发生基因突变的可能性极小。相反，这些共有的特点和基因特征都指向共同祖先这一可能。达克斯猎犬、柯基犬和巴塞特犬都是短腿。关于此种侏儒症，这 3 种犬和其他 16 种犬有着完全同样的基因特征，这说明曾有一个外部基因被插入。非常可能的情况是，早在任何现代短腿犬出现之前，这种基因插入就在早期犬类中发生过，但仅有一次。

基因研究给我们提供了理解犬类进化史的极佳机会。最早的时候，人类选择并驯化温驯的犬科动物，产生了丰富的犬类品种；到了现代，人们又在犬类中选择适应特定任务的特定特点。我们可以看出，某些突变以及与之相应的特点是怎样在早期犬类身上出现的，又是怎样在很久之后通过选择性繁育得以增强和扩散，进而培育出我们今天所见的现代品种。面临种群内部交配带来的高疾病风险，遗传学家还在研究流行性疾病的机理。将来，通过更加谨慎的选择性繁育和基于基因分型的、恰当的异型杂交，疾病风险有可能会降低。

有一些经过杂交的品种，已经超出了家犬的范围。这种极端的异型杂交正是萨尔路斯猎狼犬的基础。这种犬是 1935 年由一只雄性德国牧羊犬和一只雌性欧洲狼杂交而繁育的。里恩德特·萨尔路斯是一位荷兰育犬者，他希望繁育出一种更加凶猛可怕的工作犬，结果却繁育出了一种温驯胆小的犬。萨尔路斯猎狼犬是一种非常好的家庭宠物，也被用作导引犬和搜救犬。1955 年，捷克斯洛伐克又繁育出了一种捷克狼犬，它是由一只德国牧羊犬和喀尔巴阡狼杂交而成的。这种犬最初是为军事用途繁育的，也被用于搜救，而如今正日益被当作宠物来养。威尔·沃克就有一只名叫"风暴"的捷克狼犬。他对我说："她和其他狗一样友好，喜欢见到的每一只狗、每一个人。"这只狗还是很好的看家狗。威尔·沃克接着说："一有风吹草动她就会叫，非常愿意保卫我和我的家。"我答道："早期靠狩猎采集为生的人用狼来保护他们的营地，你这样做与他们有点像啊。"

影视剧《权力的游戏》中的动物给人留下了深刻印象。受这种现象刺激，狼犬变得越来越受人喜欢。但是另一方面，人们对它们是否适合作为家庭宠物又有越来越多的顾虑。在新近经过杂交繁育的动物和诸如萨尔路斯猎狼犬、捷克狼犬等成熟品种之间，还是有很大差异的，后者在基因上更接近于犬而不是狼。然而，有一些繁育杂交狼－

犬的人推出了一些动物，宣称是最新的杂交品种，这引起了人们的担忧，认为这些动物可能野性难驯，并且行为难以预测。

在美国，杂交狼－犬曾攻击并杀死过幼童，因此在一些州被完全禁止饲养。而在另一些州，只要经过至少五代杂交，狼－犬杂交品种就可以合法饲养。英国则认为第一代或第二代杂交狼－犬很危险，所以用《危险野生动物法》来对其实施管理，也就是和狮子、老虎适用同一部法律。奇怪的是，繁育者会夸大其幼犬中狼的成分，不过，野性确实是这些动物的卖点之一。买家会寻找"狼性强"和"野生模样"的狼－犬。为了更像琼恩·雪诺[①]的狼犬一些，他们愿意出 5000 英镑的高价。因此，杂交狼－犬销路很好。人们很难知晓，过了几代的时间后，杂交品种还有多少"狼性"。第一代的基因中，狼和犬的比例会是 50:50，但之后，在卵子和精子生成过程中，DNA 会重组，这会带来一些混乱的现象，比如，第二代狼－犬基因组中可能会有 75% 狼的基因，也可能只有 25%。还有一种可能，一些所谓的"杂交狼－犬"根本就名不副实，实际上不过是为了创造出更像狼的犬，而将德国牧羊犬、哈士奇犬和爱斯基摩犬杂交罢了，而这三种犬本来看起来就已经很像狼了。经过数代杂交之后，不根据基因测定就很难确定杂交狼－犬有多少狼性了。即使能通过基因测量狼性，人们也很难知道这与具体一只狼－犬的行为会有多大关系。

关于杂交狼－犬，人们还有另一方面的担忧，那就是，犬的基因也会进入狼基因组中去。基因研究显示，有 25% 的欧亚狼的基因中包含有犬的基因。从物种保护角度来看，这是存在问题的：难道是家犬基因进入了野生灰狼中，给狼的进化造成了影响？由于人类狩猎，再

---

① 《权力的游戏》中的角色。

加上栖息地变得支离破碎等压力，欧洲灰狼的种群数量已经大幅下降。但是，杂交也会提供一些有益的基因和特点。北美灰狼就是通过与犬杂交（这种杂交即使不足千年也有几个世纪），毛色才变成了黑色。绝大多数杂交似乎都是放养的雄犬与雌狼交配。但是，最近的一项研究显示，在两只拉脱维亚杂交狼－犬中有犬的线粒体DNA。由于线粒体DNA只能从母体继承，所以狼基因组中出现上述DNA，只能是雌犬与雄狼交配的结果。犬的基因一旦进入狼的种群，就很难去除。有一些杂交品种看起来还有点像犬，但是很多看起来就像是野狼。因此，专家建议，减少杂交影响的最佳办法就是减少放养犬的数量，因为一旦它们与野狼交配，那一切就为时已晚。

杂交会引发各种问题。首先有生物学上的问题，一是关于物种完整性，二是物种间的界限曾经神圣得不可逾越，但它们之间到底发生过多少杂交呢？如果发生过很多杂交，而且之后的后代都能生育，这是否意味着我们的物种界限过于狭隘？这些问题如今引起了广泛争论。但是，实际上分类学家（以给物种命名和划定物种界限为职业的人）从来不会像教科书那样死板。各个物种只是进化谱系中的一张张快照而已，它们会分化（有时也会融合）。在生命之树上，它们能与最近的同类区分开来，从而被人类界定为一个物种。但是，有时候人们会为了方便而主观界定它们，这在给驯化生物和其野生祖先命名时特别明显。

杂交可能还会导致伦理问题，即驯化物种的基因"污染"野生物种。我们创造了驯化物种之后，现在却变得特别热衷于保护其任何尚存在的野生同类。但是这会不会造成一种实际上并不存在的物种纯洁性的观念？这一问题很具挑战性，并且随着人口增长以及驯化物种的繁荣，这个问题会变得更加紧迫。这确实是个困境。被驯化而成为人类盟友的物种，因为其有用、可以陪伴，甚至对人不可或缺，已经拥有一个安稳的未来。但是，这些物种和人类一起，对残留的野生物种却构成了威胁。

人类和狼在这个星球上共存的最佳办法似乎就是互相躲避对方。我们的祖先曾经在很长时间里容忍狼在其附近，并最终驯化了它们。而与以前相比，从天性上讲，狼在人面前更加胆怯了。狼通过多种方式，被驯化成了犬，这是它们的变化，但是野狼可能也发生了变化。残害和狩猎本身就是一种选择，其压力会造成这样的结果，最能成功存活的狼很可能是那些远离人类的。于是，那些更为胆怯、总是躲避人类的狼，可能就是人为选择的产物，这一点与犬一样。

灰狼和犬的基因显示，演变成犬的那支谱系的狼现在已经灭绝了。在最后一个冰河时代高峰期，环境恶劣，所以灭绝当然是有可能的。但是看待狼的谱系还有另一种观点：那支谱系的狼根本就未灭绝；实际上，它们就是狼家族中成员最多的那一支——犬。从基因上讲，犬就是灰狼。绝大多数研究人员干脆就将它们归入灰狼种，而不把其视为一个独立的物种，之前被承认的犬类只被作为一个次级物种：家犬。

所以，我们如此熟悉的㹴犬、西班牙猎犬和寻回犬等，从本质上讲就是狼。但是它们比其野生同类更友好、危险性更小，也更善于摇尾乞怜和舔手讨欢。

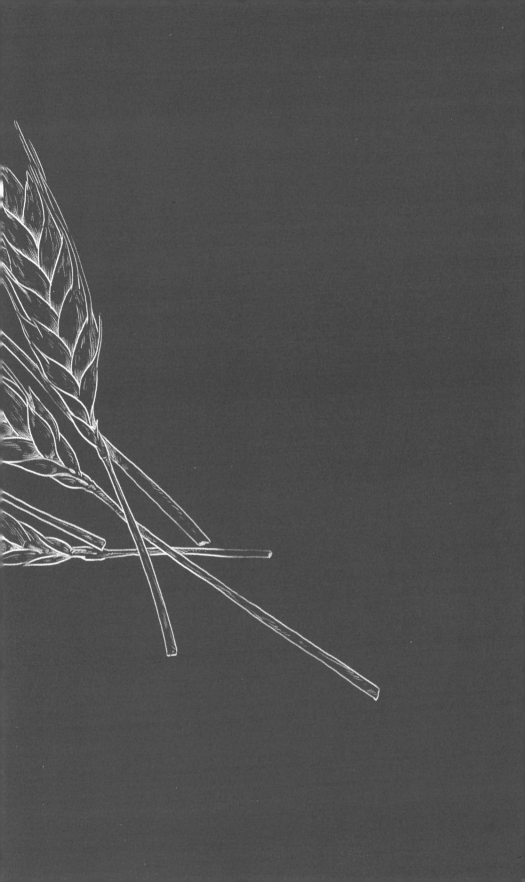

Wheat

小麦

我们在战场上殒命，历史却对这些战场大加宣扬；我们在耕地里繁荣，历史却对这些耕地充满轻蔑、不愿提及；国王的私生子都能在历史上留名，而小麦的源头却无人知晓。人类就是如此愚蠢。

——让 - 亨利·卡西米尔·法布尔
19 世纪法国植物学家

土地中的幽灵

8000 年前，在欧洲西北部海岸附近的某地，有一粒种子掉在了肥沃的土地上。它远道而来，不是风吹来的，也不是鸟衔在嘴里或存在肚子里带来的，而是用船运来的。这是一批珍贵的货物，但这粒种子太小了，掉在林间一块空地上，并未有人注意到。

这粒种子开始发芽，并长出长长的叶子。但周围的野草长得更旺盛。这个外来户未能结出自己的种子就死掉了。然而，它的灵魂仍在土中。即使腐生真菌和细菌用尽全力要将它全部分解，这株异域植物的一些分子还是存活了下来。随着岁月轮回，森林中的土壤逐渐累积，那层土被埋得更深了。后来，树消失了，取而代之的是莎草和芦苇。它们生生死死，变成了半腐状。海平面上升，芦苇床又被海蓬子和海滩滨藜取代。涨潮时，细细的沉积物被冲上岸，在泥炭土上又形成了一层土壤。有些日子里，这个泥滩只有在春季潮水最高位时才会被淹没。后来，一天要被淹没两回。再后来它完全被淹没了，甚至连海滩滨藜也生长不了。海平面上升，海浪涌来。但是，那株古老的异域植物的分子灵魂仍然留在深深的泥炭沉积物中，它被埋在了索伦特海峡底部几米厚的海泥中。

一只龙虾成就的考古发现

1999 年，在雅茅斯以东、怀特岛北岸接近布德诺的海床上，有一只龙虾成就了一次惊人的发现。它一直在一个被淹没的海中悬崖的底部挖洞，将沙石从海床中挖出来。

有两名潜水者发现了这只龙虾和它挖出的、通向虾洞的沟。这条沟就在一棵倒了的古橡树旁。其中，潜水者发现了龙虾从洞中运出来的石块。这两位潜水者是海洋考古学家，他们对布德诺悬崖附近海中保存完好的树林很感兴趣。他们捞起龙虾挖出的石块后发现，这些石块都是人加工的燧石。这些石头并非考古学家在这一地区首次发现的石制工具，但是，其他的石头都被从海底沉积物中冲刷出来，随着海流漂移。而龙虾挖出的燧石看起来似乎只漂了不远的距离。于是，这两位潜水者怀疑，这些人工燧石原来很可能就在这个悬崖里面，就在那只龙虾安家的地方。

水下考古学家开始工作了，他们每次潜水一小时，对布德诺悬崖底部附近区域进行勘察和发掘。虽然能见度低，暗流汹涌，但他们还是发现了大量考古资料，并开始描绘当地还未被水淹没时的环境。他们发现了一片古树林的遗迹，那里曾有松树、橡树、榆树和榛子树。还发现了赤杨树，这是一种喜欢把根扎在水中的树，也许它们是生活在一条古河流的岸上。就在那片肯定是古河岸的沙质沉积物中，考古学家发现了人类活动的证据：大量燧石，其中一些已经烧过；一些木炭和烧焦了的榛子壳；还有英国最早的一根绳子。经过放射性碳测，人们知道这个考古遗址在约 6000 年前就有人类活动。潜水员在附近发现了一个有层层火烧残留物的土堆，还有一堆木材，这可能（仅仅可能）是中石器时代用于支撑房屋的高台。还有大量用过的木料，其上的古代工具印记仍然清晰可见。这些木料包括一根巨大的劈开的橡木，有可能是一艘木船的一部分，还有一根木柱，现在仍然直立在海中的古代沉积物中。这些东西保存得非常好。很显然，当时，这里被人类遗弃后，其上很快就堆满了泥炭，将其在原地完好地封存了起来。这些遗留物就一直在海底，等待着 8000 年后那只幸运的龙虾前来发现。

布德诺悬崖附近的水下发掘工作从 2000 年一直持续到 2012 年，对所有的发掘资料进行分析还需要很多年。从考古和古环境角度来讲，要让一群来自各领域的研究人员认真研究这些资料，工作量实在是太大了。潜水员从海底带上来的东西，除了一些明显属于考古资料的东西，比如凿制的燧石、木炭块以及碳化的榛子壳，还有大量的海底淤泥。这些沉积物样本无疑会包含更多与布德诺悬崖附近史前环境相关的线索，可能是啮齿动物的碎骨、植物碎片，甚至花粉。通过过滤和显微镜检查，这些线索会被清楚地展现出来。但是，2013 年，另一组研究人员来找怀特岛的考古人员了。他们想索要那些淤泥，但他们想找的东西即使用最先进的显微镜也不能看到。他们找的是分子，一些信息富集的长线条状分子。他们找的是 DNA。

遗传学家以开放的心态对索伦特海泥进行了研究。他们并不是一开始就预想会找到什么，然后努力去寻找。他们对包含榛子壳的那层海泥进行了研究。他们使用一种被称为"鸟枪法测序"的方法，这一方法的名字就显示出其特点是随意性强。优秀的科学家都努力使用"科学的方法"，这种方法的黄金准则是以假说来推动研究。而"鸟枪法测序"听起来则恰恰相反。然而，"科学的方法"并非只有一种。有时候，要更容易地理解某种事物，最佳方法可能就是直接问——它是什么？然后再搜集和研究相关数据。但是，即使在这么开放式的方法里，也有假说的存在，这一假说指导着搜集哪些数据。但是，这里却没有实验，只是认真的观察。基因组学研究主要就是这样进行的，收集大量数据，然后从中寻找有关模式。这种情况下的假说就具有外延性："从标本中可以发现当今生物体上的古 DNA。"尽管说起来有些脱离常规，但是我认为，要有真正新奇和激动人心的发现，就应该使假说有最大的外延性，就应该摆脱所有预设想法和期待。

研究布德诺悬崖海泥的遗传学家提取了 8000 多年前在那里生活过的生物的所有 DNA 序列，除了野草和香草外，他们还发现了橡树、白杨树、苹果树和山毛榉的基因线索。一种是狗或狼的犬科动物也在那里生活过，还有一种欧洲野牛（牛的祖先）的痕迹。海底沉积物中还有鹿、松鸡和啮齿动物的分子残留。遗传学家一点一点地拼凑出了索伦特森林古时生态系统的细节，在那里，中石器时代的人类曾经定居过。

但是，就在从海底提取的各种 DNA 中，有一种东西令人大为惊奇：竟然有无疑是小麦属植物的痕迹。对，就是小麦，它本不该出现在那里。那时的英国还未步入农业时代。一般来讲，花粉能够清楚显示过去植物的生长。所以，研究人员就对沉积物样本进行了检查，以寻找花粉。然而，在样本中却没有小麦花粉。是哪里出错了吗？这一发现太不同寻常了，遗传学家必须搞清楚，他们的研究对象不是别的物种。但是，小麦属植物的基因序列似乎相当明显。研究团队仔细检查，以确保这一基因特征不是来自英国土生的其他形似小麦实为野草的植物，比如沙丘野麦、茅草或者芽麦。而它的 DNA 与所有上述植物都不同，相反，与一种小麦最为接近，即一粒小麦。这种小麦的主穗上的每一个小穗中都包含一粒种子，就包在硬壳当中。一粒小麦是第一种被驯化和种植的谷类植物。但是人们以前认为，英国要到 6000 年前（公元前 4000 年）才有这种植物的，这比布德诺悬崖发现的基因线索要晚整整 2000 年。

因此，索伦特海峡底部沉积物中埋藏的一粒小麦肯定是在很久以前，途经万里，才抵达英国的。而人类种植的一粒小麦则诞生于 2500 英里之外的地中海东岸。第一个集中研究一粒小麦和其他小麦诞生地的人是 1887 年出生于莫斯科的一位植物育种学家和遗传学家。

瓦维洛夫勇敢的探索

1916 年，29 岁的尼古拉·伊万诺维奇·瓦维洛夫离开圣彼得堡前往波斯（今伊朗）探险。他内心有一个特定的目标，探寻世界上最重要的一些谷物的起源。

瓦维洛夫曾在英国学习，师从著名植物学家威廉·贝特森。在老师那里，他熟知了孟德尔关于遗传的理论。格里戈·孟德尔是一名奥古斯丁修会教士，他的研究工作通过威廉·贝特森得到了重振和推广，其中就包括他著名的豆科植物实验。孟德尔发现，肯定有某种"遗传单元"能够影响他的豌豆最后会长成绿色还是黄色，表面光滑还是充满褶皱。他并不知道这些"单元"是什么，但他却预言出这种东西的存在。现在我们知道，这些"单元"就是基因。1866 年，孟德尔出版了德文版的《遗传原理》（*Principles of Heredity*）。40 年后，贝特森将这部重要作品翻译成了英文，并在孟德尔观测资料和理论的基础上，为科学地研究遗传的学科取名"遗传学"（genetics）。

瓦维洛夫还熟知达尔文通过自然选择而进化的理论。在英国期间，他花费大量时间在达尔文的个人图书馆阅读书籍和笔记。这个图书馆就在剑桥大学，达尔文的儿子弗朗西斯则是剑桥的植物生理学教授。在那里，瓦维洛夫亲眼看到了查尔斯·达尔文对其前人的著作进行了多么详细和全面的研究，其中就包括德国著名植物学家阿尔方斯·德·康多尔的著作。在1855年出版的两本巨著中，康多尔研究了驯化植物的起源。达尔文在这两本书的页边和末尾处随手写了许多笔记。很显然，瓦维洛夫很高兴能从这些笔记中追踪达尔文思想的演变。达尔文的学者精神、思想的凝练、对生物进化过程的清晰理解，都让瓦维洛夫敬佩不已。他写道："在达尔文之前，从未有人对生物变异以及选择的巨大作用进行过如此清晰、确定和充实的阐述。"

尼古拉·瓦维洛夫相信，达尔文的观点对于确定物种（包括驯化物种）最初形成于什么地方非常关键。达尔文在《物种起源》中阐述了他关于物种地理源头的观点，它实质上非常简单。任何物种的起源地都可能会在拥有该物种各型变体最多的地方。在现代研究中，这仍然是一条指导性的原则：拥有最强基因多样性和表型多样性的地方，很可能就是该物种存在时间最久的地方。这一原则很有用，但还是遇到了问题。因为，随着时间的推移，动植物会发生迁移。但是，瓦维洛夫相信，亲缘关系紧密的野生物种当中，变种也可能是一条重要的线索。于是，他拓展了自己的视野，将他所感兴趣的驯化谷物和其野生同类都纳入了研究范围。

作为一名植物育种学家，瓦维洛夫是为自己的国家工作的。为了能对俄国的农业经济和植物培育有用，他将各种植物的驯化变体作为自己的研究对象。但是，他同样又对自己工作中的历史和考古维度非常着迷。他相信，确定驯化物种的起源对于解释各民族的历史命运也是很重要的。他还意识到，弄清小麦的起源地，会使人看到人类历史上的一个关键时刻，即我们的祖先从仅仅采集野生食物进化到种植食物，从四处觅食的人向农民转变的时刻。瓦维洛夫知道，他是在寻找史前的历史。在人类发明文字书写之前很久，最早的物种驯化就发生了。他写道："无疑，相比各种物件、刻印文字和雕塑等古时记录所能揭示的内容，人类文明和农业的历史与起源都要久远得多。"

长久以来，寻找驯化物种起源地一直是考古学家、历史学家和语言学家的专属领域。但是，瓦维洛夫相信，植物学和新兴的遗传学也能做出重要贡献。实际上，他非常蔑视传统证据的本质属性。"文献学家、考古学家和历史学家都只会说'小麦''燕麦'和'大麦'，"他于1924年写道，"而现有的植物学知识要求，种植的小麦分成13个品种，燕麦分成6个品种，所有品种都有很大差异。"

他知道，研究不应该是不切实际的科学。他得到野外去，他需要了解土地和其上生长的植物。而最重要的是，他需要标本。他写道："每一小包谷物、每一撮种子和每一捆成熟的穗子都具有极高的科研价值。"

瓦维洛夫从波斯科考回去时，找到了各个品种种植小麦中存在巨大多样性的证据。他将小麦分成三类，每一类都有数量不同的染色体。软质小麦（包括普通小麦和面包小麦）有21对染色体，硬质小麦（包括二粒小麦）有14对，而一粒小麦则只有7对。当时，在俄国，只种植六七种软质小麦。在波斯、布哈拉（位于今乌兹别克斯坦）和阿富汗，瓦维洛夫记录了约60种不同的小麦品种。他清楚，西南亚肯定是这种种植小麦的故乡。硬质小麦的分布则略有不同，在东地中海地区发生的变异最多。一粒小麦则又有不同——在希腊、小亚细亚、叙利亚、巴勒斯坦和美索不达米亚都发现了大量不同的品种。他写道："最可能的情况是，小亚细亚（安纳托利亚）及其邻近地区是一粒小麦发生变异的中心。"

瓦维洛夫相信，不同的种植中心都对每一种小麦的特点有影响。这些影响对作为农业经济学家（致力于改良谷物的人）的他都有意义。硬质小麦，比如二粒小麦，源于地中海沿岸，那里春秋潮湿而夏季干燥。它们发芽和初生时期需要水分，但是一旦成熟就非常耐旱。瓦维洛夫相信，二粒小麦是种植最早的小麦，他在文章中把它称为"古代农业民族用于做面包的小麦"。对于后来一粒小麦的出现，他的理论也很令人感兴趣。

当最早的农民开始种植小麦时，他们就发现，有一些其他的植物似乎很喜欢与小麦生活在一起。他们发现了杂草，其中一些杂草自身最终也成为人们种植的植物。在当时的小麦和大麦田里，野生黑麦和燕麦都是很常见的杂草。瓦维洛夫认为，在冬天，或者在贫瘠的土地上，又或者在恶劣的气候下，人们会用黑麦取代小麦，因为在上述环境下，黑麦要比原本种的小麦耐受力更强。这样，人类就开始种植黑麦了。瓦维洛夫在波斯科考时发现，二粒小麦地里生长了一种杂草般的燕麦。他认为，农民如果想在更北的地区种植二粒小麦，就会发现燕麦会占据他们的田地。实际上，农民是将燕麦作为一种谷物来种植的。

瓦维洛夫相信有许多植物开始都是伴生杂草，后来才变成人类种植的谷物。在这一点上，他提供了大量证据。亚麻最先就是亚麻籽作物当中的杂草，而芝麻菜最先则是亚麻地里的杂草。瓦维洛夫指出，野生胡萝卜通常就是阿富汗葡萄园里的杂草。他写到，在阿富汗，"野生胡萝卜实际上是主动让当地农学家培育出来的"。与此相似，野豌豆、豌豆和芜菁最先很可能就是禾谷类作物当中的杂草。瓦维洛夫认为，安纳托利亚二粒小麦田里蔓延生长的杂草中，有一种自身后来也变成了一种重要的谷类作物——一粒小麦。

新月与镰刀

关于谷物起源，瓦维洛夫进行了大胆而有开创性的工作。在此基础上，研究者进一步收集了植物学和考古学方面的证据，使中东一大片土地作为"农业摇篮"的地位得以牢固确立。从底格里斯河和幼发拉底河之间及附近的区域，一直延伸到约旦河谷的这一"肥沃新月地带"，如今已经被人们公认是欧亚大陆新石器文明的发源地，这里也是世界上最早出现农业的地区之一。后来成为欧亚大陆新石器时代"奠基农作物"的所有植物都是在这里出现的，比如最早种植的小麦、大麦、豌豆、扁豆、苦苕子、鹰嘴豆和亚麻。最新研究显示，还应该再加上蚕豆和无花果。

考古结果显示，在距今1.16万年到1.05万年的今土耳其和叙利亚北部，就存在着早期的农业部落。但有证据显示，在种植野生谷类植物之前很久，中东地区的人就已经对其加以利用了。种植类谷物（包括大麦、二粒小麦和一粒小麦）的痕迹经常在更浅且距今更近的考古层中被发现。再往下是更深且距今更远的考古层，其中包含了与这些种植类谷物对应的野生品种。这说明，出现在考古遗址的早期小麦、大麦、黑麦和燕麦都是人们采集的野生谷物。

在约旦河谷的吉甲，人们发现了几千颗距今 1.14 万年到 1.12 万年的大麦和燕麦。在幼发拉底河河畔的阿布胡赖拉，人们发现了有着早期种植痕迹的野生黑麦，它们的颗粒更丰满，显示出人们已经开始给谷物脱粒。在一些地方，人们还发现了一些很有趣的证据，说明早期人类怎么处理采集来的野生谷物。

几十年以来，在南黎凡特的考古遗址里，石块上的一些刻出的小洞令考古学家费解。有人认为，这些杯状的洞可能是古人进行石工比赛时所刻，或者，它们也可能象征着生殖器（认为这些文物可能就代表如此重要的解剖学因素，我完全接受。如果它们不代表这些，倒是会很奇怪。但是，不难看出，将任何一块鼓起物或小洞都看作性暗示，更可能是考古学家的想法，古代制作这些东西的人可能并没有这么想）。不管怎样，对这些小洞更接地气的解释反倒更可能接近事实，它们就是一些制作食物的石臼，具体用途就是将谷物磨成面粉。

在纳图夫考古遗址，人们发现了许多这种所谓的石臼。纳图夫属于一个距今 1.25 万年已经很成熟的文化圈。这些石臼比该地最早出现的新石器文明还要早 800 年。这一文化圈是因在约旦河西岸瓦迪纳图夫的一处洞穴而得名的。20 世纪 20 年代，多萝西·加罗德发掘了这处洞穴。纳图夫文化时期在考古学上被称为旧石器时代末期中石器时代初期。其意思类似"旧石器时代边缘"，这一术语充满了对变化的暗示和期待。从考古中可以清楚看到，当时的社会和文化都在进化，但还没有进入新石器时代。

南黎凡特的纳图夫文化出现于 1.45 万年前，它带来了一个重要变化，人类从不停地游荡状态转向定居生活。纳图夫人仍然以狩猎采集为生，但他们已经过上了定居生活。他们居住在永久的村落里，一住就是几年，而不是居住在临时帐篷之中。到了1.25万年前时，这些村民就开始在石头上刻杯状洞了，这些杯状洞看起来就像是石臼。当时在这一地区生长的唯一大粒谷物是野生大麦。所以，最近有一群考古学家决定试一下这些石臼，看看它们能否将大麦粒磨成面粉。

考古学家尽了最大努力使实验接近历史真相。虽然不太可能穿着古时纳图夫人的衣服进行测试，但他们还是确保了整个操作过程都使用纳图夫风格的工具。首先，他们用石镰刀收割野生大麦。从考古遗址发现的燧石工具被认为是镰刀。而使用现代复制的燧石镰刀去割大麦秆能产生与古时工具完全一样的效果。然后他们将麦穗收到篮子里。接下来，他们用一根弯曲的木棍来打大麦，将麦芒从麦穗上分离下来。之后，麦穗被放入一个圆锥形石臼中用木杵打，这是为了将麦芒和麦壳弄掉。麦糠则通过轻吹被扬走。最后，麦粒被装进石臼，再用木杵搅拌击打，从而磨成面粉。实验结束时，考古学家将面粉做成面团，然后在柴火上烤成类似皮塔饼的未发酵的扁平面包。他们将这一实验成果吃掉了，可能还喝了点啤酒。

在实验中，考古学家使用的是从胡祖克穆萨考古遗址发现的石臼。在这个考古遗址，共有31个窄圆锥形的石臼，附近还有4个大型打谷场。基于这一试验，考古学家推理，在1.25万年前，胡祖克穆萨的纳图夫人能够很容易地加工出足够的大麦，使它成为当地百十位居民的主食。很重要的一点是，圆锥形石臼能够很好地给谷物脱壳。带壳的大麦能够做成粗碾谷粒、麦片或者粗面粉。但是，去壳的大麦可以被磨成细得多的面粉，这样做的唯一理由只能是做面包。在人们开始种植任何谷物之前至少1000年，胡祖克穆萨的居民就会采集大麦，会打谷，会磨面粉并做成面包一起享用。这确实让人称奇。

在农业发端前的数百年，面包就已经成为中东地区居民的主食。这使得新石器革命易于理解。实际上，一旦人们开始采集和加工野生谷物，我认为种植这些谷物几乎是必然的。不仅是大麦，小麦和其他谷物也是如此。如果人们特别依赖某一种食物，那么只靠采集野生谷物就变得风险很大。最好还是自己种植。但是，这会暗示出，我们的祖先是有意识地培育野生植物的。但很可能的情形是，农业的发端更多是归因于偶然因素和运气，而不是仔细制订的计划。

在种植类谷物与其野生祖先的差异中，至少有一些是偶然出现的，或者，至少也是人类活动所造成的偶然结果。野生和种植类谷物的一项关键差异是其中央脊柱（或者叫叶轴）的强度。种子就长在这些叶轴之上，形成了小麦的穗。在野生谷物中，叶轴脆弱易碎，包含种子的小穗成熟时就会脱离主穗，被风吹散。另一方面，种植类谷物的主穗成熟后仍然是完整的，这是因为它们的叶轴很结实，一点都不脆。对野草来说，这一特点非常不利，因为种子不能自由地被风吹散。在野生环境下，这一特点就是一个有问题的突变，因此，自然选择很快就会将这种植物淘汰。但在农作物中，结实的叶轴却成了优势。

如果等到绝大多数主穗成熟才收割，那么叶轴脆弱的禾苗可能已经丢失了很多种子，但是对于那些发生了突变、叶轴结实的植物来说，所有的小穗都还长在禾苗之上。所以，那些仍然长在禾苗之上的种子就会被收到打谷场上，有的被人们吃掉，有的则被当作种子再种回地里。这样，拥有结实叶轴的种子和禾苗，其比例会随着时间推移而增长。这也说明了有的生物特点会自我选择。农民们不需要主动去挑选那些种子不掉的植物。他们只需要等到绝大多数小麦成熟，然后收割就行了。这些收割的小麦当中,拥有结实叶轴的品种相对会更多一些。因此,这一特点的扩散很可能是早期农业活动无意识的结果。

实际上,选择结实叶轴这一现象可能比农业出现得还要早。我们可以想象,如果有一个以狩猎采集为生的人将一些野生谷物带回部落加工,会有很多种子洒落在路上。但是,如果收获的谷物当中有一株发生了突变,拥有结实的叶轴,其主穗就会完整保存。当回去打谷时,一些谷粒难免会遗失、发芽并成长。最早的农田会不会在任何形式的农业种植出现之前,就出现在打谷场周围呢? 当然有这种可能。但是,拥有结实叶轴的小麦还是要由人类播种的。这一特点的形成可能只是人们收获和加工谷物产生的一个无意识的结果,但是,一旦某些小麦进化成如此,它们就不得不与人类结盟,因为没有人类的帮助,它们就不可能继续生存。它们只能在打谷场边上或者人们耕种的田地里生长。

在约 3000 年的时间里,随着人们开始越来越多地依赖并培育谷物,这种结实叶轴的特点在古代的小麦中逐渐扩散。在黎凡特的一些考古遗址中就发掘出少量 1.1 万年前不易脱落的一粒小麦或二粒小麦。但是,在 9000 年前(公元前 7000 年)的许多考古遗址中,100% 的小麦都属于不易脱落的品种,这一特点已经变成了通例。用遗传学术语讲,这一特点已经"固化"在了古代的种植类作物当中。

小麦从野生变为种植类植物的过程很漫长。在这一缓慢的转变中,人类脱离了狩猎采集的生活方式,成了农民,他们所使用的工具也在发生变化。越来越多的镰刀开始慢慢出现在考古遗址中。最早出现的镰刀不像我们所熟悉的金属刀刃弯刀,它们是用燧石或黑硅石做成的——毕竟当时还是石器时代啊。这些镰刀有长长的刀刃,被固定在木柄之上（考古学家知道这一点，因为他们发现这种镰刀中有一些是保存完好的）。这种镰刀因为被反复用于切割富含硅土的草茎，沿着刀刃显出典型的"镰刀光泽"。镰刀并非是凭空出现的，在用于收割野生谷物之前，它们在很长时间里都被用于切割芦苇和莎草。从 1.2 万年前起，镰刀频繁出现于考古记录当中，绝大部分是在黎凡特，即"肥沃新月地带"的西部。对于镰刀使用的增多，考古学家认为这表明了人类对谷物的依赖，因为黎凡特人不大可能只执着于砍更多的芦苇。

大约 9000 年前，在整个"肥沃新月地带"，镰刀已经变得更为普及，但还没有达到无处不在的程度。这使得一些考古学家认为，使用镰刀可能更多的是文化上的偏好，而不全是为了收获谷物。这听起来令人惊讶，但实际并非如此。有证据显示，用手摘小麦和大麦可能与用石制甚至金属工具一样有效。实际上佩特拉河谷中的贝都因人现在仍然用手摘麦子。也许，近东地区在距今 9000 年到 6000 年间镰刀使用的增加更多是与文化身份有关——这是农耕的标志，而不是与收获的效率有关。不管怎样，镰刀数量的增加不仅仅具有象征意义，它还反映出人们对谷物的依赖真实存在，并且日益增加。而在一些考古遗址中，谷物起初只占人们所采集植物的一小部分。但是，到了公元前 7000 年，在绝大多数保存有植物残留物的考古遗址里，谷物都占了多数。在那些收割回去的小麦上，小穗不仅长在上面，谷粒也比其野生祖先要大。在这里，对农民而言，在野生状态下原本是不利的因素（种子太大就不能被风吹散）却成了红利。

在结实的叶轴这一特征出现之前，野生小麦的麦粒就出现了增大。在之后的三四千年里，麦粒变得越来越大。谷粒增大无疑部分归因于基因变化，但也很可能有一部分是环境原因引起的——农作物都生长在准备好的土壤中，与野草的竞争减少，甚至还能得到良好的灌溉。

现代种植的小麦，其颗粒由三部分组成。一是植物胚胎，或者叫胚芽，实际上就是种子；二是种皮（果皮和外种皮），它占了谷粒重量的大约12%，通常叫作麦麸；但是，麦粒中最重的部分是胚乳，它要占麦粒重量的86%，它就像蛋黄一样，要给发育中的小麦胚胎提供营养。除了脂肪和蛋白质外，胚乳中还含有淀粉。随着麦粒增大，胚乳也不成比例地变大，将更多的营养装进每一粒麦子。但是，尽管增幅根本赶不上胚乳，胚胎确实也会变大很多。说到发芽和早期生长，大粒谷物有一个重要特点，即与小粒相比，它们的幼苗更加茁壮。

我们似乎有理由猜测，麦粒增大是早期农民有意识认真选择大粒植物的结果。但是，这一特点也可能是无意中选择的。早期的农民很可能会把注意力集中在扩大土地面积和提高土地生产力上，而不是提高单粒麦子的大小上。大粒小麦品种由于幼苗更加茁壮，能竞争过小粒品种，这仅仅是一个内在优势。在播种很稠密的农田里，幼苗之间的竞争可能会很激烈，这种情况在由风吹播的野生品种之间却可能不会发生。一年又一年，农田里慢慢长满了大粒品种，这会让农民很欣喜。

结实的、不易折断的叶轴和更大的麦粒在不同的时间里在不同品种身上得以发展。与犬类的温驯和毛色特点不同，这些特性不是一起出现的，它们进化的速度不同，诱因也不同。但与冰河时代狼开始追随早期人类从而开始被驯化的过程很像，在小麦培育的过程中，人类实际上预先考虑得很少，这一点与人们经常推测的不同。但是即使没有专门的意图，人类的行为还是偶然地在这些谷物身上产生重大影响，使之具有更强的繁殖力。随着人工种植的一些特点的扩散和固化，它们对人类变得更有价值了。小麦在古代人类饮食中变得越来越重要，它在后来作为一种主食的地位也得以稳固。

小麦漫长而复杂的种植中就如同一部浪漫主义小说的情节线索一般。其中，有两个伙伴角色相遇，一个是人，另一个是小麦属植物。它们本来很可能会分道扬镳，但却被命运撮合在了一起。但是互相接触激发了双方身上的某种东西。它们开始共舞，共同生长。人类文化发生改变，以接纳小麦；而小麦也发生改变，以更吸引人类。

当然，人和小麦的结合要更复杂一些。首先，小麦不止一种。现代植物学仍然承认被瓦维洛夫确认的三大类小麦，这三种小麦的特点是具有不同数量的染色体组。而现代遗传学则揭示了它们之间的复杂关系。

一粒小麦，不管是野生还是种植的，都属于一类。这一类的染色体组简单一些，而且是成对的——只有 7 对。用遗传学术语讲，它们是二倍体生物（就如同你和我一样）。在遥远过去的某个时刻，某一谱系小麦的染色体发生了倍增。从根本上讲，是细胞分裂发生了错误，这种情况时常发生。细胞使染色体倍增但又未能将它们分成两部分，这就形成了一个细胞有两组染色体的情况。古时的这种倍增还创造出了一种四倍体小麦，它有 14 对染色体（如果你愿意，也可以称之为两组 7 对染色体）。这种情况发生在距今 50 万年到 15 万年（即新石器革命之前很久）的二粒小麦和硬质小麦身上。

然后在种植类二粒小麦（四倍染色体）和山羊草（二倍染色体）之间发生了一次杂交，结果产生了一种有 21 对染色体的小麦，它有 3 组成对的染色体，即六倍染色体。据估计，这次杂交发生在大约 1 万年前，就是它创造出了小麦——普通小麦或面包小麦。

染色体倍增似乎显得很贪婪。对绝大多数生物而言，有二倍染色体就能生长得很好，四倍似乎没有必要，六倍好像就特别挥霍了。但是，还有许多植物展现出了一种多倍性。它们拥有多倍染色体，也未产生任何害处。实际上，还可以产生相当的优势。多余基因的存在意味着，如果有一个基因被突变破坏，另一个就能代替它发挥功能。突变的基因甚至可能在基因组中发挥新的、更有趣的功能。即使没有新的突变，随着新的基因组合开始共同运作，不同来源的基因材料聚集在一起（正如同二粒小麦与山羊草杂交一样）也能够产生杂交的活力。此外，多倍性也与植物细胞增大有关联，植物因而能够长出更大的种子，产量也会提高。但是，多倍性并非都是好事，它也会带来问题。有那么多多倍染色体需要分拣，繁殖就变得有点困难了；胚胎发育也会发生混乱，有时是致命的。但是，平衡地说，至少在面包小麦上，六倍体的进化似乎当然是一件好事。

具体而言，有一种基因突变提高了面包小麦的产量。这一突变使得麦穗形状大为不同。面包小麦的野生祖先拥有扁平的麦穗，小穗错列在叶轴两侧。但是，面包小麦身上发生了一次单一的有益突变，其形状因而变得非常独特：麦穗呈方形，小穗紧密地挤在一起。这一典型形状使得小麦看起来和其他草类有明显区别。我们知道，二粒小麦－山羊草的杂交品种就是面包小麦。它可能立即就成了一种农作物，早期农民也很可能认出了它并有意识地进行了培育。

就是这样，小麦与人类结成伙伴，他们之间的联系将会持续几千年，而且只会随着时间推移而更趋牢固。但是，这一切始于何地？准确地说，每一种小麦——一粒小麦、二粒小麦、面包小麦，到底起源于"肥沃新月地带"的什么地方？

两个世纪以来，中东地区一直是考古学家的圣地，而在他们所寻找的圣杯中，至少有一个是新世纪创始农作物的地理起源。但是，即使有了考古植物学这一新学科，这一学科又对每一物种都有准确的研究之法（瓦维洛夫肯定会赞同这些方法），这些农作物的起源还是有点模糊、难以找到。这种情况直到最近才发生改变。

此处、彼处，还是到处？

"肥沃新月地带"是一片广袤的土地，它囊括了今天以色列、约旦、黎巴嫩、叙利亚、土耳其、伊朗和伊拉克等国的部分地区。我们已经知道，在这整个地区的考古遗址中，都发现了谷物种子（起先是野生的，后来被种植类取代）。在这一地区，不同种类的野生小麦、大麦和黑麦的分布也发生了重合。但是这一地区很大。瓦维洛夫聚焦于每一个作物品种，对种植类和野生品种都进行了详细记录和抽样，并用获得的数据去找寻每一品种的起源地。一时看来，遗传学和考古学研究的结果似乎是一致的。

澳大利亚伟大的考古学家戈登·柴尔德是伦敦考古研究所的一位著名科学家。他认为农业的出现是人类历史上一次重要的巨变。1923 年，他造出了"新石器革命"（Neolithic Revolution）一词。从狩猎采集到农耕的转变就像是一次"政权更迭"，旧的秩序被颠覆，新的浪潮在美索不达米亚和黎凡特汹涌，席卷了途中的一切。这一过程的来临整体都显得很美好，各种观念都从一个创造中心点像涟漪一样向外扩散，而新物种也从其培育中心向外溢出。考古学家所讲的、包含所有始祖农作物的"一揽子新石器农作物"，能够准确地对应到瓦维洛夫的各个

"起源中心点"。"肥沃新月地带"的北部弧形地区似乎是那场后来会改变世界的革命的中心。近东地区有一群优秀的早期农民，他们勇敢地去驯服自然。之后，人口迅速增长并向外扩散，与此同时，他们的思想也随之扩散。

接下来，遗传学家从研究染色体数量（正如瓦维洛夫所做的）转向对其中的 DNA 进行解码。到 20 世纪 90 年代时，技术已经发达起来，遗传学家可以对不同植物 DNA 的相应部分进行研究，并对比其基因序列。与只研究基因组的一个小区域相比，这一技术更加强大。于是，在研究了不同的野生和种植类一粒小麦后，他们发现，种植类形成了一个清晰的谱系，并有单一的起源。种植类一粒小麦的 DNA 与生长在土耳其东南部喀拉卡达山脉下的野生品种最为接近。同样使用这一分析方法可以发现，四倍体小麦（包括二粒小麦）也有类似情形。大麦似乎也有一个单一的起源，不过它是在约旦河谷。新的分子遗传学已经涉足关于种植类农作物起源的争论，并且解决了它。这些研究的对象是分子，而不是考古土堆，所以有着考古学从未有的确定性。因此，这些研究广受推崇，被刊载在拥有最广读者群的科学期刊上，其结果似乎也被视作定论。

所以，瓦维洛夫和柴尔德似乎是正确的，谷物类农作物是在各自独立的中心被迅速培育出来的，然后，随着人类对农耕热情的稳固，逐步向外扩散。过去有关新石器革命的观点得到证实。每一种种植类作物确实都有核心区，都有一个单一起源地。看起来甚至是这种情况：在土耳其东南部有一个文化族群，他们培育农作物的想法令人称奇。这使他们拥有了优越的地位，人口也随之增长并扩散。

这种情况如果是真的，都可以写成很好的故事了。但是到了 21 世纪初，开始出现漏洞。考古学家和考古植物学家都辩称，培育小麦可能是一个漫长而复杂的过程。例如，幼发拉底河谷的考古植物学证据显示，人工培育一粒小麦长出结实的叶轴，花了上千年。这种叶轴是麦穗的骨干，它能防止小穗在打谷之前从麦穗上脱落。只有早期培育的小麦与其野生同类被严格隔离，从一开始就消除了杂交可能，上述发现才可能符合基因数据。但要做到那样根本不可能。

在探寻农业起源的时候，考古学家有几次都指出，"肥沃新月地带"内的某些区域可能就是新石器革命的发祥地。20世纪50年代，凯瑟琳·凯尼恩在杰里科对新石器时代的土层进行了发掘，提出农业始于南黎凡特的观点。其他考古学家则倾向认为始于"肥沃新月地带"的北缘和东缘，即托罗斯和扎格罗斯山脉两侧的山坡上。而底格里斯河、幼发拉底河和扎格罗斯山脉之间的"金三角"似乎就是核心区，有许多"创始农作物"的野生品种在此重叠。但是，随着考古证据的累积，方向越来越指向一个大得多的区域，在那里多种农作物的培育像网一样交织在一起。早期农业史上并没有取得明显的进步，好像充满着错误和死胡同。而且农业发展都是在一个广袤的区域和上千年的时间里断断续续地发生的。

有两类证据对小麦培育过程给出了大相径庭的观点，一类是考古学上的，另一类是遗传学上的，计算机模拟显示，基因结果可能不足为信，因为这种技术很可能无法区分来自一个单一起源地的农作物和来自多个起源地并且经过多次杂交的农作物。但是，那种认为大量人工培育农作物都有一个稳定起源地的观点仍然有一定影响。这一情形直到遗传学阵营内部出现了不同观点才开始改变。随着基因排序范围的扩大，遗传学家也开始揭示出培育农作物更多的复杂性。

经过对大麦的深入分析，人们发现了能够证明单一起源加核心地区范式可能只是基因方法杜撰而并不真正可靠的首条线索。植物叶绿体（植物细胞中进行光合作用的小工厂）中，除了染色体中的 DNA 数据包，还有额外的 DNA 数据包。经过对大麦特定部分叶绿体 DNA 进行排序，遗传学家揭示出这种谷物至少来自两个不同的起源地。大麦染色体中有一个区域与产生不脱落麦穗的突变有关，它也同样能够证明多起源地的观点。通过更多的研究，人们得出结论，大麦的培育不仅发生在约旦河谷，而且发生在扎格罗斯山脉。遗传学家寻找的细节越多，发现的内容就越多。对大麦全基因的最新分析显示，不同地区培育的大麦品种与其附近的野生大麦品种都有基因上的关联，它们的野生祖先似乎不止一个，而是有许多个。有一项研究似乎为这些新发现找出了一个与诗有特别关系的根源："波埃茨[①]和遗传学家最近展示出了大麦中的一种基因多样性，这与那种认为有一个中央源头的观点截然不同。"

但是，安娜·波埃茨原本就是一位遗传学家（但谁又能知道，她可能还是位诗人呢；毕竟，科学家常常都有艺术的一面），并且是最近一篇论文的第一作者，这一论文是研究人工培育大麦和野生大麦共有突变的。她和她的同事揭示出，作为农作物的大麦有着多样的祖先，远非只有一个起源；它实际上是由很多种野生品种进化而来，每一种都在现代大麦基因组上散落了各自的印记。当然了，培育大麦与野生品种间明显的关联也可能是由较近时期的杂交造成的。但是，研究团队排除了这一可能。作为农作物的大麦，其基因多样性有着更为古老的根源。

---

① Poets，既是人名，又可作"诗"理解。

遗传学家更为仔细地研究二粒小麦后也发现，它有比原先认为的更为复杂的祖系。在1万多年前整个"肥沃新月地带"的考古遗址中，都曾发现过人工培育二粒小麦的痕迹。但是，最早的基因分析显示，所有培育类品种都与土耳其东南部生长的野生二粒小麦独立种群关联最为密切。这似乎显示，农业很可能是1.1万年前在"肥沃新月地带"的一小片核心区出现的。但后来情况又发生了变化，之后又有研究显示，二粒小麦多样性很强，与中东很大一片区域里不同的野生品种都有密切关系。

一粒小麦也出现了类似的情况。对其起源的最初基因分析显示，它有一个单一而独立的培育中心。但是到了2007年，通过更详细的分析，研究人员找到了一些关于这种培育型农作物复杂诞生过程的线索：一是基因多样性没有减少，二是不存在培育的"瓶颈效应"。相反，这种农作物的基因多样性源于"肥沃新月地带"北部弧形地区内很多种野生先祖。

既然大麦、二粒小麦和一粒小麦培育的情形相同，那么，对谷物类农作物而言，多个培育中心同时存在就应该是规则而非例外了。现有证据并不能证明在土耳其东南部存在一个培育的"核心区域"。现在，遗传学已经和考古学达成了一致认识——在"肥沃新月地带"，有很多互相关联的培育"中心"。农作物源头的分散分布对培育品种而言可能是非常重要的，因为它确保了对当地生存环境的适应性能从野生品种传到人工培育品种当中。这一点很有意义，因为当地野生品种已经适应了当地的环境条件。想要把喀拉卡达山脉丘陵凉爽潮湿地区培育出的谷物品种在南黎凡特又干又热的平原地区种植，不管是谁都不大可能获得成功。

但是，还会有一些对环境的适应性在起源地之外仍然有用。在欧洲和亚洲繁多的人工培育大麦中，人们发现了一种来自叙利亚沙漠中野生大麦的基因组。这段 DNA 存在于各种人工培育大麦品种之中，并被保存了下来，很可能是因为它有一种重要的体质优势，比如耐旱性。早期人工培育作物种群中共有基因这一现象明显能证明发生过一些杂交现象。这种关联反映的不仅仅是种子被风或鸟带到各地的现象。近东地区的人类部落联系很紧密，物质文化的相似性表明，思想在发生交流。同时货物交换也在发生，有证据显示，人们所追求的火山玻璃（黑曜石）从一个部落流转到另一个部落。我们甚至可以把这种情况大胆地称为贸易了。我们似乎完全有理由推定，各个部落之间可能会交换种植知识和谷种本身。但是，即使有谷种的"贸易"，在新石器时代初期，近东各地生长的初级培育类作物还主要是当地的野生植物，而不是从别的地方传入的品种。

如果这一切都像是古代历史（它确实是，而且肯定很有意思），那么，这些有关培育农作物和生物特点的基因基础的认识是有相当意义的。这些特点对我们而言非常重要。例如，如果能够阐明那段叙利亚野生大麦 DNA 的准确效果，那么这一知识将来就可以用于对农作物进行改良。我们不应该仅仅把农作物培育看作发生在很久以前、与现在无关的事。无疑，在距今 1 万年到 8000 年间，有一段很集中的时期，农作物发生了许多生物变化，包括小麦颗粒变大、叶轴更加结实等。但是，人工培育的品种从未停止进化——我们现在仍然在影响着进化，可能比以前更有意识一些。瓦维洛夫知道，通过研究遥远过去人工培育的农作物，我们可以得到对现代农业经济很有用的知识。100 多年后的今天，情况仍是如此。遗传学和考古植物学的交汇正在凸显出各种可以促进甚或改良的基因，当然还能凸显出基因组的其他区域。今天人们改良谷物的努力只是在一条漫漫长路上走出的最新一步。这条路开始之时，人类还在采集野生谷物、打谷、磨面再做成面包，而播种和照管农作物还尚未开始。

这一切看起来都挺不错，遗传学、考古学和考古植物学都达成了一致。我们现在已经有了一个连贯的认识：在 1.25 万年前，人们已经有意识地利用野生谷物，甚至可能已经用磨成的细面制作面包；在约 1.1 万年前，出现了培育的谷物，在多个相互关联的中心，人们开始逐渐培育不同品种的农作物。到了 8000 年前，近东各地生长的绝大部分小麦和大麦都不会掉小穗，而且都是大粒的。

然而，学无止境。我写此书时的知识状态，肯定不会有关于培育小麦的最终结论。随着人们发现和分析新的证据，现有理论可能至少会发生一些改变。但是，现在已经收集到的大量证据不大可能会被完全推翻。我们似乎已经有了理论的骨架，它不大可能解体。现在我们已经足够了解小麦进化的时间、地点和方式了。然而，至少在我写此书的时候，我们还没有解决小麦"为什么"会被培育的问题。

而这可能是所有问题中最能激发人们兴趣的。因为小麦从本质上讲，只是一种草，一种很普通的草而已，根本不引人注目。一旦人们进步到能将一些草籽磨成细面去做面包时（就像古时纳图夫人利用野生大麦一样），我就能看到小麦的吸引力了。但是，人类是如何进步到这种程度的呢？要作为食物，那些野草的小籽似乎并不能让人有胃口。比它更有吸引力的还有很多其他植物种子、坚果和水果，这些美味食物不需要费力加工就可以享用。1.25 万年前，到底发生了什么，使人们把一种普通得毫无吸引力的"草"当成了食物来源？是什么使我们的祖先变得依赖于这一本来可能性不大的食物？为什么这一切会在那时发生？

温度和神庙

考古遗址中发现的第一份野生小麦证据是在约 1.9 万年前，而直到约 8000 年后，才有了形态清晰的人工培育类小麦的最早证据。这二者之间有着巨大的时间差。

在叙利亚的阿布胡赖拉遗址，人工培育的谷物是在距今约 1.1 万年到 1.05 万年间逐渐取代野生品种的。人工培育的品种包括一粒小麦、二粒小麦和黑麦。我们几乎不可能判断出最先培育出的是哪一种。尽管放射性碳定年法非常准确，但它提供的也只是一个范围，而不是具体年份。尽管如此，人们认为，人类培育的最早的小麦品种可能是一粒小麦，因为它只有 7 组染色体，相对简单一些，而不是瓦维洛夫认为的那样，是后来由野草转化而成的人工品种。

但是，这些草为什么不早不晚，就从公元前 9000 年起被人类培育呢？这一时间点说明，外部力量可能发挥了重要作用。

大约 2 万年前，在最后一个冰河时代高峰期过后，地球开始变暖。对于已经适应了寒冷气候的动植物，这是坏事，因为它们的栖息地在萎缩；但是对于性喜温热的物种（包括我们人类）而言，情况就突然好了起来。到 1.3 万年前时，北半球的冰层已经消退，剩下的古代冰层变成了山脉顶端的冰川，覆盖着格陵兰和北极地区。气候正在变得温和，不仅有植物所喜好的温暖多雨，而且大气层也发生了一个重要变化。在距今 1.5 万年到 1.2 万年，随着冰河时代趋向结束，大气层中的二氧化碳含量从 0.018% 上升到 0.027%。实验证明，对许多植物而言，这会使产量的增加达到 50%，即使是那些不易变化的草类也至少会增长 15%。冰河时代末二氧化碳的增加并未引起农业的发展，因为导致农业的发展还需要多种其他因素。但是，二氧化碳的增加是农业出现的一个必要条件，这就是人类文明没有在冰河时代产生的原因。

随着地球变暖，植物生命繁盛，草类就成了一种可靠的营养源。随着大气中二氧化碳含量的增加，每一株植物所结的谷粒数量在增加，野生谷子地的面积和密度也随之增大，成了天然的农田，只等人们收割。这样看起来，人们选择野草作为食物来源就不怎么令人奇怪了，因为它们是稳定可靠而且丰富的资源。而且在一段时间里，地球上这种野草有很多很多。

可是，之后小麦的进化又发生过一次中断。这次中断的时间有 1000 多年，当时地球上都是寒冬。这种全球气温下降的时期被称为新仙女木期。这一听起来很晦涩的名字来自一种花——一种 8 个花瓣的仙女木。这种美丽的常绿小灌木喜欢寒冷，会开一种像玫瑰一样的白花。如果你遇到几千年前一层一层的湖底沉积物，有些沉积层中有大量的仙女木叶子，那你就知道，这一沉积层形成时，周围都是高山苔原。在斯堪的纳维亚半岛的湖底，更深的沉积层中也有仙女木的叶子，它们是约 1.4 万年前旧仙女木期的，这一寒冷季距今更远，持续时间也短一些。之后才是一个较晚而且更厚的沉积层，它形成于距今 1.29 万年到 1.17 万年的新仙女木期。

在中东地区，这一全球冷季的特点表现为降雨减少、冬季寒冷且会结霜。食物资源肯定受到了严重影响。所以，在这一相对干旱寒冷的时期，人们可能是出于些许绝望，才努力通过种植农作物来保证食物供应，而不仅仅是采集野生谷物。

虽然新仙女木期气温的下降可能促使人类培育农作物，但这之前1000年的温暖丰裕的时期也可能催生了一个变化，这一变化使得冷季时的食物匮乏更为严重。在最后一个冰河时代之后，地球开始变暖，世界人口也迅速增长。这一时期，农业还没有出现。因此，可能是人口增长推动了人类从狩猎采集转向农耕，而不是相反。可能就在新仙女木期来临之时，迅速增长的人口已经使资源面临一定的压力。

后冰河时代的"婴儿潮"并非是近东地区智人人口发生的唯一变化，社会本身也在发生着变化。关于这一点，最有力的证据在土耳其南部上美索不达米亚地区一处令人激动的考古遗址：哥贝克力石阵。我很幸运于2008年造访过那里。当时，我就把它描述为"我所见过的最伟大的考古遗址"。当然，它现在仍然是。那一次，考古发掘部主任、德国考古学家克劳斯·施密特带我在那里参观。他2014年已经去世，享年60岁。他是一个慷慨大方的人，所以，一想起他领我在哥贝克力石阵参观，我的心里就充满悲伤。他非常专注于那个地方及其掌故，并热切地想与他人分享。

1994年他在当地勘察，想寻找旧石器时代遗址。那时就有新的发现。他告诉我："我第一次看到这个地方时就满腹狐疑：自然的力量不可能在这一地方堆起这么一个土堆。"他的怀疑是有道理的：那个土堆是一个台形土墩，是由石器时代废墟积累而成的，坐落在一座石灰石高原之上，高达15米。克劳斯开始调查时，就发现了一些人无法移动的长方形大石块。向下挖深后，他发现这些石块被排成了圆圈，而且它们只是矗立的T形石头的顶部。我到访时，克劳斯已经挖掘了4个用石头摆成的圆圈。但他相信还有许多仍然埋在山间碎石之中。

克劳斯带我爬到山顶，我们俯瞰下方一个沟渠时，里面的石圈给我留下了深刻印象。那些矗立的石头确实很大，但它们却都经过装饰。在一些石头侧面，刻有狐狸、野猪、类似豹子的动物、鸟类、蝎子、蜘蛛等的浅浮雕。但是也有一些三维的雕塑，它们是用一整块矗立的石头雕刻而成的。其中一座是一只狼蹲伏在一根柱子旁边；另一座则是一个长着獠牙、很凶猛的动物的头。有一些石头上雕刻着抽象的图形，有着整齐均匀且重复的图案。克劳斯思考着这些雕塑所蕴含的意思，那些动物的头代表的是不同的部落，还是某个失传神话故事的元素？他认为，这些图形就是象形文字出现之前人们之间交流的媒介，对于制作这些图形的人来说，它们显然是有含义的，纵使现代人已无从考证其含义。

虽然哥贝克力石阵考古遗址是独一无二的，但在其他考古遗址也有类似的建筑和图形。在涅瓦利·科里古代定居点及其附近的另外三处考古遗址，人们都发现了类似的 T 形柱。在杰夫艾尔阿迈尔、泰勒卡拉迈尔的轮轴校直机上，在卡尤努、涅瓦利·科里和杰夫艾尔阿迈尔的石碗上，都有类似的图案，包括刻画蛇、蝎和鸟类的图案。在美索不达米亚的这一地区，人们显然有着共同且复杂的生活仪式和神话信仰，这些都将他们联系在一起。

在柱子的前部，有一些石头被刻成上肢很长、像人胳膊一样的形象，双手交叉、十指相扣。在这些石柱上，除了那些手臂、手掌外，再没有其他的人的身体形状。克劳斯问道："这些石头做的形象到底是谁呢？"接着，他自己给出了答案："他们是历史上最早的神灵。"他所言很可能就是对的。

地球物理勘察提供的线索能够超出考古坑道。正是基于这些线索，人们发现，这些巨石做成的、用作纪念碑的石圈可能有 20 多个。但是，那里并没有人类居住的迹象，比如说火炉等。事实似乎是，有一个地方供人们聚会、修建纪念碑、参加宴会和祭祀，但人们并不在这个地方居住。

哥贝克力石阵考古遗址之所以如此不同寻常，原因就在于它的时间。它是在 1.2 万年前，由作为狩猎采集者的早期人类建成的，当时农民还没有出现。这给新石器时代初期人类社会发展的相关理论带来了巨大的麻烦。传统的理论是这样的：

> 人口增长需要更多的食物；
>
> 为了满足这一需要，人们从事农业；
>
> 农业的发展催生了食物过剩；
>
> 过剩的食物被一部分有权势的人所控制——复杂的等级社会出现；
>
> 这些新权力结构的基础是一项新生事物：有组织的宗教。

对这一发展顺序而言，哥贝克力石阵考古遗址显然提出了一个巨大的问题。至少在上美索不达米亚的这个角落，在人类还处于狩猎采集阶段时，就已经出现了复杂的社会形态。克劳斯相信哥贝克力石阵考古遗址给出了以前从未有过的关于劳动分工的证据。他对我说："很明显，我们必须改变我们的观点了。早期的狩猎采集者的劳动方式并不是我们所理解的那样。"但是，在哥贝克力石阵考古遗址，情况明显不同。"他们开始在采石场工作；他们还开始有了工程师，来解决如何运输石头并将它们竖立起来的问题；他们当中还有石工专家，其职责是将石头做成雕塑和石柱。"克劳斯认为，哥贝克力石阵考古遗址具体地证明了，当时的社会有着权力巨大且高瞻远瞩的领导人；当时就能集合起一支劳动力大军；当时人们的生活方式已经可以支撑艺术家生存了。那些规模庞大、装饰精美的石圈很容易就可以被理解为一种成熟宗教的表现形式。那确实是一个完全成熟的宗教，具有很明显的象征物，对于庙宇修建者来说，这些象征物富有神话含义。在哥贝克力石阵考古遗址被发现之前，人们难以想象成熟的宗教会比农耕出现得更早。那些先入之见和偏见就在这座山丘上跌落到了地上，摔得粉碎。

即使克劳斯也发现难以对哥贝克力石阵考古遗址进行归类。它处于新石器时代之前，但即使与旧石器时代末期相比，也有着明显的差异。它甚至也与晚归石器时代不同。克劳斯将它称为"中石器时代"，但是，这个时代与北欧的有着不同特点。在北欧，这一术语指的是已经出现定居苗头，但仍然处于游牧状态的狩猎采集者。那么，能把哥贝克力石阵考古遗址归入新石器时代早期吗？传统的新石器时代理论认为这一时期的特点应该是定居生活、有了陶器和农业。但在近东地区，这一理论已经瓦解。所以，人们就用"前陶器新石器时代"来描述人们已有定居生活，开始培育动植物，但是陶器尚未出现的时期。那么，我们应该把哥贝克力石阵考古遗址归入哪个时代呢？能称它为"前农业、前陶器新石器时代"吗？如果可以，为什么非要叫作"新石器时代"呢？有了这些转折时期和令人惊讶的发现，我们通常按照时代特点划分的归类方法坍塌了，这从某种程度上还是比较有趣的。历史，甚至是史前时代，并非如我们所希望看到的那样，可以整齐地划分归类。

建造哥贝克力石阵那种巨大的建筑物，肯定要有共同努力，参与的劳工肯定不仅仅来自一些当地部落。这一时期的考古记录还证明，当时就有大规模的宴会，这一特点与不同部落之间的合作有关联。公元前10世纪人们生活过的哈兰·塞米部落遗址似乎就是为聚会饮宴而建立的。它中间是一个广场，里面有篝火和动物骨骼的痕迹，四周才是人们居住的房子。哥贝克力石阵考古遗址里也有大量动物碎骨，有小羚羊的，有野牛的，也有野驴的。看起来，人们似乎经常在此地聚餐。在这一考古遗址，植物痕迹比较少，但人们还是发现了一些野生一粒小麦、普通小麦和大麦的线索。甚至有人认为，这一地区最终培育出谷物，可能是因为这种文化并非重视制作面包，而更重视酿酒；在当地古时宴会上，人们觥筹交错，进行社交活动。很久之后，修建埃及金字塔的工匠领取的报酬就是以啤酒计算的。那么，在哥贝克力石阵劳作的人们，会不会也领取着类似的奖赏呢？

在青铜时代和铁器时代，宴会是很重要的活动，它既是一种社会黏合剂，又是一种精英人士展示并进一步提高其社会地位的方式。这一点已经广为接受。但是，大办宴会可能还有更为古老的根源，可以一直追溯到新石器时代来临之际。冰河时代结束之后，气候条件的改善给人们提供了机会，使他们能聚敛财富（多余的食物），并且通过大宴宾客来提升自身影响力。这一场景就预示着等级社会的出现。因此，克劳斯及其同事辩称，宴会（不管有没有啤酒）可能是农业发展的关键刺激因素。

所有这些因素互相交织，密不可分。因此，我们不可能找出其中一个，将它认定为约1万年前人类在"肥沃新月地带"及其以外的地方开始成片种植小麦的唯一因素。在冰河时代末期大气层中二氧化碳含量增加、植物产籽量提高之前，似乎就没有农业出现的可能性。然后，人口增长可能会对资源造成压力，特别是在新仙女木期气候变差，情况更是严峻。但是，随着人口增长，社会中也有明显的变化。我们现在已经知谙，这些变化是发生在农业出现之前的。"肥沃新月地带"新石器时代的来临，似乎与复杂社会形态的出现密切相关，与权势者和强大宗教出现密切相关，还可能与人们喜欢大宴宾客有关。

从黎凡特到索伦特

在农业社会和我们所知的文明出现之前就存在的复杂社会形态，有助于我们理解思想和物质是如何流动和扩散的。

考古学帮助我们很好地了解古代社会是如何互相联系起来的。哥贝克力石阵考古遗址和其东面安纳托利亚东南部恰约尼考古遗址以及叙利亚西北泰勒卡拉迈尔考古遗址有着共同的图像标志。这说明在近东地区，文化传播的链条有多长——恰约尼和泰勒卡拉迈尔之间的距离有 200 英里。地中海东岸各地存在多个人工培育物种中心，不仅证明存在一个小"核心区域"的说法是完全错误的，而且证实有一个文化联系和交流的系统，正是这些联系和交流使得人们的思想和种子广为传播。新石器时代并不只出现在土耳其东南部的角落里；它有多个互相关联的中心，横亘中东及其以外的地区。在塞浦路斯就发现了 8500 年前人工培育的一粒小麦，与美索不达米亚北部旧"核心区"考古遗址中发现的一样悠久。

之后，我们又在索伦特海峡底部发现了被淹没的中石器时代遗址。它比塞浦路斯的一粒小麦晚 500 年，里面有一粒小麦的 DNA 指纹图谱。在几千年之前，那些小麦是如何从地中海东岸一路传到欧洲西北部的？

我们熟知两千年前穿过整个罗马帝国的贸易网络。考古学已经揭示，在更早的铁器时代，甚至青铜时代和其以前的新石器时代，贸易活动就已广泛存在。但是，在那些中石器时代或旧石器时代末中石器时代初艰难谋生的一群群狩猎采集者之间，就有如此远距离的贸易？这步子跨得似乎太大了。

然而，看看距今近得多的历史事例就明白，那是有可能的。美洲西北部的土著人就在几百英里范围内的广袤地区维持着多条贸易线路，交换货物、礼物和配偶。这些贸易线路是权力和威望的基础。在欧洲殖民者抵达澳大利亚前，土著部落的交流网络就从东海岸到西海岸贯穿了整个大陆。考古学家发现，有越来越多的证据显示，在中石器时代的欧洲，原料和制成品被运输到很远的地方。在布列塔尼，海边的燧石被运送到约 50 公里外的内陆；挪威多洛迈特的斧头出现在了瑞典；立陶宛的燧石刀刃出现在了近 600 公里之外的芬兰；波罗的海东岸的琥珀也到了芬兰；丹麦维德伯克的中石器晚期公墓里有用麋鹿和野牛牙齿制作的垂饰，而这两种动物当时在当地已经灭绝了。当然了，一件物品要运送那么远的距离，可能已是几易其手了。货物大范围的流动分布暗示，人类的迁徙既有通过陆上的，也有通过海上的。考古家学相信，中石器时代的人类可能使用带有舷外桨架的独木舟航行到远达 100 公里外的地方。对域外稀罕之物的追求似乎与北欧社会发展中的一个变化有关，曾经奉行平等主义的狩猎采集者更加关注身份地位。人类社会有了等级，世界上最古老的阶级制度开始出现。情况也许并不像《唐顿庄园》那样。但是，考古学开始揭示出身份高贵者和身份卑微者间的差异——富有和贫穷。波罗的海附近一些豪华的中石器时代墓葬中就有一些域外珍品，它们可能就是身份的象征。

社会分化对于农业在中东地区的发源有影响。同理，在中东以北和以西地区，它也可能促进了人类向农业社会的转变。如果人们只关注基本生存所需，他们就可以与世隔绝；如果想获取珍稀之物和身份地位，他们就得与外部世界联系。与我们以前所想象的相比，欧洲中石器时代的人们似乎和外界的联系要多得多。

中石器时代货物、思想和人员的交流网络说明，西方的猎人和强盗已经与东方早期的农民进行着沟通。到了 6500 年前，农耕人群已经在多瑙河河谷定居了。北方的狩猎采集者仍然过着中石器时代的生活，他们会从南方的邻居处得到陶器、T 形鹿角斧、骨制指环和梳子。他们很可能用皮毛和琥珀进行交换。尽管如此，8000 年前在欧洲西北边缘一个中石器时代定居点里出现一粒小麦的痕迹还是太早了。在当时的高纬度地区，冰河时代的酷寒还只是刚刚有所缓解。

冰河时代末期气候变暖对中东地区的环境有影响，但对欧洲西北部的影响更深。在那里，曾经覆盖大陆北部长达数千年的冰层开始消退。在冰层南部，大片土地曾经都是没有树木的苔原。在冰层和苔原区，原本适应温暖气候的物种，包括人类、熊和橡树，都消失了。

而在南部地区，如法国南部、伊比利亚半岛和意大利，那些物种仍然在尚可居住的避难所生存。当气候转暖时，冰层消退，欧洲北部大部分地区都被沙质沉积物覆盖，这些沉积物有些是冰雪融水汇入河中沉积而成的，有些更细的沉积物则是冰川留下来的。莎草、野草、匍生桦和柳树开始在这片新的土地上生长，从而使这片土地变成了草原。到了 1.16 万年前，新仙女木期的寒冷过后，桦树、榛子树和松树又开始向北扩散。

到了 8000 年前，北欧地区，包括当时还是半岛的不列颠，到处都有林地，其中生长着酸橙树、榆树、山毛榉和橡树。林中生机勃勃，野牛、麇鹿、野猪、牝鹿和红鹿、松貂、水獭、松鼠、狼和许多野鸟遍布其中。岸边水域里还有许多软体动物、鱼类、海豹、海豚和鲸。作为猎人、渔民和强盗，中石器时代的人们充分利用着这些资源。他们带着狗和弓箭，在陆地上狩猎动物；划着独木舟，带着渔网、鱼线、鱼钩和捕鱼器，从河中和海里捕鱼。

人类在新仙女木期末期又一次开始北上到北欧居住，到了公元前9600年时已经抵达了不列颠。最早的一批殖民者甚至脚不沾水就可抵达。在冰河时代，海平面比今天要低近120米。随着冰雪融化，海平面上升了，但是第一批动植物重返不列颠活动时，那里还与欧洲大陆牢牢地连接在一起，当然，那之后不久就变成了一个岛屿。

考古学的经典画面是，一小群一小群靠狩猎采集为生的人不停地迁徙，几乎没留下什么线索。典型的中石器时代遗址面积都不大，人类活动的时间都不长。但是，在约克郡的斯塔卡考古遗址，新近进行的发掘显示，那里存在过一个大得惊人的中石器时代定居点。在这个距今9000年的定居点附近，有一个用加工过的木材做成的平台，它在湖边延伸了约30米。整个区域则占地约2公顷，约2万平方米。在这么大的定居部落里，在某种程度上，社会很可能是等级化的。

中石器时代，即使在欧洲西北部还有小群的狩猎采集者处于游牧状态，但至少有一些地方，人类社会似乎变得更为复杂。当时存在着一些人类群体，他们比人们以往所认为的规模要更大、更趋于定居、更加复杂、彼此联系更多。在这种背景下，布德诺悬崖的发现可能就不那么令人惊讶了。

斯塔卡和布德诺悬崖位于英国的两端，它们那里的考古发现都显示出我们很可能低估了中石器时代早期不列颠社会形态的复杂性。而且，如同在中东地区一样，社会的复杂性要早于农业的出现，它并不是农业出现的结果。中石器时代的生活方式非常多样，有些部落似乎已经过上了非常稳定的定居生活，有些部落则正在发展航海术——地中海周边的黑曜石贸易以及深海捕鱼的证据就是航海业发展的明证。

即便如此，在布德诺悬崖发现 8000 年前的一粒小麦 DNA 仍然像是平地起惊雷一般。考古学和植物学等传统的研究方法显示，人工培育的一粒小麦是在 9000 年到 1 万年前出现在美索不达米亚，后来传到塞浦路斯的。新石器文明在欧洲从东到西像涟漪一样传播，到 6000 年前时已经远抵爱尔兰。在 5000 多年前，一粒小麦已经传播到了瑞士和德国。但是，新石器文明在地中海沿岸似乎传播得更快。新近的考古发掘显示，到 7600 年前时，法国南部（已经是欧洲很靠西部的区域了）已经有新石器时代的农民存在。这些早期的法国农民有制作陶器，养羊，种植二粒小麦和一粒小麦。作为新石器文明的一部分，有一些类型的陶器似乎沿着海岸，传到了欧洲西部一些地方。法国有一粒小麦的确定证据只比布德诺悬崖的线索早 400 年，前述的时间差似乎可以弥合了。这并不意味着古布德诺人就是早期的农民，但是他们确实与外部世界有联系。在农业本身抵达之前，近旁欧洲大陆的农产品已经传入了不列颠。

海底发现一粒小麦的故事使我们看到了新的可能性，肯定能够提醒我们，我们不能拘泥于自己对过去历史的认识。不管在任何地方，要发现任何一种东西最早的实物例证，即使有可能，也是难度很大的。现在，遗传学与考古方法相结合，使我们能够提取出深埋地下的极细微的线索。一些历史事件的时间被推向更为久远的时期。小麦，甚至面包的味道代表着一种新的生活方式，它传播到南欧沿海的时间比任何人想象的都要早。

到这里，你可以把自己想象成为居住在布德诺的一位中石器时代的狩猎采集者。有一天，一些航海者前来造访，他们来自遥远的部落，你也时常能见到他们。他们一来，就受到你的款待——坐下与你一起享用一顿烤驯鹿肉。他们也把带的一种别的东西放到了桌上，这是一种硬的小粒草籽，与你能在家附近找到的食物截然不同。这些客人向你演示，可以将这些草籽磨碎，加上水，用手揉一揉再弄平，然后放到炉子中的石板上烘烤。那天晚上，你吃到了一种新的美食：大饼。客人告诉你，在海峡另一侧的人们经常吃这种东西。这些小草籽最初出现在苏美尔地区的草地里，那里是太阳升起的地方。

我们可能永远也不会知道，小麦是如何抵达布德诺的，甚至它到底有没有被熬成粥或制成面包供人们享用。但是，另一种生活方式正在沿着欧洲的海岸线一步一步接近不列颠。我们肯定会问：布德诺中石器时代的狩猎采集者是否知道这一点？他们会不会也在想象，在那块大饼中的麦粒并非是野外采集而是人工种植的？然而，数百年之后，不列颠的森林也会变成麦田。

Cattle

牛

斑纹母牛有着黑黑的斑点，
花斑母牛有着白白的斑点；
点缀在四下斑驳的草地上。
面部为白色的老牛，
还有灰色的盖因根牛
和来自王宫里白色的公牛，
还有被拴在钩上的黑色小牛，
来吧，都回家吧。

——12 世纪威尔士诗歌

长角兽之谜

我是走到哪儿就写到哪儿。不管到什么地方，都带着笔记本电脑。在火车上、飞机上、出租车上，我都会写作。如果外出开会或摄影，我就在酒店房间里写作。我到其他城市时，我会坐在咖啡馆里写作。但是，我觉得，要做到下笔流畅，还是要在家里写作。我就坐在自家小屋的飘窗前码字。我可以抬头看看我的花园，那里有着一片一片初秋的色彩——我在那里种了各种各样的植物，不为别的，就是因为这样好看。紫锥花和金光菊都开了，像是一片绿色中一颗颗黄色和紫粉色的珍珠。我的玫瑰花也开了，爬上玫瑰拱门，去追寻夏日残留的温热。

花园之外的田野向四下延伸，直到远处四周又长满紫叶山毛榉，这时颜色偏深紫，而不是铜色。在那片绿色的田野里，有一些深色的动物在晨雾中挪动，那是一群牛。它们松散地聚在一起，整天在草地上边走边吃。草地上的草被收割并晒成干草后，又长出茂盛的嫩草。那些都是小公牛，有时候一受惊就会从田野一端跑到另一端。但绝大多数时间里，它们还是很安静的。我抬起头来，努力整理思绪，要将这一故事的脉络串起来。这时，我发现，那群牛的存在让人内心有了一种安详的感觉。

虽然这些都是小公牛，有的还长着恐怖的牛角，但当我走到它们吃草的那片田野里时，并未感觉到怎么惊恐。除了开着卡车的农民，这些牛对周围的人并不怎么关注。再晚些时候，秋去冬来，农民就会开着自己的海拉克斯牌汽车来到地里，将一捆捆的干草从车上卸下扔到地里。小公牛们就会跑过来，跟着卡车，急切地想闻一闻干草香甜的味道。如果愿意，它们能跑得很快。但大多数情况下，它们都很安静，或者一步一步不紧不慢地吃草。我才不会从牛群中穿行而过——那样就太蠢了，但是，我很想走到它们的草地中去。只有一两回，我感觉到被一头小公牛威胁到，于是我慢慢地退到门口，再走出去。

这些牛体重有 600 公斤左右，体形和分量上都有我的 10 倍，可谓庞然大物。而成年公牛体重更是可达小公牛的两倍。牛古代的祖先——野牛，体形更大，估计最大体重可达 1500 公斤。古时的狩猎采集者中，有谁敢去面对野牛，就肯定值得我们尊敬。他们不仅是要捕杀这些庞然大物，还需要捕获并尽量驯服它们。伦敦博物馆里展出的一具野牛头骨上有一双一米长的牛角，很是恐怖。看到这里，我们能够想象，古时人们捕获野牛时的勇敢已经近乎疯狂，令人瞠目。

我们冰河时代的祖先就和这些巨兽共处一地。捕获它们是一回事，可是驯化这些可怕的巨兽又是怎样做到的呢？

芳贝镇的足迹

我开着我的大众 T25 四驱面包露营车穿过沙丘，来到芳贝镇的海滩。这辆露营车很可靠，我是从我亲爱的朋友、导师、考古学家米克·阿斯顿处购得的。车的内饰很美——我在胶合板内饰上喷涂上了葛饰北斋风格的海浪画。车的外部也很好看，是明亮的金属绿。这辆车还很实用：有一个防止陷入泥坑的装置；四轮驱动能使车辆从海滩上的大坑中驶出（这一点是经过考验的）；它的同款车型曾经穿越过撒哈拉大沙漠。

就这样，靠着国民托管组织的帮助，我对开车穿过沙丘前往海滩一点都不操心。园林管理员开着他的路虎，我就跟在后面。我们从沙丘一侧往上行驶时，车有点吃力；我能感到动力换挡，但车轮就是不转。我们曾在那里为英国广播公司（BBC）二台拍摄《海岸》（Coast）的最早一个系列。制片方没有考虑到风雨会妨碍拍摄的问题。这时车里暖和干燥，就成了我们避难的地方。我甚至还能在小燃气炉上煮茶给大家喝。

天放晴的时候，我们从车里出来，开始勘察海滩，计划如何拍摄电视节目。沙滩面积很大，一望无际。

芳贝海难是南港海滩向南部的延伸。1926 年 3 月 16 日，前战斗机飞行员亨利·西格雷夫爵士驾驶着他那辆绰号"瓢虫"的亮红色四升版 Sunbeam Tiger①打破了陆地行驶速度纪录。他的最高速度刚刚超过每小时 152 英里。仅一个月之后，这一纪录就被打破。但西格雷夫于1927 年又创下新的纪录，并于 1929 年在佛罗里达的代托纳海滩再次打破纪录。1926 年比赛当天的照片记录了那一令人激动的时刻。当时有一大群人聚焦在海滩之上，为了看清楚西格雷夫驾驶他的"瓢虫"，有一些观赛者都爬上了沙丘。

但是推开海滩细沙的不只是赛车。在每年的春潮中，大浪都会涌起，拍击沙滩，退去时又会将沙子卷走，并将其下方深处的沉积物显露出来。

----

① 一款英国跑车。

正是这些深层沉积物把我吸引到了芳贝。我对原始地质学虽有那么一点兴趣，但真正让我兴起的还是当这些细沙、淤泥和石头当中出现了动物和人类痕迹的时候。因此，我就去了那里，拍摄细沙之下古时的淤泥沉积物。一个90年前的陆地驾驶记录距今太近了，如同昨日，更如同一眨眼工夫之前。我想看到的是几千年前留下来的痕迹。我知道，那些痕迹就在此地，就在这片海滩之下。

1989年3月的一天，退休教师戈登·罗伯茨在海滩上遛狗时发现，在刚刚露出来的深层淤泥中有一些奇怪的印记，大小、形状和间隔都恰好与脚印相符。他细看了一下，没错，就是脚印。接下来，戈登发现了越来越多的脚印。对此，他并未大惊小怪，因为当地人知道，海滩上时常会出现这样的痕迹。但是，令人非常奇怪的是，似乎没有人给予太多关注。

戈登提醒考古学家关注这些脚印。他们利用了各种技术，包括对淤泥中的有机物残留进行放射性碳测，确定这些脚印的形成时间。它们可以追溯到距今7000年到5000年。这一时期是英国史前社会中很有意思的一个阶段，是中石器时代过渡到新石器时代的关键。

那些因潮水而显露出来的脚印最多只会在海滩上保留几个星期，很快就会被冲刷掉。戈登意识到了它们应该都是古时遗物，非常重要。于是他决定将这些罕见而珍贵的数据保存下来，他开始了一项庞大的个人工程：通过描画和拍照记录这些脚印。一遇到保存特别完好的印记，他就会做出石膏模型。这样，他的车库开始被一盒一盒的石膏模型所占据。2005年我在芳贝海滩见到戈登时，他已经记录了超过184条人类脚印的线索。这些脚印的主人有男有女，有成人也有小孩。他给我看了他所拍的一些照片和所做的一些石膏模型。其中一些能够表现出脚趾的细节和迈步时的压力，真是惟妙惟肖。那么，这些清晰的脚印是怎样形成的？又是怎么保存了这么多年的呢？

这些脚印形成时，利物浦海湾的周边环境和今天的环境截然不同。在涨潮时，并没有大浪拍击海滩；海平面也比今天低，海岸之外还有一道沙堤。在沙堤之后，有一个潮水形成的潟湖，缓缓倾斜的海滩上都是淤泥。潮水来时，海滩大部也会被淹没，但海水是缓缓上涨，并没有惊涛拍岸的景象。对花粉进行分析可以让人们想象出，在当时长满莎草、野草和芦苇的泥滩之后，有一大片盐碱滩，它的边上就是片长满松树、桤木、榛子树和桦树的沼泽林地。我们有理由去想象，我们的祖先也会像我们今天一样，很乐意去海边走走。但是，还有一种可能，这里多样的环境对那些中石器时代以狩猎采集为生的人而言，也是可资利用的。这一地区当时的考古研究显示，在海边和延伸入内陆的河谷里，人类活动很密集。这幅图景我们很熟悉。在海边、河畔湖边，都发现过许多中石器时代人类活动的痕迹。与不列颠内陆茂密的森林环境相比，这种海边环境似乎能给那些以狩猎采集为生的人提供更多的东西。在芳贝，距离海岸 1.5 英里的地方才有那种茂密的森林。而海岸边上则是盐碱滩、泥滩和潮水形成的潟湖。

看着戈登所做的石膏模型，我就知道，要将这些脚跟、脚弓和脚趾的细节保存下来，海边的淤泥应该有多么坚固。成年人的脚印中，脚趾是展开的，这是打赤脚的特点。但是，这些脚印要留存下来，淤泥就不能一直是湿的和容易变形的。所以它们肯定是在大热天被晒硬了。然后，潮水再来的时候，缓缓上涨的海水会带来一层细沙和淤泥覆在脚印之上。这样的过程周而复始，直到脚印被深埋在泥层之下，封存并保护起来。在之后的数千年里，沙丘又移动回去，将裹着脚印的泥层盖了起来。现在，沙丘进一步向后撤退，使那些底层淤泥暴露在爱尔兰海原始的能量之下，一层一层的淤泥被冲开，最后，那些脚印再次出现。

在考古记录中，脚印是很罕见的，它能使我们对人类行为有独一无二的了解机会。在解剖学家和位移专家的帮助下，戈登描出了古时造访海滩的那些人的画像：妇女沿着海岸线慢慢地走着，可能是在捡拾蛏子和小虾；男人在奔跑，可能是在追逐猎物；孩子转着圈跑，在海边拾东西玩，就像今天的孩子在海边玩一样。

但是，除了人的脚印，还有动物的。这些记录显示，泥滩上曾经有过大量的鸟类。其中，蛎鹬和鹤的脚印还可以明确地识别出来。此外，还有哺乳动物的脚印：野猪、狼（或者大型犬）、赤鹿、狍子、马的脚印以及野牛那明显的偶蹄印。

在十几年前那个寒冷又刮风的日子里，我和戈登沿着芳贝海滩边走边拍照。我们紧盯着地面，寻找刚刚被冲开的脚印。不久，我们就发现了野牛蹄印的线索。因为印子很大，所以我们不大会错过。这些蹄印还很深，我们几乎可以感受到野牛将脚重重地踩到湿泥中的分量。我们二人蹲下来仔细观看。我对看牛的蹄印经验丰富——我在家的时候，那些小公牛就会聚集在水槽周围。天气潮湿时，水槽周围都是湿泥。有时，天气条件非常适合将牛的蹄印保存一段时间——先下一阵雨，使泥变得光滑，然后太阳出来又将它晒硬，这样，牛的蹄印就印在其中了。但是，芳贝海滩的野牛蹄印比小公牛的蹄印要大两倍多。

这些蹄印非常大，并且其中最古老的无疑形成于中石器时代，所以，它们不会来自被赶到海岸边去吃草的家养牛（正如在中世纪的诺福克，人们会把牛赶到沼泽地放牧一样）。这些蹄印形成的时间太早了，不可能是家养牛的，而肯定来自现代牛的野生祖先。

那天，海滩上一片阴郁，但也很美。我们一直在拍照，阳光下我们的身影不断变长。太阳沉入大海之前，沙丘也短暂地沐浴在金色之中。拍完之后，我们将装备收到那辆绿色小车的后备厢中。我谢过戈登，开车驶离沙丘。

戈登·罗伯茨则继续在芳贝海滩收集脚印的记录，并努力将这些脆弱的线索归类并保存。2016 年 8 月，他去世了。但他留下的遗产是一座了不起的档案库，可供未来的研究人员使用。能遇到他，和他一起，在那片沙滩上，在那些不停移动的沙丘旁，边走边寻找脚印，我感到真是三生有幸。

狩猎野牛

芳贝海滩上鹿和野牛蹄印旁出现的人类脚印令一些研究人员猜想，那些人正在海边的芦苇荡和沼泽地里狩猎。野地里成群的鹿和野牛肯定会吸引中石器时代的猎人。这一想法似乎很合理。但不巧的是，我们无法判断，人的脚印和动物蹄印是否是在同一天，大概同一时间形成的。毕竟，在家附近的那些小公牛走开之后几个小时，我也可以走到田野里，并在淤泥中留下我的脚印。

真正令人称奇的是发现那些蹄印的地点。在海滩上发现现代赤鹿并不稀奇。但人们一直认为，野牛是一种生活在森林中的动物。然而，芳贝的野牛不仅在沼泽林地边缘上吃草，它们明显已经深入到海岸湿地上的芦苇荡中了。人们曾经以为它们是见人就怕的森林动物，可真相并非如此。

虽然在芳贝没发现中石器时代猎人狩猎野牛的直接线索，但是，在英国和欧洲西北部其他地区，却发现了很多证据。绝大多数证据都是被屠宰的野牛骨头，来自包括约克郡斯塔卡等众多的中石器考古遗址。更早的旧石器时代考古记录也显示，人们喜欢食用野牛肉。在个别考古遗址中，还有狩猎和屠宰本身的证据。

2004年5月，荷兰一名业余考古学家发现了一堆奇怪的碎骨和两块燧石刀刃。这些东西就在弗里斯兰省特琼格河和鲍克威格路附近的地面上。很明显，它们是因为新近这里开挖沟渠而被带到地面上的，这些骨头已经暴露一段时间了，因为可以看出，它们已经被阳光晒得发白。

人类已经驯服了特琼格河的这一段，他们修建运河，改变原有蜿蜒的河道。但是，这些文物出自沙质沉积物。在远古时期，这些沉积物构成了河流内弯处的堤岸。开挖沟渠已经完全破坏了碎骨和燧石的原址。用考古行话来讲，这叫作"脱离原有环境"。但是它们还是能够提供一些有用的信息。

这些骨头来自野牛的脊柱、肋条和腿部。对野牛而言，它们骨头显得有些小，但是放射性碳测显示，其时间为7500年前中石器时代后期，而当时距家养牛的出现还为时尚早。那些又长又细的腿骨更像野牛的。最终解释是，它们属于一头小个头的母野牛。

所以，那是一头古时候死掉的母牛。有8块骨头上有切割印记，这就是屠宰的证据。脊椎上某些地方还有火烧过的痕迹。此外，再没有太多值得详述的了。

人类肯定动过这具尸骨。和骨头一起被发现的两块燧石拼在一起就成了一片刀刃。这很可能就是用来屠宰野牛并剥皮的工具之一。和有些骨头一样，这片燧石刀刃也被火烧过。中石器时代的猎人曾经点起一堆火，可能当时就把肉做熟并吃了一些，然后才将包括牛头在内的其余部分带走。

从几处考古遗址可以看出人类如何处理一整具野牛尸骨，鲍克威格只是其中之一。人们猜测，一整具尸骨说明人们可能是在一次狩猎中捕杀了一只大型动物。荷兰还有几处考古遗址，德国有两处，丹麦有一处。它们都传递了同样的信息：一次成功狩猎的战果。在人们的住处还发现了大量的整块牛骨和碎骨，这些都是人们带回家食用的证据。但是，即使在这些考古遗址，也只有很小一部分动物骨头是野牛的。数据往往带有误导性。野牛是一种体形很大的动物。一头野牛大腿上的肉要比海狸、獾、野猪甚至鹿的大腿上的肉重得多。猎人们可能会把一整头野猪带回家里让家人享用，但不大可能会尝试带一整头野牛回家。他们会在原地将野牛尸体分解，再将四条腿分成方便携带的肉块，和牛皮一起带回家。狩猎点显示，人们选中的并不多，经常把牛腿扔下。

鲍克威格野牛似乎小得出奇，站立时从地面到牛肩处估计仅有134厘米。所以，对中石器时代的猎人而言，她可能是一个不怎么可怕的猎物。此外，她还可能会导致人们将许多后来的野牛误认为家养牛或者杂交品种。如果骨骼学家只看骨头的大小，很可能就会犯下这样的错误。

尽管如此，从时间上，我们还是知道，这头7500年前的鲍克威格母牛肯定是野牛。这种动物曾经成群地出现在从大西洋到太平洋的欧亚大陆，南到印度和非洲，北达极地苔原。由于人类和其他食肉动物的捕杀，野牛最终灭绝。但是，在古罗马时代仍然有野牛存活。在《高卢战记》这部史诗的第六部中，尤利乌斯·恺撒描写了名为"乌里"的动物，它们生活在德国南部的海西森林里：

> 这些动物体形比太象小一些，外表、毛色和形状都和公牛一样。它们力量很大，奔跑很快；它们不会放过所看见的人或野兽。日耳曼人用陷阱捕捉它们，再将其杀死。年轻男子以这种狩猎方法变得强壮起来。那些捕杀最多的男子，会以动物的角作为证据，接受人们的赞扬。但是，即使在它们很幼小的时候，这些野兽也无法适应与人类一起或被驯化。

这段描述很形象，既写了大森林中的古日耳曼人，又写了那些可怕的"乌里"——难以驯化的带角怪兽。

当然，我们知道，这些了不起的动物当中还是有一部分被驯化了。尽管我们说过，这一物种已经灭绝，但是还有一些谱系存活了下来。活到今天的野牛后代已经成了人类的盟友。甚至当鲍克威格野牛在欧洲西北边缘古特琼格河岸边遭遇不幸时，她在东方的同类已经被人类驯化。人们驯化这些动物的目的不仅仅是要它们的肉和皮（正是这些东西使得野牛成为中石器时代猎人眼中的宝贵猎物），而且要挤它们的奶。人类和牛的关系正在发生着变化。

羚羊奶和"大卷毛"

现在，我们对饮奶已经习以为常，无法使时光倒流，再去想象最初人们是怎样有了饮奶的想法。但是，如果你能摆脱对牛奶和奶制品熟悉的感觉,那么,喝另一种哺乳动物的奶就显得非常怪异了。

给哺乳动物定性的一个特点就是它们拥有乳腺,这种腺体能产出奶来。雌性动物产奶是为了养育后代。这是一个了不起的生存策略,意味着母亲不会因为要为后代觅食而丢下它们不管。她可以和幼仔一起,直接用自己的身体喂养他们。当幼仔长大一些,更加强壮,更加独立,他们就能离开母亲,自己到野外觅食。

我想,将人奶倒进早餐粥或早茶中,很少有人能够接受。但要是喝另外一种哺乳动物的奶,那就完全不是问题了。我们已经这样做了几千年了。但是,是谁提出从另外一种哺乳动物的乳腺中挤奶来喝的想法的呢?

我怀疑,在农民出现之前,那些以狩猎采集为生的人已经品尝过奶了。迄今尚未发现新石器时代之前人类饮奶的证据,但那可能是因为没有人去看,因为那种情况非常少见。但是,我曾经在几个现代狩猎采集部落里生活过,我有机会见证他们能够把一具动物尸骨吃得多么彻底。成功捕回猎物后,摆上餐桌的不仅仅有肉,那些内脏、脑、胃里的东西也都是美味可口的。在西伯利亚,我见过猎人将一只刚捕杀的驯鹿肚子割开,把还有余温的鹿肝切成小块生吃,他们还会拿杯子从鹿的尸体开口处舀出血来喝。

人类学家乔治·西尔伯鲍尔曾经在博茨瓦纳的卡拉哈里沙漠和那里的丛林居民一起住了 10 年。他曾经详细描述过这些人是如何利用一具被捕杀羚羊的尸体(包含乳房)的:"人们都认为,哺乳期大羚羊的乳房在火上一烤,就是难得的美味。如果其中还有乳汁,人们就会在剥皮开始前将其挤出喝掉。"

北美中部大草原流传的传统故事也说明,狩猎采集者把羚羊乳房和乳汁看成珍馐美味。据说，曾经有两位部落首领在捕杀了一只母鹿后，为谁能占有那两只"奶袋子"而发生争执。一位想独占两只羚羊乳房，另一位很生气，就带着他所有的亲戚迁移到北方的一块新领地去了。这一分支后来明显因为这一事件而得名"因心系羚羊奶而迁移他处的人"。那位酋长想占有两只羚羊乳房的自私行为似乎太微不足道了，根本不会引起部落分裂；这个故事真正讲述的似乎应该是权力和威望之争——拒绝分享羚羊乳房是具有象征意义的。

历史记录中，接近当代的狩猎采集者都会从被捉住的动物身上挤奶喝。我们从这些事例中可以合理推断，古时候的狩猎采集者应该也会。他们肯定也会彻底利用动物尸骨，使这一宝贵资源发挥最大效用。谁要认为在动物被驯化之前人们没有品尝过动物乳汁，那就太傻了。动物乳汁可能不是狩猎采集者饮食中的重要食物，但也不大可能完全没喝过。考古科学的新进展使我们有机会研究我们祖先的饮食。在喝动物乳汁这件事上，我们祖先的牙齿中可能隐藏着一些线索。

钙对牙齿和骨骼健康非常重要，而乳汁是钙的上佳来源。如同其他元素一样，自然的钙有一些不同的存在方式，或者称为同位素。从人和动物组织（包括骨骼和牙齿）样本中，我们可以测算出这些同位素的比例。碳和氮同位素的比例对于分析饮食很有用——碳同位素能够大概显示出一只动物生前吃过哪些植物，而氮同位素则能反映出更偏向素食还是肉食，以及是否有来自海洋的食物。因此，考古学家曾经抱有希望，认为钙同位素的比例可能会提供一些古代饮食中乳制品的相关线索。他们对考古发掘的人类骨骼和动物骨骼进行了测试，发现他们的钙同位素比例有差异。但是，令人失望的是，他们并没有发现人骨骼中钙同位素比例随着时间而发生变化。中石器时代时，人们尚未有家养牛；新石器时代时已经有了。但是这两个时期的人骨中含有相同比例的钙同位素。所以不幸的是，这种方法似乎并不能给我们提供答案。

然而，牙齿的确能给我们提供另一项选择。整体而言，我们祖先的牙齿比我们今天的要好得多。由于饮食中含糖较少，他们的龋齿问题并不突出。你也会看到考古发掘出的牙上偶尔会有牙洞，但是那比今天西方社会中龋齿泛滥的情况差远了。另一方面，我们的祖先几乎不会刷牙，对牙齿卫生缺少关注，随着时间推移，就会形成牙垢，进而钙化并变得非常坚硬。在考古发现的牙齿上经常能发现积累的牙结石。情况还不仅于此。牙结石会导致牙龈发炎，还会影响其下的牙槽骨，使之萎缩，直至最终脱落。当然，到了那一步，考古学对其进行研究的可能性就不大了。而那些被人们发现仍然长在口中、长满结石的牙齿，才能给我们提供一些关于古时饮食的一丝有用的线索。

结石形成时，会将一些食物微粒裹在其中。从最小的层面讲，这些微粒包括淀粉颗粒（贮存糖分的小组织）和植物化石（这些只有用显微镜才能看到的东西中富含二氧化硅，能支持植物生长）。这些颗粒都可以在实验室中分析并识别。对牙结石的研究已经揭示出古时饮食的各种惊人细节。由于尼安德特人牙齿不洁，我们现在才知道，4.6 万年前居住在如今伊拉克的这些人会吃煮熟的谷物，且很可能就是大麦；复活节岛上的人会吃甜土豆；史前社会的苏丹人会吃一种叫作紫果莎草的植物，而今天我们把这种植物当作杂草。

这些都是不错的发现。但是人类饮食中存在动物乳汁的发现在哪里呢？动物乳汁中没有微化石，但是，其分子很有特点，其中一种分子就成了关键线索。它就是乳清蛋白，或者更正式的名称乳球蛋白（BLG）。重要的是，动物乳汁中可以发现乳球蛋白，但人奶中却没有。

这种东西相对不易被细菌破坏，所以可以留存很长时间。这种蛋白质另一个有用的特点是，各种动物皆不相同。这样，我们就有可能看到牛、水牛、羊、山羊和马的乳球蛋白的差异。

2014 年，一个由多国研究人员组成的团队发表了一项研究成果，这项工作主要是从一系列考古样本中寻找乳球蛋白。他们在公元前 3000 年欧洲和俄罗斯石器时代的牛、羊和山羊牙结石中发现了许多乳球蛋白，这些地方有大量的乳品证据；但是，在西非青铜时代的牙齿样本中，却并没有发现乳球蛋白，这些地方也没有食用乳品的证据。截至这一步，一切研究都进行得挺顺利。科学家还从格陵兰那些命运多舛的中世纪挪威人活动的地方寻找牙结石中的乳球蛋白。对氮同位素等进行的其他研究说明，在一个长达 500 年的气候恶化期，格陵兰维京人在饮食上减少了对家养动物的依赖，更多的来源是包括海豹在内的海洋生物，直到公元前 15 世纪，他们不得不放弃在格陵兰的定居点。鱼骨通常很难在考古遗址中很好地保存，除了海豹，后来的维京人很可能还吃鱼。科学家、作家贾瑞德·戴蒙德在其书《崩溃》(Collapse) 中认为，格陵兰维京人对饮食有一种病态的坚持。但事实似乎相反，维京人曾努力去适应变化的环境。不管他们放弃格陵兰定居点的原因是什么，这都说明他们很不喜欢吃海中的食物。

对维京人牙齿结石的分析还揭示出他们饮食的另一个变化。公元前 1000 年，早期的格陵兰维京人吃的乳制品很多。但是，4 个世纪之后，维京人牙齿中却没有了乳球蛋白。这说明，他们已经不再吃家养动物了，甚至已经没有乳制品了。也许正是因为再没有了产乳动物，才导致维京人定居点的终结。但是，导致他们放弃格陵兰定居点的真正原因也有可能是纯粹的经济因素。格陵兰维京人曾经从事海象和独角鲸牙贸易，但是，随着非洲象牙进入市场，他们的货物不再像以前那么值钱了。当海象和独角鲸牙的价格跌破底线，卖掉的货物换不来一块好点的奶酪时，他们就感觉应该离开这片土地了。

所有这些发现都很有意思。利用乳球蛋白重现古时饮食也在近期取得了进展。然而，这一研究的范围还没有拓展到青铜时代之前。我能想象，要不了多久，就会有人去更为古老的牙齿样本中寻找乳球蛋白。我认为，在动物驯化和饮用乳品出现之前的新石器时代，在我们祖先从未刷过的牙齿上，会出现一些细微的线索。

陶瓷碎片和养牛人

除了不怎么注意刷牙，我们的祖先似乎还不那么爱清洗。目前，我们能够证明人类饮奶的最早的确定证据是近东地区一些古时陶器碎片里的脂肪残留，可以追溯至公元前六七千年。布里斯托大学的理查德·埃弗谢德带领一个团队，研究了欧洲西南部、安纳托利亚和黎凡特等地的2225片陶器碎片，发现在马尔马拉海附近，有一个地方的人日常明显会饮奶。这项对奶和陶器的研究，使我们的视线从"肥沃新月地带"移开，转向植被更多、更加富饶的安纳托利亚西北角。这一发现很有意义：这一地区的新石器时代考古遗址中有大量家养牛的骨头，而且，与中东其他地方相比，这里水草丰美。这些骨头本身就能说明一个问题——在这些考古遗址中，有许多岁数不大的动物；早期的农民养牛似乎既是为了吃牛肉，也是为了喝牛奶。

对古代陶器碎片的这些研究结果貌似不言自明。然而，在埃弗谢德及其同事发现这些乳品脂肪的线索之前，人们一直认为，乳品进入新石器时代生活的时间相对较晚，应该是在动物驯化之后几千年，并且可能是在陶器发明之后两千年。这一新证据将乳品出现的时间直接推到公元前 7000 年，和西亚地区最早出现的陶器同时期。也许，可能正是因为人们需要贮存和加工乳品的器皿，才催生了陶器的发明。

尽管如此，有关奶和陶器的最早证据还是比家养动物（包括牛、绵羊和山羊）出现的时间（公元前 9000 年前）要晚约两千年。所以，即便有先进的技术，我们还是无法知道人们是不是在更早的时候就开始饮奶了。因为在陶器出现之前，当然不会有奶脂附着在陶器碎片之上（我们的研究也就无从下手了）。

陶器碎片上的奶脂证据还给人们带来另一个困惑。它不像牙垢中的乳球蛋白，从中我们不能知道奶是什么动物身上的——它可能是绵羊、山羊，也可能是牛。然而，通过仔细研究发掘的新石器动物骨头，我们还是有可能穷根究底的。在巴尔干半岛中部的 11 处考古遗址中，人们就是这样进行调查研究的。对那些考古遗址里牛骨的分析显示，成年动物的比例随着时间推移而逐渐增加。平均而言，在新石器时代考古文物中，成年牛的骨头一般只占到 25% 左右。幼牛比例高能够说明人们养牛是为了吃肉。时间再往后，到了公元前 2500 年起的青铜时代考古遗址中，牛骨当中有 50% 是成年牛的。成年动物增加说明，生产"次要产品"的功能正在变得更加重要，比如用于产奶或者拉车。对羊骨的分析也揭示出类似情况。如果在其他地方也能反映出这种情况，那就说明，人们最初驯养牛和羊是为了食肉，之后才出现挤奶的情况。但是，对巴尔干地区山羊骨头的研究则显示出另一种情况。新石器时代一开始（在巴尔干地区是始于公元前 6000 年），成年动物所占比例就比较高。这说明，一直以来，这一地区的牧民养羊的目的既是为了食肉，又是为了挤奶。他们开始养羊时，就开始享用羊奶了。

然而，最新的证据显示，人们饮用牛奶的时间还要早得多，可以追溯到新石器时代。这一证据的线索还是来自陶器碎片。这次要讲的是奶酪。要制作奶酪，第一步就要使一种名为"酪蛋白"的特殊牛奶蛋白凝结，形成一个蛋白质网。这个蛋白质网会将球状奶脂网在其中。这种凝结起来的蛋白质和脂肪就是凝乳。剩下的就是一层稀薄的液体，其中就有一些可溶蛋白——乳清。要将奶转化成凝乳和乳清主要有两种方法：一是使奶酸化；二是给奶中加一种酶——通常是凝乳酵素。给奶加热也可以加快转化过程。

所有这些可能都是新石器时代农民在试验新的烹饪方法或者新的贮存方法时偶然发现的。可以想象一下，一个新石器时代的农民要外出放牧时，会想着带些奶喝。陶罐盛奶是很不错，但是要随身携带还是有些重。于是，他就决定拿一只用羊胃做的包来盛奶。这一想法并不奇怪，因为他们经常用这种包来盛水。不管怎样，他用羊胃包装满奶就出发了。当天晚些时候，他去喝奶的时候，发现奇怪的事情发生了——羊奶已经变成水状，中间有一些小块。凝乳酵素已经使奶发生了转化。这种酵素实际上就是附着在羊胃内壁上的酶。他并没有把奶扔掉，相反，还带回去给家人看。这种全新的奶制品使家人们都很惊奇。但是，后头还有更好的东西呢。如果能将凝乳和乳清蛋白分开，就有了奶酪的原始样子。要将这两种东西分开，可以用干酪包布，也可以用金属筛网。新石器时代的人很可能已经用上了干酪包布，甚至是柳条筛。但是，毫不奇怪的是，在考古遗址中都没发现过这两种东西。通常，布不能存放太久的；而在新石器时代，金属筛的出现还为时尚早。

但是，人们已经发现了许多带孔的陶罐，这被人们广泛认为是奶酪过滤器。有些人认为，这些陶罐有其他用途，比如用作灯具，用来过滤蜂蜜或酿造啤酒。理查德·埃弗谢德团队将注意力转向了波兰新石器时代考古遗址中发现的50块带孔罐碎片，它们可追溯至公元前5200年。

有40%的陶筛碎片上发现了脂肪残留。除了一块碎片外，其他碎片上的脂肪都可以确认是奶脂。这就证明了那些陶罐就是奶酪过滤器。于是，我们找到了第一个关于史前奶酪的确切证据。在加工奶的时候，古人无意中还帮了实验科学家一个忙：鲜奶残留在陶罐上并不能长久留存，但是奶在加工的时候，奶脂会发生变化，就可以留存很久的时间。在波兰的这些考古遗址中，80%的动物骨头都是牛骨。虽然那些奶脂可能是牛、山羊或绵羊的，但是，最可能的情况是，波兰新石器时代的农民确实养奶牛并用牛奶制作奶酪。这样，被驯化的野牛就出现了。

骨头和基因

关于家养牛的最早考古证据是在一个名为迪加德·阿尔穆格哈拉的新石器时代（而且是陶器出现之前）考古遗址中发现的骨头。这一考古遗址就在幼发拉底河河岸。它很特别，曾是一个古时的农业村落，后来在青铜时代变成了一座墓地。在新石器沉积层深处，有几处人的墓葬，还有一些骨刻装饰品、一座有壁画的圆形大建筑以及早期农民所养的动物被屠宰后留下的骨头。当时，在幼发拉底河附近，连绵起伏的草地能给家畜在冬春两季提供上好的牧草。在干热的夏季，农民可以将家畜赶到河边甚至一些小岛之上。今天的人们仍在这样做。要控制野生动物可不容易，想想它们的角就知道有多难了。农民控制、捕获野牛，再从中繁育、驯化野牛的过程就这样开始了。与野牛相比，家养牛的骨头要小一些，公牛和母牛的骨头差异也不大。从头骨中伸出的骨质牛角核可以看出，牛角形状也有差异。这一早期牛的头骨证据可以追溯到距今1.08万年到1.03万年，与黎凡特出现的关于谷物培育的最早确定证据大约处于同一时期。但是，人们认为，绵羊和山羊被驯化的时间要早一点，可能比牛早几个世纪。我们似乎有理由认为，这些动物的驯化要比谷物培育开始得早一些。在狩猎采集式的游牧生活方式和定居的农业生活方式之间，畜牧业几乎刚好处于中间阶段。但是，人类从狩猎采集到畜牧业的转变可能很快。土耳其阿西克里·豪由克考古遗址显示，在仅仅几个世纪的时间里，人们就从吃多种野生动物转变到90%的食物都是羊肉。不管是什么促使阿西克里·豪由克新石器时代（陶器出现之前）的人们去养羊，他们都找到了一种贮存肉的方法——通过建立一座"走动的贮肉室"，他们就拥有了更加可靠的食物来源。

早期的基因研究显示，绵羊和山羊的驯化在不同地方发生过多次，但都是在亚洲西南部。实际上，可能每一物种都有一个单一的驯化中心，然后再与其野生同类之间发生大规模的杂交。家养山羊源自野生山羊，而绵羊则是由野生绵羊（又称亚细亚摩弗伦羊或塞浦路斯绵羊）经过驯化而形成的。另一方面，欧洲摩弗伦羊似乎是一种由家养品种转变而成的野生品种，而并不是绵羊的祖先。

牛的情况也类似。长久以来，人们认为，家养牛的两个主要品种——普通牛和瘤牛，有着不同的起源。达尔文认同这种说法，他在《物种起源》中曾写道："我认为，（有峰的印度牛）起源于一种与欧洲牛不同的土著品种。"公平地说，瘤牛看起来确实与普通牛大不相同。瘤牛双肩上有一个大的隆起，两条前腿之间也吊着一块长长的垂肉。与普通牛相比，更适应干热环境。对线粒体 DNA 和 Y 染色体的研究能够支撑这一观点，即两种牛有着不同的起源。但是，单一起源似乎更有道理：情况似乎是，在 1 万年到 1.1 万年前，近东地区出现了家养牛，之后向外扩散，途中遇到了其野生同类。大约 9000 年前，这些家养牛抵达了南亚，和当地牛发生了大规模杂交，瘤牛基因和特点可能就是这样被引入到家养牛身上了。

牛的扩散过程非常迅速。农民赶着牛群也向西走；到了 1 万年前时，有某个勇敢的人将牛装到船上带到了塞浦路斯。到 8500 年前时，家养牛已经传到了意大利，到 7000 年前时，它们已经跟随着早期农民到了西欧、中欧、北欧和非洲。5000 年前时，牛抵达了东北亚。而当绵羊和山羊从中东向外扩散时，它们却走入了一片未知之地，因为其他地方并没有其野生同类和它们杂交。但是，家养牛的情况就不一样了：野牛的分布横穿欧亚大陆，家养牛到处与野牛发生杂交。最早的线索还是来自线粒体 DNA。通过对其进行研究，人们发现，斯洛伐克新石器时代牛、西班牙青铜时代牛和一些现代牛当中的奇怪变种，都可以追溯到欧洲野牛身上。更新的全基因组分析显示，家养牛在整个欧洲地区都与当地野牛发生过广泛的杂交。特别是英国和爱尔兰的牛基因组中，有许多野牛的基因。但是，对于杂交在多大程度上是人故意为之，我们肯定只能猜测了。

我曾经在西伯利亚和当地饲养驯鹿的土著人生活过一段时间。那里的家养驯鹿体形很大，人不可能去守着它们或将它们关入畜栏。野生驯鹿体形更大，它们也像家养品种一样，很少长久定居一地。我曾经和驯鹿饲养者聊过，他们说，相比野生驯鹿混入家养鹿群，他们更担心的是家养鹿走失而跑到野生鹿群当中。只要知道附近有野生鹿群，他们就会很焦虑。这些养鹿人的经历让我对早期农民和他们饲养的动物有了一种新的认识。

新石器时代的农民照料牛群有多么仔细？他们用篱笆将牛圈起来，还是让它们自由游荡？他们会不会狩猎野牛并仔细挑选一些加进家养牛群？抑或基因渗入仅仅记录的是家养动物和野生动物之间必然的接触？如果情况是这样——我并不确定，那么，这说明，与野生公牛相比，野生母牛更可能混到家养牛群当中。

从生物学角度讲，家养牛会继续与野生种群杂交，这并不令人奇怪。在现代，这两种牛仍然会经常杂交，生出混血牛来。在非洲，牛的DNA揭示，人们曾经将瘤牛带入普通牛群中杂交，以繁殖出桑格牛。在中国，普通牛在北方扩散，而瘤牛则传到了南方。这一南北分界线在中国牛中仍然非常明显，而在中部则是杂交品种。牛也可以与其他动物繁殖出杂交物种。人们发现，中国有一种牛体内有牦牛DNA，相反，家养牦牛也有牛的DNA。在印度尼西亚，瘤牛经常与被称为"爪哇野牛"的当地野生牛杂交。

母牛体形缩小之谜

与人类结成联盟之后，牛、绵羊、山羊和猪都会发生变化。麦粒在人工培育下会变大，与此相反，牛和其他动物体形则会变小。但很奇怪的是，与绵羊、山羊和猪不同，从新石器时代、青铜时代一直到铁器时代，牛的体形一直在变小，而且缩小的幅度非常大。考古学家检查了古时欧洲牛的骨头后（欧洲农业的出现是在 6000 年前），对新石器时代牛体形的变小程度做出了量化。3000 年后，到了新石器时代末期，牛的体形比农业刚刚开始时平均小了三分之一。

人们很容易仓促地得出结论，认为早期的农民可能是专门选一些体形更小、更易管的动物来繁育种群。在人工繁育初期，有可能是这种情况。但是，经过多少代，甚至几千年的时间，农民不大可能还只选择体形越来越小的动物去繁育种群。那么，牛的体形为什么还会继续变小呢？

考古学家对中欧 70 个考古遗址的动物骨头进行了仔细的骨学分析。分析结果使他们能够对体形变小的各种原因进行测试。一种可能的解释是，家养牛长期进食不足——但是，牛并没有营养不良的迹象。雌雄动物体形的差异也在缩小，而家养动物体形变小则可能是这一发展的意外结果。然而，在新石器时代之初，虽然性别二型现象有缩小，但是，随着牛自身体形变小，这一趋势并没有继续发展。牛是在最初被驯化之后3000 年抵达欧洲的；随后的几千年里，雌性欧洲牛和雄性欧洲牛骨头之间的差异一直比较稳定，但是，欧洲牛整体上的体形一直在变小。

气候变化也会影响动物体形。这会是答案吗？人们会认为野牛和家养牛受到的影响相同，但其实并不相同。所以，气候变化很可能并非正确答案。另一种可能是，牛平均体形的明显变化只是反映了母牛和公牛比例的变化。牛群中成年母牛比例较大的现象正好与人们更加看重产奶这一目的契合。在为产奶而养的牛群中，小公牛经常会被别出。这一假说似乎很有道理。然而，它却与证据不符。新石器时代牛的骨头并未显示出母牛比例的增加。科学家是很善于排除假说的。排除了所有不可能的假说后，只有一个留了下来，因为它与那些成堆的骨头证据完全相符。

　　欧洲中部新石器时代的牛骨揭示的不仅是牛体形的缩小，还有未成年牛数量的增加。这说明，人类又对肉类生产更加看重。小牛长得很快，到了三四岁成年后，生长速度就直线下降。养一头成年牛，所得的肉增加不了多少。所以，在牛长成之前或者就在长成之时，人们就会剔出更多的牛。这样，在人们居住地周围的土堆中小牛的牛骨比例就上升了。这一现象本身并不能解释牛的体形为何变小，因为这是人们在成年牛身上记录的现象，在样本中并未考虑小牛。尽管如此，近乎成年的牛的骨头比较多这一事实还是说明，在牛群中，许多生小牛的母牛自己还尚未成熟。这些母牛已经能够生殖，但是还未成年。所以，与牛群里成熟的母牛相比，它们生的小牛出生时体重要轻一些。小牛体形小、体重轻，长大时体形也会小一些，体重也会轻一些。这并不意味着欧洲新石器时代人们养牛不是为了产奶，而是说明产肉才是更重要的目的。这就是新石器时代末期，欧洲牛群的数量比初期要少33%的原因。在后来的青铜时代，有近乎成年的牛的考古遗址减少了，同时，牛的体形略有增大。但这只是一个无足轻重的暂时变化。整体而言，一直到中世纪，牛的体形都在持续变小。当然，后来又曾经增大过一些，但即便如此，牛的体形也从未再像其野生祖先那么高大。

　　除了牛奶和肉，牛还能给我们的祖先提供服务。尤利乌斯·恺撒记录了野牛对铁器时代德意志人的重要性，而家养牛在宗教仪式和典礼性打斗上则一直发挥着重要作用。古克里特岛的人对公牛的崇拜似乎就是弥诺陶洛斯神话的灵感来源。牛可以作为英雄和斗牛士可怕而强大的对手，但是其体形和力量还可以有多种用途。它们是最早用于驮运东西的动物，能够拉犁、拉车。今天，在世界上很多工业化程度不高的地方，牛还是一种役用动物。有时候，它们比机器更适合某项工作。比如，拖拉机开不到中国南方高海拔的龙胜稻田，但是，牛却可以轻易爬上去，在窄窄的梯田上稳稳地拉犁。

人们繁育和使用牛去拉东西这一事实也能解释为什么在欧洲牛体形总体变小的背景下，还会出现短时间体形增大的奇怪变化。正如对意大利、瑞士、伊比利亚和英国的考古遗址里的牛骨进行分析所揭示的，在古罗马时代，欧洲牛体形变大了一些。当时的农民可能专门繁育并买卖一些体形大的牛，但是，这种体形增大也有可能是当地野牛基因进入家养牛基因的结果。可能是当时人们特别需要体形大的牛，用来在帝国日益扩大的麦田里服役。不过，在中世纪后很长的时间里，牛的体形都相当小，比今天的还要小得多。

活牛

家养牛最早是随着早期农民在欧洲、亚洲和非洲扩散的。之后，人们继续带着牛群迁徙，牛的血统也继续发生融合。随着人类文明的发展和帝国的扩张，各个品种的牛都从其家乡扩散到了新的地区。

意大利北部牛的线粒体 DNA 能够显示出其与安纳托利亚地区有趣的关联，它们似乎比牛最初抵达意大利要晚得多。希罗多德曾经描述过吕底亚（今安纳托利亚）人在长达 18 年的饥荒中所遭受的苦难。他告诉我们，最后，有一支吕底亚人离开了地中海东岸，乘船前往意大利。希罗多德记述到，那些在意大利定居下来的人自称为第勒尼安人，他们后来建立了伊特鲁里亚文明。这个故事很浪漫，但似乎只有很少的历史或考古证据支撑。然而，意大利北部的牛可能保留了古时从东地中海迁移的一丝微弱的基因记忆。对古伊特鲁里亚人的骨骼线粒体 DNA 的分析也反映出意大利北部和土耳其之间存在着某种联系。这不是一个清晰的迁移迹象，它可能只是反映了这些地区之间通过贸易和往来建立了多么密切的联系。但是，希罗多德说的可能是（仅仅可能是）正确的。

在现代牛的基因结构中也能反映出贸易路线来。马达加斯加牛身上的瘤牛 DNA 无疑反映出该岛与印度有着非常密切的贸易关系。但是，牛基因中显示的重要迁徙都是跟随着人类的步伐走遍全球。瘤牛基因较近一次进入非洲普通牛的基因中，可能反映了七八世纪阿拉伯帝国的扩张。

我们看到，中世纪后牛的体形变大。这有可能是因为人们进行了有选择性的繁育，也可能是因为欧洲当时相对而言政治稳定而且繁荣，牛体形变大只是一个间接结果。毕竟，和平意味着人们不再把干草叉当作武器，而是发挥了其本来的用途——叉起干草。

直到 16 世纪，牛才突破了旧世纪的藩篱。牛大规模进入美洲始于 15 世纪末期。作为哥伦布第二次美洲之行的一部分，第一头牛于 1493 年在加的斯被装运上船。船队经过加那利群岛前往圣多明戈。马、骡子、绵羊、山羊、猪和狗也都在这个船队之中。后来，越来越多的动物去了美洲——之后的每一支船队都带着动物，这样，原有的种群中不断增加新去的动物。

所以，传统观点认为，至少在哥伦布时代之前，美洲是没有牛的。然而，确实有一种可能，牛在哥伦布之前 500 年就已经抵达美洲。它们是随着维京人在"维音兰"（很可能指的是纽芬兰）建立起定居点而抵达美洲的。北欧传说特别描述过维音兰海外的一些岛屿，那里冬天也足够温和，这样牛一年四季都可以在外吃草。当然，目前仍没有证据显示，维京人在当地留下任何后代，不管是人的后代还是牛的后代。在那些殖民地被抛弃之后的几个世纪，欧洲人才"重新发现"了美洲。尽管有至少一处维京时代的定居点（位于兰塞奥兹牧草地），还是有一些人质疑，纽芬兰和传说中的维音兰有关。另一方面，我们似乎没有理由怀疑西班牙人和葡萄牙人的航海，因为它们都有文件详细记载。西班牙人将牛运到了加勒比地区；葡萄牙人把牛带到了巴西——这些牛就是拉美地区克里奥尔牛的祖先。

18 世纪时，英国殖民者引领了系统的选择性繁育，开始出现了特别的品种。罗伯特·贝克韦尔繁育了大体形的棕白色长角牛，这种牛主要役用，产奶量也很大；科林兄弟繁育出了红色或杂色的英国短角牛，这种牛既是很好的肉牛，也是很好的奶牛。

繁育牛的人用一些品种创造出了杂交牛，以创造出人类想要的特点。19 世纪有一个时期，英国牛很受欢迎，短角牛被引入欧洲大陆与当地牛进行杂交。荷兰、丹麦、德国的一些繁殖力强的牛也被传到其他欧洲国家和俄国，以提高家养牛的品质。苏格兰强壮的埃尔郡乳牛被安排与斯堪的纳维亚牛杂交。为了提高巴西牛的品质，19 世纪时，瘤牛被大量引入巴西。今天绝大部分牛奶都是格罗兰多牛所产，这种牛是一种瘤牛和普通牛的杂交品种。事实上，那里最初的牛群就已经有部分瘤牛了，这反映出前述在亚洲、阿拉伯地区、北非地区和欧洲之间存在过的复杂联系。牛对新世界的生存环境适应得特别好。牛在巴西只有不到 500 年的历史，但是如今，那里的牛比人还要多——巴西现有人口约 2 亿，但是有 2.13 亿头牛。

20世纪后半叶，随着人工授精技术的引进，牛的繁育更有技术含量。为了使产奶量最大化，人们仔细地繁育了一些牛，比如荷尔斯泰因－弗里塞奶牛，这种牛是当今世界上数量最多的一个品种。通过选择性繁育，一些牛的肌肉组织得到了增强，从而提高了品质。人们还繁育了一些能够适应某些环境（比如从水草丰美的草地一直到接近沙漠的地方）的牛。但是，人类繁育牛时考虑的并不全都是产量，也会选择一些外形特点。这样，各品种的牛就大量出现，其多样化程度虽不及犬类，但也很惊人。现代牛的外表有很强的多样性——毛色有白色、红色、黑色和各种过渡色；有短毛也有长毛；有小体形也有大体形；有长角牛、短角牛还有无角牛。人类选择的标准也会随着时间推移而发生变化，比如，英国现在更喜欢产低脂奶的牛，而美国现在则流行黑色肉牛。在发达国家，牛已经不再作为役用动物，所以拉犁的力量和耐性已经不再是人类选择的标准。

但是在过去200年里，人类对牛和犬的选择性繁育却制造出了一个悖论：在各个品种之间，可能会有很多表型和基因型的差异；但是，在同一品种当中，则是另一种情况。这种多样性的收紧很大程度上是人们有意为之。在家养牛的发展史上，绝大部分时间里，它们都接受的是"软性选择"，因为对那些繁殖力更强，或者更能适应某些环境的牛，农民会鼓励其繁殖。在新出现的品种之间，存在着大量的基因流动。但是，在过去两个世纪里，牛的繁育重点却是减少同一品种内的差异性，直到它们的毛色也变成一样。在发达国家里，人工授精使得牛的繁殖受到严密控制，各个品种牛之间发生杂交的可能性几乎完全被消除。这种限制性繁育再加上细致的选择，催生出一种牛，在这种牛当中，有许多互不相干的独立种群。每一种群都会面临近亲繁殖所固有的各种风险，包括基因病变和不育，也容易发生整个种群患传染病的概率。在野生环境下，基因差异性很小的独立种群最有可能灭绝。但是，在如今的情况下，受到工业化繁育严密控制的品种却比传统品种繁殖力更强。对农民而言，从经济角度根本无须多想，就会从传统品种转向工业化品种。但是，从长远来看，这是不可能持续的。如果一个家养品种灭绝了，其中包含的所有"基因资源"也会消失。遗传学家认为，如果种群碎片化和近亲繁殖继续下去，牛的未来以及人类的食品安全都会令人担忧。他们也对家养绵羊和山羊的未来表示担忧。但是，这些动物面临的情况有所不同，因为它们当中还存在着一些不同品种，并且，野绵羊和野山羊仍然存在。虽然家养牛可以与其他现有的牛类品种杂交（这些品种将来可能就是有用的基因资源），但是，它们的祖先在几个世纪以前就已经灭绝了。

欧洲野牛复活

随着全球家养牛数量的增多，野牛数量不断减少。它们曾经在整个欧洲游荡，并且还去了亚洲中部和南部以及非洲北部。但是，到了13世纪，野牛的领地已经缩小到只有欧洲中部一地。野牛在波兰存在的时间最长，因为在那里，为了国王打猎的需要，野牛受到皇家法令的保护，冬天时甚至还有人给喂食。但是，最终连皇家的力量也拯救不了它们。家养牛不断侵蚀着野生牛的栖息地。牛的疾病和非法狩猎也是部分原因。但是，野牛最终的消亡是因为人们懒得去管它们。于是，1627年，在波兰的扎克陶洛猎物保护地，最后一头有记录的野牛死掉了，它是一头母牛。

这些大型食草动物的消失令人惋惜，特别是它发生在距今较近的时期。如今世界上，只剩下极少数的"巨型动物"，而我们人类在很大程度上要为巨型动物的消失负责。再自私一点说，失去这些物种意味着我们也失去了许多基因资源。我们已经无法让家养牛与野牛杂交，使其获得新的活力。在今天的世界上，巨型动物的消失令人惋惜的另一原因是生态。没有了巨型动物，野地里都长满了树木，自然就少了一些多样性。

这就是一些繁育牛的人为何试图去复活野牛的原因。至少，他们是在努力创造一个尽可能像野牛的新品种。荷兰"金牛基金会"的繁育者已经选出了一些欧洲牛的品种，这些牛在体形、外表、牛角长度、食草习惯等方面似乎保留了一些原始的、像野牛的特点。通过将这些不同品种的现代牛养在一起，人们希望能够使野牛的表型复活，即复活它们的外表，如果可能的话，再加上它们的生活习惯。但是，分子遗传学的最新进展可能意味着，我们有可能繁育出不仅仅是表面上像野牛的品种。事实上，我们有可能创造出一种在基因上完全是野牛的动物来。

这一努力的第一步就是，总结野牛基因组的特点——不仅是其线粒体 DNA 或 Y 染色体，还是其整个的核基因组。2015 年，有一组研究人员就这样做了，对一头 6750 年前的英国野牛进行了基因排序。他们在德比郡一处洞穴中发现了一块肱骨，从一些骨头粉末中提取出 DNA 并对其进行解码。这只动物生活在家养牛传到英国之前的 1000 年，是一只纯粹的、未混有其他动物基因的野牛。在将野牛基因组与现代家养牛进行对比后，遗传学家发现了野牛和家养牛后来杂交的明确证据。有一些英国牛的品种，包括高地牛、德克斯特牛和威尔士黑牛，都有古代英国野牛的基因。但是，没有证据显示一些非英国的品种曾与这种英国野牛进行过杂交。这一发现很重要，因为它说明，杂交确实是发生在英国当地的家养牛和野牛之间，而并非在更早的时期发生在欧洲大陆。这对线粒体 DNA 和 Y 染色体研究而得出的杂交证据是一种补充。所以，从某种意义上讲，古代野牛现在仍然和人类生活在一起。野牛和家养牛之间的联系如此久远，现在的各种家养牛身上还会留有多少野牛 DNA 呢？如果能够对更多野牛基因组进行排序，就有可能发现更多在距今较近时期吸收过野牛基因的家养牛。与仅仅研究野牛的外在特点相比，使用这种方法更容易发现一些牛的品种，再利用它们进行繁育，从而"再造"出一头野牛来。但是，这两种方法都回避了问题的实质——尝试"复活已灭绝的动物"，有什么实际意义呢？是要繁育一种看起来像已灭绝动物的生物吗？还是要创造出一种在基因上最接近已消失原始物种的动物呢？又或者是要创造出一个新品种，让它们在生态系统中发挥与已灭绝动物相似的作用？在这项工作中，什么最重要呢？是外表、基因还是生活习惯？尽管我还是有点想有机会看到一只真正活着的野牛，我认为，将一种消失的关键物种重新引入到野生生态系统中是一项更加有价值的事业，也是我们努力复活灭绝动物的更恰当的原因。

荷兰的"金牛基金会"成立于 2008 年，其明确目的是创造一种尽可能接近野牛的动物放到野生保护区中。这实际上是将已消失的东西复原，即重建生态系统的自然运作形态。研究人员希望，到 2025 年，就能创造出非常接近野牛的动物，将其放入野生环境。想一想，在欧洲重新野化的荒原上，将会有大型野牛在游荡，这确实令人称奇。我们从冰河时代壁画中了解到的那种威严的红棕色长角牛可能很快就会重返自然界。

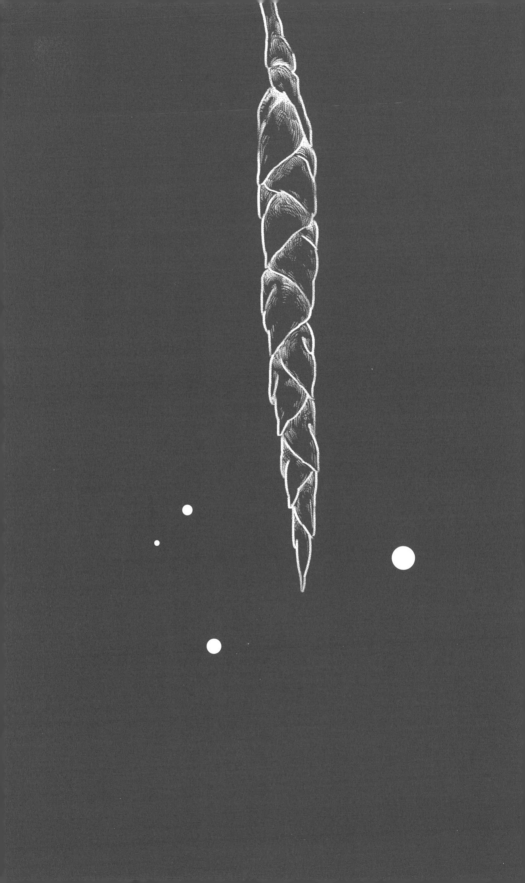

Maize

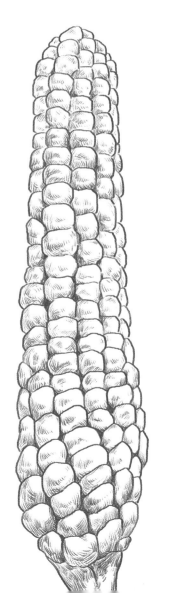

玉米

其穗比人手掌还要长，一头是尖的，粗细如胳膊。颗粒大小和形状都与鹰嘴豆相近，而且排列整齐；未成熟时为白色，成熟即变黑；磨成粉后，洁白如雪。这种谷物被人们称为玉米。

——佩德罗·安格莱里亚
15 世纪意大利历史学家

朝向新世界的道路

　　如同小麦和水稻一样，玉米也是世界上最重要的一种农作物，它是食物、燃料和纤维的重要来源。它在不同的地方生长，种类繁多。当人们给花园里选择种东西时，不管是什么植物，都要找一些能够自然地适应环境的物种或品种。花园里的土可能是黏土或者易碎的腐殖土；气候可能又冷又潮，也可能又热又干。有一些植物可能会比另一些植物生长得好一些。即使在一个花园里，也会有一些植物即使在又暗又凉的地方也能生长得挺好，而另一些则要在面向南的墙边才能茂盛生长。

　　但是，玉米似乎对环境不挑剔，在哪儿都能生长。它是在地理上分布最为广泛的谷物。在美洲，它可以在南纬 40 度的智利农田里生长，也可以一路向北，在北纬 50 度的加拿大生长。在海拔 3400 米的安第斯山脉，它长得很好；在加勒比海岸低地，它也能长得很好。玉米能在全球生长的原因在于其在外表、习惯和基因上明显的多样性。但是，作为一种全球性的农作物，玉米的历史却非常难以弄清。例如，虽然它向全球扩散也只是过去 500 年的事，有关玉米向非洲和亚洲传播的书面记录却非常模糊。DNA 研究还能提供一些线索，但是全球贸易和交流使得玉米的基因历史呈现为复杂的网状结构。玉米的全球化与人类历史交织在一起，跟随着人类社会兴衰的步伐——航海大发现、全球贸易线路和帝国的扩张与崩塌。但是，我们很容易就能从这张网中抽出一根线条来：那个使玉米走向全球的时间点。

13 世纪时，成吉思汗及其继任者为他们的帝国征讨了大片领土，从东边的太平洋起横贯亚洲，向西一直到达地中海地区。近一个世纪的征服战争之后便是几十年的相对政治稳定期。此时，东西方的贸易路线得到了积极保护，商业也兴盛起来。之后，这一切又开始解体。1259 年，成吉思汗的孙子蒙哥死后，没有继任者。蒙古帝国开始分裂成一些独立的汗国或王国。此时仍然相对和平，丝绸之路还畅通，商业往来仍然存在。但是，到了 13 世纪末，蒙古帝国的各个汗国只保持着一种非常松散的同盟关系。到 14 世纪初时，战争使各个汗国更趋分裂，它们一个一个地衰落下去，被亚洲新兴的政权所击败。与此同时，黑死病的恶魂沿着曾经运送香料、丝绸和瓷器的贸易线路传播，亚洲和欧洲陷入了混乱之中。

然而，欧洲人仍然渴望得到东方的香料。人们如此追求这些东方的美味，恰恰是因为它们具有异域特色。檀香、豆蔻、生姜、肉桂和丁香成了权力和身份的象征。通往东方的陆上道路不仅充满危险，而且还需要中间商，这些人都会借机涨价。因此，欧洲的商人和探险家一直想找一条可靠的海路通向东方——印度、香料群岛、中国和齐潘戈（我们现在已经知道那里指的是日本）。但是非洲挡住了人们的道路。1488 年，葡萄牙探险家巴尔托洛梅乌·迪亚士率船奋力前行，绕过了风暴角（后被取名"好望角"）。最终通往东方的东南海路似乎有了出现的可能。但是，意大利探险家克里斯托弗·哥伦布有着不同的想法。保罗·托斯卡内利认为，要去远东，从欧洲向西航行可能耗时更短。14世纪初，一些人已经尝试西行了，他们到了亚速尔群岛，却被西风吹了回来。

哥伦布曾经是一位贩糖商人，曾从欧洲向西航行，一直到了东大西洋马德拉群岛的圣港。在航海中得到的一些经验使他明白，尽管在北部盛行西风，如果向大西洋南部航行，就主要吹东风了。要试着这样走还是很危险的，因为探险家通常都愿意顶风航行，因为他们知道，这样才能够安全返回。但是，哥伦布渴望发现，渴望提高自己的社会地位。他不仅想发现新的领地，还想将其据为己有：他想在自己发现的岛屿上当总督，并将这一官职传给自己的后代。最终，在获得了西班牙国王斐迪南和王后伊莎贝拉的财政支持后，他率船队起航了。

公元前 3 世纪时，希腊数学家和地理学家埃拉托色尼就已经算出，地球的周长为 25.2 万个视距仪的距离，即约 4.4 万公里。地球实际周长是刚刚过 4 万公里，埃拉托色尼的结果仅有 10% 的误差。但是，后来的地理学家认为，古希腊人可能大大高估了地球的大小。托斯卡内利就是其中之一。1492 年，纽伦堡的一位地图绘制人——他曾与托斯卡内利有过通信，制作了一个已知世界的地球仪，被称为苹果形地球仪。这是世界上已知最早的地球仪，历史学家菲利普·费尔南德兹·阿迈斯托曾将其称为 1492 年"最令人惊讶的物体"。在这个地球仪上，根本就没有美洲，它的含义是，如果从欧洲扬帆，向西航行，最终会抵达亚洲。

1492 年，哥伦布率领三艘船只，选择从摩洛哥海岸的加那利群岛向西航行。在那里起航，不仅因为风能鼓满船帆，还因为他们根据以前探险的记录相信,那里正是前往中国著名港口广州的合适纬度。于是,这支由三艘帆船——尼尼亚号、平塔号和圣玛丽亚号,组成的小船队于8月3日①起航了,驶向远方的未知之地。航行了两个月后,也没有见到陆地,与哥伦布同行的水手长开始变得不耐烦了。水手则看起来有点像要闹事。于是,三艘船改变航向,驶向西南方向。10月12日是个星期五。那天一早,尼尼亚号瞭望台上的人发现了陆地。那很可能就是今天巴哈马群岛中的圣萨尔瓦多岛。

我们可以想象一下那些伊比利亚探险家和水手抵达那座岛屿时的情形。对他们而言,这里就是印度,是亚洲东海岸外的一座小岛。他们在海上航行了太久,终于抵达了这片田园牧歌般的地方——他们接近长满棕榈树的海滩时,大海的颜色也从深海的黑色变成了清澈的蓝绿色。这座岛水草丰美,处处有树,充满了希望。虽然历史总是充满了一系列的偶发事件,当哥伦布踏上那片海滩时,当他的靴子陷入沙地时,历史好像也发生了转折。

哥伦布遇到了一些岛民。这些人对他的动机并没有怀疑,相反,还非常友善好客。如果哥伦布没有受到如此友好的接待,历史不知道会发展成什么样子。对哥伦布来说,这些土著是人,而不是怪物;他们身体赤裸,保持着自然的状态;他们在道德上可能很纯洁,这使之易于征服。但是,这里不是他期望遇到的东方文明,因为这里没有一点东方的宝藏。不过,这里有农作物。哥伦布在其1492年10月16日的航海日志中写道:"这是一座绿油油的岛屿,非常肥沃,我确信,岛民整年都能种植和收获一种叫'帕尼佐'(panizo)的农作物。"

11月6日,他的一些同伴从邻近的古巴探险归来,哥伦布记录了

---

① 原书为9月6日,据查应为8月3日。

他们在那里发现的一种不同的农作物："他们把一种与'帕尼佐'相似的农作物称为'玛希兹'（mahiz），这种谷物煮熟再烤一下味道很好。"

在圣萨尔瓦多和古巴的这两种谷物实际上很有可能是一种农作物：玉米。植物学家认为，哥伦布很可能在圣萨尔瓦多看到的是开花的玉米，以为它与"帕尼佐"——高粱或小米——类似。而这两种作物他在意大利就很熟悉。因此，他所描述的"帕尼佐"实际上和古巴人称为"玛希兹"的玉米是一种谷物。

就这样，哥伦布给自己口袋里装了一些"玛希兹"的颗粒，继续到其他岛屿上探险去了。那些划着独木舟的岛民熟知当地地理，并与哥伦布分享了地理信息。但是，日本在哪里？中国又在哪里？哥伦布对在古巴找到亚洲文明寄予厚望，但是，亚洲文明并不在那里。那里没有香料和丝绸，当地居民也很穷，根本就不是哥伦布想找的贸易伙伴。

他继续航行，到了伊斯帕尼奥拉岛。该岛如今被多米尼哥共和国和海地分割占有。在那里，他既发现了文明，更重要的是，也发现了黄金。那是一种至少可以制造石头建筑的文明。哥伦布在伊斯帕尼奥拉岛留下了一支驻军，收起他的战利品——当然有黄金，还有红辣椒、香烟、菠萝和玉米，返回意大利。在返程途中，由于遇到了风暴，他被迫在里斯本停靠。在那里，他遭到了巴尔托洛梅乌的讯问，被释放后才继续驶向韦尔瓦。虽然备受质疑，哥伦布面对他的金主时还是坚称，他已经履行了合同：发现了亚洲的东缘。事实上，他并不知道自己到达了哪里，但是他知道如何再去那里。

翌年，哥伦布返回加勒比，但是他在 1492 年所受到的友好接待却变了味。伊斯帕尼奥拉的驻军已经被屠杀殆尽。关于食人族的传言已经被证明确有其事。当地的气候也湿热得很。新世界的土著居民并不像哥伦布所想的那么容易接受外国君主。

当然，哥伦布是一个既备受崇拜又备受诽谤的人。一方面，他建立了新旧世界之间的联系，进而使欧洲崛起成为全球的超级力量；另一方面，美洲伊甸园般的地方遭到劫掠，文明被摧毁。他一踏上那片海滩，数千万美洲土著人和一千万非洲人的命运就被注定了。那一刻的影响将会在历史上久久传播。在此之前，欧洲就像一潭死水，但是，在新世界建立了殖民地后，一切都变了。西方开始崛起。

不仅全世界的人类社会感受到了这种影响，在大西洋两岸已经成为人类盟友的物种也感受到了。欧洲和美洲的这次接触很快就发展成新旧世界之间持久的联系。自从盘古大陆在约 1.5 亿年前分裂之后，这些超级大陆很大程度上是各自独立的。在冰河时代，世界经历过多次冰川作用。在冰川时期，海平面就会下降，一条被称为"白令陆桥"的陆地将亚洲东北角和北美西北角连接起来。白令陆桥使得亚洲和北美的动植物能有一些交流。大约 1.7 万年前，人类也正是通过这条路线前往美洲居住的。然而，新旧世界动植物之间古老的、根本性的分化和差异仍然存在，一直到哥伦布 1492 年带回菠萝、红辣椒和烟草，人类才开始促成了动植物之间的交流。那些曾被局限起来、彼此分割的动植物越过大洋，在彼岸面对新的环境、新的挑战和新的机遇。牛和咖啡、绵羊和甘蔗、鸡和鹰嘴豆、小麦和黑麦被从旧世界带到了新世界。火鸡和西红柿、南瓜和土豆、美洲家鸭和玉米则从新世界到了旧世界。

曾有一些人将哥伦布引起的大交换描述成自恐龙灭绝后地球上最重要的生态事件。这是全球化的开始：世界各地不仅仅互相联系，而且互相依赖。然而，它的起步却非常痛苦。

欧洲（后来依次是亚洲和非洲）的命运被从新世界带回的家养物

种改变了。新奇的农作物促进了农业的发展，曾因战争、饥馑和瘟疫而下降的人口开始迅速增长。但这都是旧世界的情形。在美洲，随后发生了一场大破坏。正如大西洋两岸的动植物沿着不同的进化路径发展一样，新旧世界技术变化的节奏和方向也不相同。欧洲人拥有先进的技术：他们的军事和海洋装备比美洲土著人要先进得多。他们互相接触的直接结果是一场令人心悸而又可怕的悲剧。病原体也是"哥伦布大交换"的一部分内容：欧洲人从美洲带回了梅毒，同时又将天花传到美洲，造成了灾难性的后果。被征服之后，美洲土著人口直线下降。他们被大批杀害：到了17世纪中叶，90%的土著人已经被消灭。

人们很容易将注意力集中在十五六世纪新旧世界之间存在的力量失衡之上。美洲和欧洲社会发展路径不同，但这并不是说美洲土著人没有一点技术，事实远非如此。在利用自然方面，他们明显还是专家级别。不管是将哥伦布之前的美洲视为一座自然的伊甸园，还是将其看作一片毫无创新、需要欧洲人给予灵感激发其潜力的地方，都是不对的。美洲社会的创新历史丰富而多样，那里有着完全独立的驯化中心。许多哥伦布之前的美洲社会形态规模很大，城市化程度很高，他们已经依赖农业生存了。

西班牙探险家并不是从不怎么认识的野生植物中拔下一些，初步认识到它们的用处，然后改变它们，使之造福人类。欧洲人在大西洋彼岸发现的生物实际上在几千年前就已经脱离野生状态，与人类结成了紧密而又成功的联盟。哥伦布发现的不仅仅有之前欧洲人所不知道的一片土地，而且有大量有用的、已被驯化的家养动植物。

在这些珍品中就有那种他刚登上圣萨尔瓦多岛四天后发现并记录的谷物：玉米。这种谷物对阿兹特克人和印加人来说，不仅是一种主食，而且是一种神圣的食物。而这两个民族的文化很快就要被西班牙帝国吞没。

旧世界中的玉米

从首次到巴哈马的航行返程时，哥伦布就带回了一些种子。后来的航行中，他又带回了更多的种子。玉米传到欧洲的消息传得很快，到 1493 年，教皇和他的主教就知道了。11 月 13 日时，一名受雇于西班牙朝廷、名叫佩德罗·玛蒂尔·德·安格莱里亚的意大利历史学家在给意大利主教阿斯卡尼奥·斯福尔扎的一封信中，描写了这种谷物：

> 其穗比人手掌还要长，一头是尖的，粗细如胳膊。颗粒大小和形状都与鹰嘴豆相近，而且排列整齐；未成熟时为白色，成熟即变黑；磨成粉后，洁白如雪。这种谷物被人们称为玉米。

1494 年 4 月，玛蒂尔在另一封信中显然提到了送给主教的一些玉米样本。1517 年，在罗马的一堵墙上的壁画中出现了玉米的形象。尽管这种热带植物似乎已在西班牙稳稳地安家，但它在更加温和的环境里长得并不好。寒冷的冬天阻碍了它的生长，夏天白昼又太长，又使这种植物难以结籽。因此，在中欧和北欧，玉米似乎不大可能像在加勒比地区一样，成为一种可靠的农作物和主食。然而，在人们的记录中，它还是出现得越来越多，而且不仅仅局限于南欧。1542 年，德国植物学家莱昂哈特·福克斯曾写道："现在，所有的园子里都种着玉米。"到了 1570 年，意大利阿尔卑斯山脉地区就有玉米生长了。这种热带植物战胜了温带气候的各种重大挑战，进化得非常快，真是令人称奇。

仔细阅读 16 世纪和 17 世纪欧洲主要植物志就知道，当时还有另一件事正在发生。这些植物志的作者一般都会遵循严格的模式：列出一种植物的各种名字；然后对其进行描述——叶子、花朵、根茎以及用途；列举药用特性；指出其起源地。每个条目都配有木刻插图。玉米最早出现在这些植物志中是在 16 世纪 30 年代。但之后的 30 年里，人们并未提及其在新世界的起源地。尽管西班牙探险家记述了他们带回的这种谷物，但许多人似乎还是认为，玉米是从亚洲传到欧洲的。玉米在那些植物志中首次被提及是在 1539 年德国植物学家杰罗姆·鲍克的一部著作中。他把玉米称为一种"奇怪的谷物"，在德国是一种新生物种。他还以为玉米是从印度传到欧洲的。中世纪的植物学家是如此沉迷于"经典世界"（指古希腊和古罗马），在认识上似乎跳不出其束缚。面对这些新奇的植物，他们就转向古代希腊学者，寻求帮助，特别是蒲林尼和其同时代的狄奥斯科里迪斯。他们认为，这两人对世间万物都有描述，他们肯定知道答案。新世界被发现时出现的地理知识的混乱和纠葛当然也无助于解决他们的困惑。西班牙探险家和矿业巡视官奥维耶多曾著有《西印度历史》（*History of the Indies*）。他本人即便已经到访过美洲，并且亲眼看到玉米在那里生长，但还以为蒲林尼曾描述过玉米呢。他提及过所谓蒲林尼的"印度小米"："我认为它和我们在西印度所称的'玛希兹'"是一种东西。

福克斯将玉米称为土耳其玉米。他曾写道：

像其他谷物一样，这种谷物是从另一处地方传到我们这里的。而且，

> 它是来自希腊和亚洲的，在那里它被称为土耳其玉米，因为今天土耳其的国土占据了整个亚洲。

这种把任何新奇事物都当作来自"土耳其"的看法模糊了许多物种的起源，玉米仅是其中之一。在一些情况下，这种看法一直延续到了今天。我们仍然把一种美洲鸟称为"土耳其"（火鸡）。

1570 年，事情终于清晰了。意大利植物学家马提奥勒斯读了奥维耶多的书后，看出其中将印度和西印度群岛混淆了。他大胆地指出了所有人的错误，称玉米实际上是来自大西洋彼岸的西印度群岛。在此之后，人们似乎普遍接受了玉米是一种新世界植物的说法，或者，至少有一个玉米品种来自美洲。一些植物学家对两种不同的玉米进行了区分：一种被称为"土耳其玉米"，其颗粒为黄紫色，一个穗有八到十排颗粒，有柔软的叶子；另一种被称为"西印度玉米"，其颗粒为黑棕色，有着宽大的叶子。上述名字的含义就是，后一种玉米来自西印度群岛，而前一种则来自亚洲。

这两种玉米之间明显的差异暗示出一种很有意思的可能性。第一种，即"土耳其玉米"听起来更像现在的"北部弗林特"品种，其颗粒很硬，根本就不是来自加勒比地区，而是来自新英格兰和北美大平原。关于"土耳其玉米"，那些 16 世纪植物志中的详细描述并不能证明它是来自加勒比，迅速适应新环境，并从西班牙传到欧洲各地，相反，它说明的是玉米传到欧洲的另一个渠道，即北美。

另一条线索出现在约翰·吉拉德 1597 年首次出版的一本英国植物志书中。吉拉德写到，他在自己的菜园里种了一些被称为"土耳其玉米"或"土耳其小麦"的玉米。他还记述了有关这种玉米原产地的一些详细信息。如同许多同时代的人一样，吉拉德认为有一种玉米源自土耳其的亚洲领地。但是，关于这种谷物在新世界的起源，他写到，它源自"美洲及其邻近岛屿……弗吉尼亚以及诺伦贝加，当地人种植这种谷物，用它做面包"。提到弗吉尼亚和诺伦贝加说明，北美洲有可能也是玉米的起源地。

弗吉尼亚作为现代美国的一个州，对我们来说很熟悉。但其实弗吉尼亚的名字是沃尔特·罗利爵士于 1584 年才取的，有可能是因英国身为处女的国王而得名，也有可能是因一位土著领袖而得名。那一年，罗利向北美派出了第一批殖民和研究团队。但是，诺伦贝加是一个听起来有点怪的名字；它最早出现在 16 世纪的地图上，大概位置在今天的新英格兰地区。人们还将这一名字与多种不同的东西联系在了一起，一个是北方一座名叫"黄金国"（El Dorado）的传奇而又富庶的城市；一个是缅因州的一条河；还有人们猜想中的一个维京人定居点——当然是指由莱夫·埃里克松建立的。19 世纪时，波士顿的精英人士都认为最后一个最有吸引力。他们乐于认为，维京人曾在新英格兰定居，并且建立了国家。就这样，埃里克松就成了欧洲人在美洲殖民的一个可以接受，甚至是英雄的面孔。哥伦布是一名天主教徒，而埃里克松即使不是新教徒，至少也是一名北欧基督教徒。

维京人的定居点可能就位于纽芬兰的兰塞奥兹牧草地，而纽芬兰岛则很可能是传说中描述的维音兰。但是这个定居点并没有发展成北美东部海岸地区的欧洲殖民地。没有证据显示，维京人在北美的存在曾经延伸到了新英格兰。而且，纽芬兰岛上的任何一个维京人定居点似乎都只存在了很短的时间，在 16 世纪欧洲探险家抵达时就已经完全消亡了。

那么，吉拉德隐隐所指的"诺伦贝加"很可能并不是一个维京人定居点或者一座神秘的城市，而只是指后来被称为新英格兰的那片地区。但是，英国人在那里的存在直到 17 世纪初才稳固下来，那已经是吉拉德《植物志》出版之后几十年的事了。

1606 年，亨利一世给伦敦弗吉尼亚公司和普利茅斯弗吉尼亚公司颁发了特许状，实际上是资助他们在北美建立贸易关系并且积极抢占土地。1607 年，在伦敦弗吉尼亚公司供职的英国探险家和前海盗约翰·史密斯建立了詹姆斯堡，它后来成为英国在北美的第一个永久定居点：詹姆斯敦。他在一次与美洲土著人的战斗中被打伤，又被酋长的女儿波卡洪塔斯所救（这可能是伪造的故事）并回到了英国。但是，1614 年他又返回北美，在一个他命名为新英格兰的地方进行探险和绘制地图。在不久之后的 1620 年，"五月花"号船上的殖民者离开英国普利茅斯，来到马萨诸塞并建立了新普利茅斯。这也被认为是殖民史上的重要一刻，一些人甚至认为它是新英格兰永久定居点真正开始的标志。

所以说，到英国殖民者在北美永久扎根时（看起来应该是指北美，而非墨西哥），玉米已经在英国人的菜园里生长了 20 多年。在弗吉尼亚公司获得皇家特许状之前，是不是就有人将这种人工驯化的作物带回了英国？罗利在 1584 年派往弗吉尼亚的研究团在时间上显然已经很晚了。但是，欧洲人在北美的存在确实要比那早一点。再往北，纽芬兰岛上的英国殖民地于 1610 年得到正式承认，但是，早在 1583 年时，罗利的同父异母兄弟（或同母异父兄弟），同时也是其探险同伴的汉弗莱·吉尔伯特就已经宣称该地为英国王室所有。

那是吉拉德出版《植物志》的同一年。要让玉米传遍英国的菜园，这一时间还是太晚了。但是，吉尔伯特并非维京人之后第一个踏上纽芬兰岛的欧洲人。欧洲人发现该岛要比吉尔伯特的北美之行早 86 年。

卡伯特和马休

在布里斯托博物馆和艺术画廊里有一幅巨大的油画，我很小时就为它着迷。它是由画家厄内斯特·博德所画。这位画家在布里斯托学过艺术，似乎很喜欢画历史素材和大幅油画。那幅画中有一个头发灰白的人站在码头上，一身中世纪的华丽装束，上衣是一件红色和金色相间的织锦，下面是鲜红色的裹腿，脚蹬一双又长又尖的皮靴。他一边给系泊在码头一根柱子上的一艘船打着手势，一边和一位身着黑色长袍、脖子上挂着市长官职项链的老人握手。这两人中间有一位年轻一些的人，他一半被遮挡住了，长着赤褐色的头发，穿一身红色套装。市长身后距离我们稍近的是一位主教，他身穿刺绣十字塔，手戴红色手套，拿着金色权杖。他边上是两位身材矮小的白袍侍祭，一位手拿《圣经》，另一位端着烛台。

背景里有一群人，都伸长脖子想要看清楚些什么。在前面地上堆着一堆武器和盔甲，有一个头戴白色雉堞形风帽的人正拿起一簇戟和钩镰枪，好像要装到船上去。那艘船我们能看到的只有船艄部分，但是构成码头景象背景的却是其张满的前桅大帆。那张帆升起了一半，上面画着布里斯托的盾形纹章——一根桅杆立在一座城堡之前。远处，我们能看到那座中世纪城市的天际线。右边，有一座塔耸立在远远的地平线上。它看起来很像俯瞰这座城市的威尔斯纪念塔，可这座塔是 1925 年才建的。那座塔一定就是圣玛丽红崖教堂的尖塔。那幅画的名字叫"1497年约翰和塞巴斯蒂安·卡伯特起航开始首次发现之旅"。约翰后方站的那位穿红色套装的人就是他的儿子塞巴斯蒂安。

在哥伦布扬帆朝西南驶向西印度群岛之后五年，约翰·卡伯特在西班牙斐迪南国王和伊莎贝拉王后的资助下驾船离开英国向西北方向驶去。他出生时是意大利人，后来成为威尼斯公民，所以我们确实应该把他叫作乔万尼·卡博托，或者按照威尼斯口音，把他叫作祖安·恰博托。卡伯特（我就坚持这么称呼他）是一位海上贸易商，他从威尼斯和瓦伦西亚出发，然后到了伦敦。他正在规划一次从北方跨越大西洋的探险之旅，而这在外交上极端敏感。1493年，教皇颁布过一份诏书（或者法令），将欧洲以外地方的探险许可权专授给了西班牙和葡萄牙。卡伯特的路线无疑会被看作对西班牙和葡萄牙领土的侵犯，因此，他确实需要国王的支持。西班牙大使给斐迪南和伊莎贝拉写了一封信，明确警告说，有一个想和哥伦布一样去探险的人就在伦敦。但是，卡伯特还是取得了他所需要的支持。亨利七世可能不明白西班牙人和葡萄牙人为什么要把美洲圈起来独占，于是他就在1496年给卡伯特颁发了探险许可。这一许可赋予卡伯特两项权利，一是以国王名义占据他夺得的任何土地，二是垄断他所开辟的任何贸易线路。但是，卡伯特的航行仍然需要财政支持。他似乎已经从在伦敦的意大利银行家手中争取到了一些资金，还有一些想在他的探险之旅上赌一把的布里斯托商人也给了他资金支持。这中间有一位特别的商人（同时也是海关官员），是他造就了一个引人入胜的传奇。他的名字就是理查德·梅瑞克，又名理查德·阿梅瑞克。

一般认为，"美洲"是因意大利学者和探险家亚美利哥·韦斯普奇而得名的。他在1499—1502年航行到了南美洲，并且意识到"西印度群岛"根本就不是亚洲的一部分，而是一个全新的大陆。但是，与这位理查德·阿梅瑞克又有什么关系呢？他的姓引起了人们的猜想，认为美洲实际上是因他而得名的。至少在布里斯托，这一解释很流行，不过即使是阿梅瑞克与卡伯特的联系，也多不到哪里去。虽然有人认为，阿梅瑞克是卡伯特探险的主要金主，甚至就是卡伯特乘坐的"马休"号的船主，但很不幸，没有任何文件能够支持这些猜测。

布里斯托和美洲探险之间的关系还是很可靠的。给卡伯特的特许状中规定，他应该从这座海滨城市起航。那里已经有过大西洋探险的历史了，15 世纪 80 年代早期，那里的人曾进行过探险，目的是寻找新的渔场。但是，还有一些说法是，可能有一个名为"布拉西尔"的岛屿刺激了人们去探险，甚至有传言认为，是布里斯托的水手发现了这个岛。也许，甚至在哥伦布航行之前，就有布里斯托人已经发现了北美。但是，真相我们可能永远也不会知道。

1496 年，卡伯特出发了，由于物资短缺再加上气候恶劣，迫使他不得不返航。但他毫无畏惧，准备在第二年再尝试一次。1497 年 5 月 2 日，他离开布里斯托，并于 6 月 24 日抵达了大西洋的另一端。关于卡伯特的登陆地点，历史学家众说纷纭，有认为是新斯科舍的，也有认为是拉布拉多的，还有认为是缅因的。但大部分人还是认为，最有可能的地点是纽芬兰东岸的博纳维斯塔角。1997 年，一艘卡伯特"马休"号的复制品从布里斯托扬帆，目的地就是博纳维斯塔角。大约 500 年前，卡伯特曾经十分确信，他所抵达的就是亚洲东岸。但回到英国后，布里斯托人却以为，他很可能发现了神秘的"布拉西尔岛"。

卡伯特后来还返回到新世界进一步探险，但是，他漫游式的路径并没有得到准确记录。关于卡伯特的探险，历史学家艾尔文·拉多克曾有一些激动人心而又不同寻常的论断，但她在发表关于这一问题的研究成果之前就去世了。去世之前，她让人销毁了她的研究笔记，这一举动很难不让人心生疑窦。不过，拉多克曾明确宣称，卡伯特于1498年探索了整个北美洲东岸，并宣称其为英国所有；他还深入到了西班牙在加勒比的领土。

但令人失望的是，即使在留存下来的关于卡伯特航行的文件中，也缺少他所遇到的动植物的相关信息。与人们对哥伦布航行的详细描述截然不同，似乎没有人提及过卡伯特从新世界带回的任何东西。第一次航行之后，为了表彰他的辛劳，亨利七世赏给卡伯特1万英镑。但是，从商业角度讲，他的航行都归于失败。在外交上，他的探险也带来了一些尴尬。在他前往美洲期间，威尔士王子亚瑟已经与斐迪南和伊莎贝拉的女儿——阿拉贡公主凯瑟琳订婚了。这桩婚事的目的就是要巩固英国与西班牙的联盟。所以，（对英国人来说）最好还是不要触碰西班牙的利益，而应该将那些不算完全成功的探险之旅隐瞒起来。这桩皇家婚事于1501年举行，可6个月后，亚瑟就去世了。8年以后，凯瑟琳嫁给了他的兄弟，成为亨利八世的第一位妻子。

但是，广袤的新世界就在那里。于是，英国探险家和殖民先驱继续对北部大陆进行调查和探索，这其中就包括约翰·史密斯和亨利·吉尔伯特。从亨利·哈德逊到乔治·温哥华，那些十七八世纪的水手和探险家的名字被印在了北美地图上。

但肯定是那些稍早时期的殖民先驱者将各种北美玉米品种引进到北欧，这个时间持续很长，所以在吉拉德《植物志》中有记载。约翰·卡伯特那位曾在厄内斯特·博德油画中出现的儿子塞巴斯蒂安曾报告说，有些美洲土著部落的人以肉和鱼为食，而其他的则种植玉米、笋瓜和豆类。我们无法想象，在约翰·卡伯特发现北美（此事有点被刻意掩盖了）之后的数十年里，16世纪的英国探险家中会没有人将北美玉米品种带回英国。

也许卡伯特本人就曾带回了一些玉米颗粒；毕竟，他在返回途中还是需要补给品的。所以，我们可以想象一下，卡伯特回到英国，先向塞汶河上游航行，后在艾文河上航行。1497年船只进港时，他所带回的不仅有许多新的地理知识，他口袋里还装满了玉米粒。当然，这就像博德的油画一样，是凭想象虚构的浪漫故事。但是，我很愿意去想象，卡伯特回到布里斯托，在他的菜园里种植甜玉米。

基因的旅行

讲完了这些写在羊皮纸、牛皮纸和一般纸张上的传统玉米品种的故事，我们就可以转向基因库了——那些包含在生物细胞核中的、宝贵的卷轴。这些卷轴中是细胞核的故事，是基因组的日志。

2003年，有一组法国植物遗传学家发表了他们对玉米基因的研究结果。他们观察了美洲和欧洲219种不同玉米样本的相似之处和区别，希望能揭开玉米被遗忘的历史。他们使用了一种技术，用酶将DNA切开，然后比较不同样本所产生的碎片的长度。从根本上说，这与为法医开发的是同一种技术，因而后来被称为"DNA指纹识别"。与现在的DNA排序相比，这一技术还是相当原始的，但确实揭示出了基因组之间的相似性和区别。使用这一技术，法国遗传学家对玉米培育及其走向全球的故事有了非常清晰的认识。

他们发现，与之前人们所想的相比，玉米的多样性很丰富。美洲种群，特别是中美洲种群，要比欧洲种群多样性更加丰富。很清楚，玉米完全是源于美洲的植物，没有一点点亚洲的基因。在美洲，源于北美高纬度地区的"北部弗林特"玉米在基因上与智利的玉米品种似乎非常相似。这两个品种的玉米都有长长的圆柱形穗、长长的穗皮和硬如燧石的颗粒。而大西洋两岸玉米种群的基因相似性则保存了过去发现之旅的记忆。遗传学家在分析时，将关系紧密、基因相似的玉米样本归入一个紧密的集群当中。他们发现，有 6 种西班牙南部的种群与加勒比种群属于一个集群，二者显然有着紧密的关系。可以推测，西班牙南部的玉米就是最早从新世界带回的玉米的后裔。但是，很明显，这种西班牙玉米并没有传播到欧洲其他地方。甚至，连意大利玉米也与加勒比品种不同，它最接近的是阿根廷和秘鲁等南美品种。而北欧玉米在基因上则与美洲的"北部弗林特"玉米最为接近。植物志中暗示，北欧玉米与其他地区不一样，是从北美单独引进的。今天北欧生长的玉米 DNA 能够证明这一点。16 世纪德国的植物学家福克斯坚信，玉米源自亚洲或土耳其。但是，他 1542 年出版的植物志（首部包含玉米插图的植物志）却描述了一种有长穗和长叶的植物，其上有 8 到 10 排颗粒。这看起来更像是"北部弗林特"玉米。

历史学家认为，北美的玉米是在 17 世纪被带到欧洲的。但结合基因证据和欧洲植物志记载，我们可以将引进的时间向前推到 16 世纪前半叶——如果不能更早的话。这一点也不牵强附会。考古学和基因研究都显示，到这一时期，在北美东部广袤的土地上，易洛魁人种植玉米作为主食。而那里正是 16 世纪英法殖民先驱彻底探索过的地区。

关于北部的玉米，史书中有这么一个遗漏是非常奇怪的。但是，玉米是如此新奇的一种植物，欧洲冒险家似乎找不到语言去描述它。法国国王弗朗索瓦一世派出过两名探险家，一位是乔万尼·韦拉扎诺，一位是雅克·卡蒂埃。他们可能非常隐晦地说起过玉米，但过去人们并未注意到。在16世纪20年代和30年代，这二人都曾进行过探险，也都著述记录了他们的发现。韦拉扎诺记述，自己在遇到住在切萨皮克湾的美洲土著人时，曾尝过一种很好很美味的"谷物"。而后来的法国课本就将玉米描述成一种谷物。卡蒂埃曾在后来的魁北克探险。他记述过一种在典礼仪式中用的"高粱"。可以肯定，他是用这来指代玉米的。

似乎很清楚的是，从15世纪末到16世纪上半叶，北美玉米品种有大量机会被引进到北欧。最近的基因分析也清楚地显示，"北部弗林特"玉米确实被多次引进到欧洲。将"北部弗林特"玉米带回欧洲的殖民先驱可能有不少，卡伯特父子、韦拉扎诺以及卡蒂埃仅仅是几个代表人物而已。除了随官方的探险团队来到欧洲，玉米很可能也搭着一些非官方的大西洋渔业远航的"便车"，来到了欧洲。和加勒比地区的热带玉米相比，北美品种已经适应了温带气候，所以它们立即能在中欧和北欧种植。

在东亚，玉米基因的故事也以一种类似的方式展开。从印度尼西亚到中国的热带玉米都与墨西哥玉米最为接近。但是，在这里，相关历史细节比较多——葡萄牙人早在1496年就将玉米引入到东南亚，而玉米另一次到达亚洲则是随着西班牙人在菲律宾的殖民开始的。非洲玉米的基因图谱比较复杂，最早是在16世纪由葡萄牙人从南美带到西部海岸的。这一历史能从玉米的非洲名字中得到印证。非洲人给玉米取的名字就来源于葡萄牙语中的玉米。后来，从19世纪起，北美南半部的玉米品种（被称为"南部瘪种"）被引进到非洲东部和南部。有证据显示，非洲西北角的玉米源于加勒比地区，这和西班牙南部一样。这种加勒比的基因特征也广泛散布于从尼泊尔到阿富汗的西亚地区。语言和历史线索都能够证明土耳其人、阿拉伯人和其他商人在玉米从中东经陆路和海路向外传播中发挥的作用。一条路线是从红海和波斯湾到阿拉伯海，再向东到达孟加拉湾；另一条是沿着丝绸之路，越过喜马拉雅山脉到达亚洲。

但是，最吸引研究人员注意的还是中纬度地区玉米的 DNA。在西班牙北部和法国南部，玉米与北美品种和加勒比品种有着同等的联系。似乎早在 17 世纪时，就通过杂交而产生了完全的中间品种。在美洲，因为要适应不同环境而渐行渐远的玉米品种，被一起带到了比利牛斯山脚之下。

玉米在全世界的扩散速度快得惊人。基因分析和分子测时显示，玉米是 9000 年前在美洲培育出来的，在那里生长了 8500 年，直到 500 年前才走向世界。但实际上，它的传播比这还要快——有文件显示，玉米从西班牙传到中国，遍及欧亚大陆，只是哥伦布将其从加勒比地区带回之后 60 年间发生的事。在某种程度上，玉米的传播和被接受是很不寻常的，因为这些地区已经有了数千年的农业史，有着基础很好的麦田和稻田给人们提供主食。历史记录显示，农民并没有立即用这种新的农作物代替传统作物。相反，玉米经常被种在田间地头，贫苦农民靠它在比较贫瘠的土地上艰难谋生。因此，它被视为穷人的食物。但是，一旦在旧世界有了立足点，玉米在世界范围内的未来就有了保证。玉米有着很强的多样性，而且能在多种环境下生长，这些都意味着，一越过大西洋，它就能传遍世界。

玉米的美洲起源

在美洲，研究人员进行的基因研究非常关键，它不仅要估算人类培育出玉米的时间，而且要找到其野生祖先的身份，确定玉米总共经过了多少次人工培育以及这些培育都是在哪里发生的。玉米只是玉蜀黍属的一个亚种，在其所属的大类当中还有其他 3 个亚种，它们都是野生的，人们口语中更多地称之为"墨西哥玉米"——这一名字来源于危地马拉的阿兹特克语。阿兹特克人把玉米当作奇考梅科特尔女神和辛特奥特尔神崇拜。

这 3 种墨西哥玉米——委委特南戈类玉米亚种（huehue-tenangensis）、墨西哥类玉米亚种（mexicana）、小颖类玉米亚种（parviglumis），生长在危地马拉和墨西哥，它们都是野生的。虽然它们看起来与其人工培育的同类相差甚远，但玉米还是能自由与之杂交。如果我们把进化过程想象成一棵枝条伸展的树，那么，这 3 种野生玉米亚种中似乎有一种比另外两种更接近人工培育的玉米，甚至有可能就是曾被人工培育的某种原有种群的后裔。

对玉米和墨西哥玉米中酶的分析显示，有一种类墨西哥玉米确实比另外两种更接近玉米。2002 年进行的一次大规模基因研究证实了这一点。遗传学家总共测试了 264 份玉米和墨西哥玉米样本，发现小颖类玉米亚种与人工培育的玉米最为接近。

由于这项研究包含了美国玉米种群的大量数据——264 份样本中有 193 份来自玉米，我们就有可能为人工培育的玉米构建起种系发展史和家庭谱系。从适应温带气候的"北部弗林特"玉米到哥伦比亚、委内瑞拉和加勒比的热带品种，所有的玉米谱系都可以回溯到一个单一起源。因此，玉米只经历过一次人工培育。或者至少可以说，即使它曾经历过数次人工培育，也只有一个谱系分支存活到了今天。而玉米谱系的源头则在墨西哥。但是，要准确找出人工培育活动最早在哪里发牛却是件很难的事。玉米谱系中最原始的人工培育品种生长在墨西哥高原地区。但是与其最接近的野生品种却是一种低地植物：生长在墨西哥中部巴尔萨斯河流域的小颖类玉米亚种，也叫巴尔萨斯类玉米。

在这一基因信息出现的时候，考古记录中玉米的最早证据是距今6200 年的墨西哥高原玉米穗轴。所以，情况好像是，要么巴尔萨斯类玉米被人带到山区地带种植，要么是先在河谷地带被人工培育，后来传播到了高纬度地区。

在9000 年的时间里，气候和环境变化很大，物种也会发生相应的迁徙。但是，鉴于已经有了新的基因数据，也找出了与玉米最接近的野生品种，考古学家相信，在巴尔萨斯河谷地带进行仔细研究还是有价值的。于是，他们就开始在那一区域搜寻古代人工培育玉米的线索。他们需要找到的是能将野生玉米和人工培育玉米清晰区分的东西。

墨西哥玉米幼苗很难与人工培育玉米区分，所以也就成了玉米田里烦人的野草。但是到了成熟期，它与人工培育玉米看起来就有了很大差异。墨西哥玉米长得像灌木一样，有好多向外伸展的秆，而玉米则只有一根高高的秆。墨西哥玉米的穗比较小，而且排列简单，在一个穗轴上只错列着一排十几个颗粒。相比之下，玉米穗则要大得多，上面会长几百个颗粒。墨西哥玉米的颗粒很小，每个都包在一个硬壳当中；而玉米颗粒很大，且裸露在外。而且，像一粒小麦一样，墨西哥玉米成熟时，它的穗会散落；而玉米颗粒则会牢固地附着在穗轴上，穗轴也不会掉落。遗传学家已经确定了一些基因，它们经历过一些突变，因而导致墨西哥玉米和玉米之间在秆茎、颗粒大小、颗粒外壳和种子散落等方面出现了差异。

这些情况都很不错。但是，在热带低地区域，植物残留很难得到保存。考古学家根本没有希望找到完整的植物、穗轴甚至颗粒。于是，他们就将注意力转向小得多的植物组成部分——植物化石和淀粉颗粒。植物化石中富含硅土，很难降解，这意味着即使在热带地区，它们也能保存很久很久。墨西哥玉米的化石和淀粉颗粒都与玉米的不同，这一发现对研究人员而言很有用。

人们在巴尔萨斯河流域的湖泊沉积物中发现了关于早期玉米细微线索的最早证据。随后，考古学家在这一地区发现了4个史前岩窟，在其中一个名为希华特克斯特拉岩窟中发现了珍贵的玉米早期证据。在岩窟8700年前的沉积层中，人们发现了一些石制工具，在其缝隙中包含有玉米淀粉颗粒。除了在岩窟里到处散落的沉积物上发现了玉米化石外，在石制工具上也有。

植物化石提供了关于古代墨西哥人如何利用玉米的进一步证据。过去，人们曾经认为，人类培育玉米的首要目的是为了利用其秆茎。因为有硬壳，成熟的墨西哥玉米颗粒味道很差，但是其秆茎中糖分很高，所以可以食用，甚至也可以用于制作发酵饮料——一种朗姆酒。玉米秆茎和玉米棒芯的化石有差异。考古学家在研究希华特克斯特拉岩窟中化石样本时发现了许多玉米芯化石，但却没有发现秆茎化石。所以，似乎可以看出，至少在这处遗址里，早期的玉米培育者感兴趣的还是玉米颗粒。而那些玉米颗粒似乎已经经历了一次与人工培育有关的基因变化，其硬壳已经脱落——因为人们没有发现这些硬壳的化石。在6000年到7000年前的巴拿马遗址中，也有类似情形，证明当时人们利用的是玉米穗，而不是秆茎。有可能的情况是，相比墨西哥玉米的颗粒而言，早期靠狩猎采集为生的人更多的还是利用其秆茎，只是在后来，当这种植物开始出现一些人工培育的特征时，才将利用的焦点转向其颗粒。但是，加工墨西哥玉米颗粒的难度可能被夸大了。它们用水泡一下，再磨成粉，就可以吃了；有些墨西哥农民还用其种子喂牲口。

在墨西哥低地的季节性热带森林中发现早期玉米是很重要的一件事。此前即有证据被人们用来证明玉米的培育起源地是在高原地区，而这一发现要比前述证据早 2500 年。这一发现事实上完全讲得通，巴尔萨斯类玉米与玉米亲缘关系最近，它并非生长在高山地势，而是在低地自然生长。

然而，就算有了这么多探查研究，还是有一个很有意思的大问题有待解决。1493 年后，这种美洲土生的农作物迅速传播到全世界多种不同的环境之中，甚至在世界上条件最恶劣的地方也找到了小小的立足点。玉米在全世界的成功扎根依赖的是其强大的多样性，但是，作为一种墨西哥西南部低地里的单一起源植物，玉米那么强大的多样性是如何形成的呢？

特别而明显的多样性

1868 年，《物种起源》出版后的 9 年，达尔文在《驯化中动植物的多样性》（ *The Variation of Animals and Plants Under Demestication* ）一书中记述了玉米在美洲的起源、悠久历史和多样性：

> 玉米无疑是源于美洲的，从新英格兰到智利，整个大陆的土著人都种植玉米。人工培育玉米肯定是在很古老的年代进行的……我在秘鲁海岸上发现了玉米粒。它们和当代的 18 种贝壳一起，被嵌入一片海滩之中，而这片海滩至少高于海平面 85 英尺。无数个美洲玉米品种就是从这一古代种植活动中出现的。

达尔文并不知道墨西哥玉米（特别是巴尔萨斯河流域的品种）与玉米的紧密关系。他写道："在这片旷野里尚未发现土生的玉米。"但是，他随后又记述，有一位美洲土著年轻人曾告诉法国植物学家奥古斯特·德·圣希拉瑞，在他家乡潮湿的森林里，有一种野生的、像玉米一样的植物，但是它的种子有壳。

玉米各品种之间不同寻常而又明显的差异给达尔文留下了深刻印象，使他为之着迷。他相信，在这种农作物向北部纬度传播时，会对不同的气候形成一种遗传学上的适应，这样，就出现了各个品种之间的差异。他还记录过植物学家约翰·梅茨格所做的实验。这位植物学家尝试着在德国种植各个不同品种的美洲玉米，取得了很不错的结果。

梅茨格用从美洲热带地区获取的种子种植了一些玉米。下文是达尔文对种植结果的描述：

> 第一年，玉米高 12 英尺，有一些种子得到了改良；玉米穗下部的种子还是原来的形状，但是上部的种子有了一些变化。到了第二代，玉米高度为 9 ~ 10 英尺，种子成熟得更好；种子外侧的凹陷几乎消失，原来美丽的白色也变得暗淡了一些。有一些种子甚至变成了黄色，形状也成了圆形的，接近普通欧洲玉米。到第三代时，已经没有一点与原来美洲

玉米相似的地方了。到第六代，这种玉米已经非常像欧洲品种了。

这一转变速度快得惊人，似乎快得连基因变化都来不及完成。它听起来更像是生理上的适应，或者，如果你们能接受专业术语的话，它更像是表型适应性。这一概念是指生物在活着时进行自我调整以适应不同环境的潜力，这种潜力还是受基因控制的。通常，成年生物在生理或结构上的适应能力有限。但是，从一出生或刚从种子中长出就在与其父辈不同的环境中生长的生物，却会长得很不一样，功用也会不同。

从许多方面讲，达尔文的记录很了不起。他的论证很有技巧，能用详细描述的细节知识（经常还是亲身经历的）阐述很宏大的观点，例如他在秘鲁那片高出海平面85英尺的海滩上发现的玉米芯。有时候，他会展开论据，提供证据以证明某一理论。有些时候，我们几乎能听到他思想的齿轮在转动的声音。他有无尽的探索动力，总是会因为得到的新信息而激动。关于梅茨格在德国种植美洲热带玉米的试验，达尔文对于种子本身的变化很惊讶，相比之下，对于秆茎的变化和种子成熟所需的时间却不怎么感到惊奇。他写道："种子要经历这么快、这么大的变化，真是太令人称奇的一个事实！"但是随后他又将逻辑论证引入到自己的独白之中，与自己进行争论："开花就会结果。而花是由秆茎和叶子发生形态变化而形成的，所以，秆茎和叶子的任何改良，都会相应延伸到果实。"

换句话说，花和种子都是由秆茎和叶子的组织长成的。所以，如果秆茎和叶子因为气候而发生了改变，种子发生如此巨大的改变也就不稀奇了。在这篇文章中，达尔文已经非常接近于我们现在从基因视角才能弄明白的东西了。生物的不同部分并不总是由不同的基因控制——事实是远非由不同的基因控制。一方面是 DNA 与整个生物体的形状和功用的关系，另一方面则远比这复杂。某一个基因的变化会对整个生物体有广泛影响——不管是对人，对犬，还是对玉米。

热带玉米在德国较差的气候环境中生长仅仅几代，就发生了令人惊讶的变化。在讨论这一现象时，达尔文已经很接近于人们在距今很近时期才提出的表型适应性理论。我们现在知道，表型的适应性变化并不需要 DNA 本身发生变化，它可以被称为"真正的"进化论意义上的变化。它只需要生物体 DNA 的读取或表现方式发生改变即可。即使不发生基因突变，表型适应性也能引起非常新奇的变化。然而，许多针对野生物种转变为人工培育物种的研究都只聚焦于基因突变，有时候就忘记了，无须基础性的 DNA 密码发生变化，生物表型也会有所不同。梅茨格将热带玉米移植到温带环境的实验就是一个很好的例证，证明了生物表型是多么具有可塑性。与梅茨格的实验所揭示出的适应性相比，最近的一项研究揭示出的适应性程度更令人惊讶。

多洛雷斯·皮佩尔诺是华盛顿特区史密森尼博物馆的一名古植物学家。就是她领导的一项研究发现了巴尔萨斯河流域希华特克斯特拉岩窟中的玉米化石。但是，除了寻找古代已灭绝植物的线索之外，她的研究还包括用这些植物至今仍然存活的同类品种进行实验。她领导了巴拿马的史密森尼热带森林研究中心的一个团队。2009—2012 年，这些人着手研究玉米在被人工培育时，表型适应性在影响其多样性中的重要性。他们选取了玉米的野生祖先，将其种植在两种不同气候环境的温室之中。一个温室复制的是距今 1.6 万年到 1.1 万年的冰河时代末期的气候；另一个控制室复制的则是现代气候。两个温室中植物生长的结果很惊人。

在现代控制室中，所有的植物看起来都像是野生墨西哥玉米，有很多根秆茎，既长玉米缨，又长母穗。穗上的颗粒并非一次全部成熟，而是在时间上有错开。冰河时代末期气候控制室中的情况有所不同。绝大多数植物看起来都像是墨西哥玉米，但是有一些——大约有五分之一，看起来非常像玉米。这些植物长出了单一秆茎，而不是许多秆茎。雌性花朵直接长在主茎之上，它们以后会长成玉米穗，而穗上的颗粒也同时成熟。

墨西哥玉米为何能吸引早期农民去培育，其原因还是有点神秘。但是，如果在冰河时代末期，就有一些墨西哥玉米看起来比较像今天的玉米——穗紧紧地长在茎上因而容易收获，而且种子同时成熟，那么，它成为人们培育的对象就不那么奇怪了。

研究人员从复制冰河时代环境中生长的像玉米的植物之上取了一些种子，将其种在模拟冰河时代之后（1万年前的全新世）的气候环境之中。这时候，发生了一件更有意思的事情，其中有一半的植物看起来更像玉米，而不是墨西哥玉米。这意味着，早期的培育者可能很快就培育出了他们想要的像玉米一样的表型。我们知道，玉米在被培育时，基因也会发生变化，但是，表型适应性的变化似乎才是主要内容。玉米很强的适应性可能就是其适应环境的结果，这说明，其祖先的生存环境多变，如果能够快速调整以适应不同的生长环境，它们就能获得成功。如果我们真想理解植物（动物）是如何被驯化的，那么，我们就不能忽视表型适应性这一现象，也不能忽略环境和生态在其中发挥的重要作用。

就这样，随着早期人类更热衷于从事农业，玉米的形状也发生了改变，以适应不同气候，迎接人类选择。它从位于墨西哥热带森林中的家乡传播到了高原地区，又传遍了南北各地。玉米在美洲的逐渐传播使它能适应各种气候，不仅成了低地植物，而且在高原也能生长；不仅是一种热带植物，在温带也能生长。

表型适应性和新的基因突变是催生玉米新奇变化的两个重要因素，这二者使玉米产生了"特别而明显的"多样性。但是，还有一种因素对玉米适应环境的非凡能力有贡献，它就是来自玉米野生同类的帮助。玉米在从墨西哥低地区域向高原传播时，与墨西哥玉米的一个亚种发生了杂交。基因研究显示，高原玉米有多达约 20% 的基因组来自这一亚种。正如人工培育的大麦从叙利亚沙漠中生长的野生品种中吸取了抗旱能力一样，玉米在向外扩散时，通过与其野生同类杂交，最大程度地利用了当地的基因资源。

玉米似乎是通过不同的高原路线和低地路线，从墨西哥传播到危地马拉，并继续向南扩散。7500 年前，它已经抵达南美北部。4700 年前，巴西低地区域就开始种植玉米了，到了 4000 年前，安第斯山脉地区也出现了玉米。从南美北部出发，玉米又向北传播到了特立尼达和多巴哥以及加勒比其他岛屿。玉米向北美的传播速度要慢得多——2000 年前从北美西南角开始，然后花了几个世纪的时间，向北一直传播到东北，进入今天的加拿大。在扩散的同时，玉米也在不断发生变化。

到了欧洲人开始接触美洲时，美洲已经有了很多不同品种的玉米，从墨西哥到美国东北部，从加勒比地区到巴西的河谷地带，再到安第斯高原，到处都有玉米生长。玉米品种繁多，具有很强的适应性和可变性，已经是一种人工种植的植物了。所以，当哥伦布一踏上那片海滩，玉米就已做好了准备，向全世界迅速扩散。

Potatoes

土豆

土豆这种曾经推动印加帝国建立和发展的植物，现在又为中欧和北欧国家的经济发展提供了巨大动力，供养了不断增长的人口，支撑了城镇化和工业化。

古代的土豆

有一块皱巴巴的灰色薄皮状东西，小得可以放在指尖上。它是那么不起眼，如果你在后院发现，估计会把它当成一小块碎石，或是肥堆里的什么东西（就像一只龙虾洞穴里出来的一块石头一样，没什么不寻常的）。然而，这却是一条非常宝贵的考古证据。

这块黑色有机物来自 20 世纪 80 年代在智利南部发现的一处名为蒙特韦德的考古遗址。它是南北美洲最古老的、有准确时间记录的人类生活点之一，距今约 1.46 万年。它几乎和黎凡特的纳图夫遗址处于同一时代，但二者的重要区别是，在此之前数万年，近东地区就已经有人类生活，而人类在蒙特韦德活动的时间要相对较晚。

2008 年，我和地质学家马里奥·皮诺一起到访了蒙特韦德遗址。他之前曾参与了那里的发掘工作。我们到这一非常重要的地方，是要寻找一片田地。在其附近有一条水流湍急的小溪，名为"钦奇胡阿皮"，长满青苔的岸上有一些绵羊在吃草。我们已经远离英国了，但是，这个似曾相识的地方有如此田园风光，一看到它，我都想去湖区散步了。如果没有马里奥的专业协助，我要找到遗址的准确位置不知道要经历多少困难，因为它已经被完全覆盖起来，并与当地地貌完全融为一体。事实上，我很可能就不会知道那里还有处遗址。

马里奥告诉我："这处遗址就像许多其他遗址一样，是偶然发现的。当地村民在拓宽溪流，当他们运走淤泥、截弯取直时，发现了一些巨大的骨头，然后就将其保存了起来。有两位正在那里旅行的大学生将这些骨头带到了瓦尔迪维亚。"

值得庆幸的是，他们带回了这些骨头。后来，人们发现这些大骨头是一种在约 1.1 万年前已经灭绝的冰河时代动物的。这一发现促使瓦尔迪维亚大学的科学家进一步展开研究。起先，人们认为，这处遗址似乎只是一处古生物遗址，里面有一些更新世动物的残骸。但是，当研究人员开始发现石制工具和其他文物时，情况变得很有意思了。这说明，很久以前，人类就曾在此活动。

这处遗址附近都是湿湿的泥炭土，这意味着有机物能够保存得非常完好。在其他考古遗址很快就会腐烂的东西，在这里都得到了保存，就好像保存在时间胶囊中一样。考古学家开始发现了一些残存的木桩插入地里，很快，他们就弄明白，这些木桩是一处建筑（一种小房子）的框架。这栋建筑其实很大，有 20 米长。在木桩周围的土中，有一些黑色块状有机物，那是用来盖在长长的屋顶之上的兽皮。在屋子内外，考古学家还发现了装满木炭的火坑或火炉的相关证据。这处遗址保存得非常完好，在淤泥中甚至还完好地保存着一个儿童的脚印。在约 30 米开外，他们发现了一座较小屋子的相关证据，它里面有动植物残骸，包括一只被宰杀的乳齿象的骨头和一些被嚼过又吐出来的海草。

这处遗址似乎在被人遗弃之后很快就被埋了起来。在人类离开之后，这片地区似乎就变成了沼泽，很快长满了芦苇。泥炭不断聚集，将这一遗址封存起来，那些珍贵的有机物残骸也得以保存。在村民们决定拓宽河道之前，地下的一切都处于被人遗忘的状态。

这处遗址中保存的有机质给了考古学家一个前所未有的机会，使他们能够对古代此地的各种动植物进行考察。曾居住于此地的狩猎采集者就以这些动植物为食。古代蒙特韦德人食用的一些动物现在已经灭绝了，其中包括嵌齿象和古美洲驼；他们还以许多种植物（共有46个不同的物种）为食。这些植物中有四种可食用的海草，有一些是考古学家发现的动物反刍物。另一种可能是，这些海草是被当作药来用的。在这些植物残留中，就有那些小得不起眼的皮质碎屑，它们正是古代野生土豆残留的皱巴巴的皮。人们从小屋中的小火炉或食物堆中总共发现了9块这样的土豆皮。经过对仍粘在其内部的淀粉颗粒进行分析，考古学家证实了它们就是土豆。这些是我们发现的与人类相关的最早的土豆残留物——约1.46万年前，我们的祖先就已经喜欢上了这种不起眼的马铃薯。研究人员在遗址里还发现了非常适合挖土豆的木棍。

马里奥说："我们发现了各个季节的食物。"因此，这个地方似乎不仅仅是一种季节性住处，而是全年都有人住的。这一发现也是很有意思的。因为我们一般倾向于认为，此时的人类还处于游牧状态，只住在临时帐篷里，需要迁徙时就拔营启程。在英国，稍晚的斯塔卡遗址对这一猜想构成了挑战。同样，在南美，蒙特韦德遗址也给了我们核实历史的机会。对于历史——或者，确切地说，还有现状，我们不能去找一个放之四海而皆准的理论；我们也不应低估祖先们的先进程度。在一些地方，人们保持游牧状态是有道理的；而在另一些地方，其环境和资源也意味着，定居于一地是一种非常可行的生活方式。人类的行为会为适应当地生态而发生变化。

因为距今久远，蒙特韦德遗址已经引起了一些争议。20世纪30年代，人们在新墨西哥一处遗址中发现了典型的尖形石块。因此，在20世纪，就有一种流行的假说认为，美洲最早的居民是在约1.3万年前到达北美的，当时他们带来了一种被称为"克洛维斯"的石制工具箱。蒙特韦德遗址的时间太早了，明显不符合这一假说。

人们对此有诸多批评，认为测定的蒙特韦德遗址的时间不可能是正确的。著名考古学家汤姆·迪耶尔对此很不耐烦。于是，1997年，他邀请了一些著名的考古学同事去亲眼看看这一遗址，然后让他们得出自己的结论。这些考古学家都一致认为，这处遗址确实具有考古意义，而且没有理由怀疑用碳测时法得出的关于该地要比"克洛维斯"文明早的结论。

有好几处"前克洛维斯"遗址都给出了确实证据，证明人类在美洲居住的时间要比"克洛维斯"假说认定的时间早得多。蒙特韦德只是其中之一。公认的观点仍然是，最早的殖民者是从亚洲东北经过白令陆桥抵达美洲北部的。在育空北部，有一些非常早的遗址显示，在两万年前的冰河时代高峰期之前，就有人类在如此高纬度的地方生活。但是，当时北美绝大部分地区实际上是被巨大冰层覆盖着的。北美其他地方以及南美的殖民要等到冰层开始融化时才能开始。南北美洲的前克洛维斯遗址显示，约在1.7万年前，最后一个冰河时代高峰期刚一过，人类就开始在美洲拓土了。此时，虽然北美大部仍然被大片冰层覆盖，但是，环境分析显示，太平洋北部沿岸地区的冰已经融化，人们可以沿着这条路线深入美洲。随后，人们向南迁徙，到距今1.7万年到1.46万年的这段时间刚好足以使人们迁徙到智利。

南美早期的狩猎采集者是在何时发现藏在土中的小块美味之物

呢？我猜时间应该不会太久。

挖取植物块茎似乎是一种非常新颖的觅食方法。从树上摘水果和坚果，从海滩岩石上搜集海草——这些明显都是人们觅食的方法。另一种方法是，削尖一根木棒，再用它在地里拨拉着挖藏在地下的食物。从表面上看，这种方法要么非常奇怪，要么是出于绝望，再或者，它也有可能是一种天才想法的闪现。

但是，我们的祖先这样做不仅有几千年，而且可能有上百万年了。

埋藏的宝物

与人类关系最紧密的动物是黑猩猩和大猩猩。这两种生活在树林中的猿猴都喜欢吃成熟的水果，但是，当这类食物缺乏时，它们就以树叶和树干里的植髓为食。六七百万年前，人类和黑猩猩的共同祖先可能吃的就是这些东西。但是，随后，人类的祖先和黑猩猩的祖先分道扬镳。属于我们族谱的那一支猿猴被称为古人类，其特点是直立行走，与其祖先相比，脑容量也越来越大。我们人类是那支多毛的古人类唯一还存活的代表。现在，我们知道，共有大约 20 种古人类，除了我们，都已灭绝。化石记录中的早期古人类开始出现时，不仅其骨骼已经开始适应直立行走，而且他们的牙齿也发生了变化，与其先辈相比，臼齿更大，釉质更厚。在其他灵长类动物中，牙齿的形状和大小似乎与其日常喜欢的食物关系较小，而与它们在缺乏食物时不得不吃的东西关系更大。这说明，古人类牙齿的变化可能还反映出他们备用食物的变化。这一时期，非洲大片茂密的森林开始变成一小片一小片的树林。

环境也变得更加多样——我们的祖先似乎开始对这种与森林相比更为空旷的环境加以利用。

热带草原和森林生态系统有着明显差异，但是在地底下，还隐藏着更重要的差别。在热带草原，有许多植物都有"地下存贮器官"——根茎、球茎、鳞茎和块茎。生态学家把坦桑尼亚北部热带草原与中非共和国的热带雨林进行比较后发现，块茎和其他地下存贮器官的密度有很大差异：在热带草原地区，每平方公里有 4 万公斤，而在雨林地区，每平方公里只有 100 公斤。我们的祖先是不是在利用非洲日益扩大的草原下面的这些丰富资源？挖取这些块茎等植物器官，人们可以得到一些能量补充，但是却很难吃。它们可能不会是上选食物，但是在困难时期，也能发挥大的作用。我们祖先的牙齿变大、釉质变厚可能就是为了适应这种新的后备食物而发生的变化。

现代社会中以搜集食物为生的人充分利用了植物的根、块茎和鳞茎。我有幸曾亲眼看到过哈扎人（当代一个以狩猎采集为生的民族）是如何利用这种食物的。2010 年，我参加了一次科考，与人类学家阿莉莎·克里滕登一起到坦桑尼亚一处偏远地区考察一个哈扎人部落。

飞机到了乞力马扎罗机场后，我就坐上一辆四驱车出发了。前半程大概 3 个小时，我们走的是柏油路，经过了一些小村庄。但是，随后，我们左转，突然上了一条土路，在接下来的 3 个小时里，我在车里被颠来晃去。还好我们的司机佩特罗驾驶技术娴熟，一阵沿着车辙走，一阵开到沙质河床，一阵又开上了陡峭的河岸，最后才到达埃亚西湖畔，这个湖是一个巨大的盐场，几乎没有水。我们朝湖里开，以一个很奇怪的角度陷在了湖边。车根本动不了，我们也无计可施了。

时间渐晚，黄昏很快降临。我们可不想在那辆陆地巡洋舰中过夜，于是就给先遣队打电话——他们已经抵达目的地并搭好帐篷。他们随后就开着另一辆陆地巡洋舰来救援，用绞盘把我们的车拖了出来。

我们距离宿营地并不远，到那里，我遇到了阿莉莎。她是一位人类学家，已经在那里和当地一个土著狩猎采集部落一起生活了多年，同时对他们进行研究。我们的科考帐篷营地就扎在哈扎人部落附近的树下。我当时以为大家都睡觉了，但是阿莉莎说，哈扎人很激动，想与我会面。所以，就在渐降的夜幕之下，我跟随阿莉莎去了哈扎人那里。她将我介绍给了一群大约 20 位的哈扎人，我和他们握了手，并说"姆塔那"[1]。妇女们穿着裙子和用亮丽的印制材料做的肯加女服，有几个人还戴着串珠发箍。有些男子穿着 T 恤衫和短裤，其他人则缠着腰布，戴着黑、红、白色珠子做的项链。所有人的头发都剪得很短。阿莉莎提前让我带了小礼物，于是我就分发给了他们：妇女们给的是用珠子做的小包；男子给的是钢钉，他们会把这些钢钉锻造成箭头。这些人把我当成他们朋友的朋友，热情大方地接待了我。

在和哈扎人相处的几天里，我感觉对他们的生活方式了解了许多——虽然实际上我了解的只是一点点。有阿莉莎做我的向导，真是非常幸运，因为她的知识很有深度，非同寻常。我看到成年哈扎男子和男孩修理弓箭，然后去打猎。我还从安全距离观察到一个男子冒着被愤怒的蜜蜂蜇的危险，从树上悬挂的一个蜂巢中收集蜂蜜。他刚一回到部落，就被妇女小孩围住，朝他索要一小块蜂巢。经过接力翻译，我还与哈扎妇女谈了生育和照顾小孩的事。她们离开住处前往灌木丛中寻觅食物时，我也陪着她们。关于食物，她们有明确的目标——植物块茎。

---

[1] Mtana，当地语言，相当于"你好"。

有一次她们外出时，我和阿莉莎和她们一起出发。孩子们也都跟着去了——婴儿就用布条系在母亲胸前，学步小孩慢跑着跟上，大点儿的小孩则边跑边跳。我们从住处向南走了不到 1 英里，路上还停下来吃些浆果。最后，我们停在了一处茂密的灌木丛跟前。那些妇女和小孩随后就消失在了灌木丛里，在攀缘植物根系周围挖掘，寻找块茎。哈扎人把块茎称为"埃克瓦"（ekwa）。它和我期待的一点都不一样，与我家菜地里的土豆相比，它更像是植物的根膨胀了。我和一位名叫纳比勒的妇女一起钻进灌木丛中。她怀孕已经好几个月了，但是仍然没有停止工作。她向我演示怎样用一个带尖的木棒去挖，我试了一下，木棒很好用。用木棒把硬土弄开，再用棒尖松动块茎，然后就可以用手把它们取出来了。纳比勒不时得停下来，拿出一把小刀把棒尖削得再尖锐一些。我们很快就挖到了灌木的根。纳比勒将一段根从周围的泥土中松了松，然后用刀切下一块，立即就开始吃了。这些块茎大约 20 厘米长，3 厘米厚。她先用牙将像树皮一样的外皮撕开，然后用刀浅浅地划一下，这样她就能扯断一段根茎，再折起来咀嚼。她给我了一些根茎。那味道出人意料的好——虽然味道截然不同，但咬第一口就像是吃了一截芹菜。它富含纤维，但是又有坚果的味道，水分也不少。

除了当场吃掉，妇女们每人还都挖了许多根茎装进她们背在肩上的布包里，然后带回家。一回去，她们马上生起火来，把根茎放在灰中烤。她们给了我一块让我尝尝，这时根的皮很容易剥掉，里面也软得多，味道也很好，有点像烤粟子。

和哈扎人相处的时间不算长，但是，我了解了他们的生活方式，也了解了我自己的生活方式。这一点很难言说。回来之后，从我们如何平衡工作和家族生活再到饮食等方面，我对自己的文化都有了与以前截然不同的看法。过去和现在，我们都太容易透过有色眼镜去看其他文化。但是我仍然觉得，生活在"西方"世界的我们，可以从这些传统生活方式中学到很多。这些生活方式并不总是很好，但是其焦点在家族和集体，人们都没有一般意义上的"工作"，也就没有失业。每个人都能发挥自己的作用。连孩子也有参与。而且这些生活方式并未显示，有了孩子对妇女的社会地位有什么不利影响。

再回到食物上面吧。我很惊讶，在那里，蜂蜜有多么珍贵。带回蜂蜜的男子比带回肉的男子会受到更热烈的欢迎。人类总是爱吃甜食，只有当糖像在英国一样既便宜又容易买到，它才成了一个问题：对健康不利。说起食物的多样性，我曾经天真地以为哈扎人能找到的食物不多，可实际上种类要多得多。但是，真正触动我的是发现植物的根在其饮食中有多么重要。

实际上，根和块茎都是质量很低的食物，其能量与水果、种子、肉类和蜂蜜比要差得很远。但是，这些食物却很可靠。人类学家问哈扎人的饮食偏好，发现他们把蜂蜜排在了首位，而蜂蜜是最富含能量的食物。他们把块茎排在最后一位，把肉类、浆果和猴面包果排在了中间。尽管块茎被排的位置很靠后，但它依然是哈扎人主要的食物。这恰恰是因为它很可靠。人类学家研究了哈扎人带回家的食物种类后发现，不同食物的比例因季节而不同，还因不同地区的部落而有差异。块茎似乎既是一种全年食用的主要食物，也是一种备用食物——当缺少其他食物时，人们要更多地依赖块茎。

绝大多数热带地区的狩猎采集者都挖掘根或块茎食用。这一事实说明，人类这么做可能已经有很长时间了，也许自现代人类出现在地球上之时就已开始，而那距今已经有20万年了。但是，早期古人类拥有较厚的牙釉质和较大的牙齿这一事实也说明，人类挖掘食用块茎的行为还有更为古老的渊源。一根简单的木棒可能就使我们的祖先在非洲平原上有了一项至关重要的优势。当然，这些假说都很不错，但是，我们还需要对其进行检验。能不能找到我们祖先食用块茎的更为确切的证据呢？

从某种程度上讲，答案是肯定的。化石分析方面的进展使我们不仅能基于骨头大小和形状进行一些解读，而且能够仔细研究其化学构成。因为人体的组织最终都是由摄取的分子组成的，我们有可能在骨骼化石中找到有关古代人类食物的相关线索。

有一些化学元素以稍微不同的形式存在，这就是同位素。有一些同位素稳定，而另一些则是不稳定的放射性元素。碳有三种自然形成的形式。碳十四是不稳定的放射性物质，它很罕见，但是对考古学家非常有用，因为它可用于进行放射性碳定年法。世界上绝大部分碳都是碳十二，其原子核中有六个中子和六个质子。但是，还有一种稳定的碳，它稍微重一些，多了一个中子，被称为碳十三。

植物进行光合作用时，是利用太阳能来驱动反应过程，吸收大气中的二氧化碳，最后将其中的碳转化成全新的糖分子。光合作用有一些不同的类型，每一种用的化学路径略有不同。树木和灌木光合作用的早期一步就是用三个碳原子构成一个分子。植物科学家决定给这些植物取一个很有独创性的名字——"碳三植物"。还有一些植物，比如野草和莎草，它们的光合作用也稍有不同，形成的是有四个碳原子的分子。现在，你们就知道它该叫什么名字了吧，它们被称为"碳四植物"。

碳四植物化学路径不仅在利用水分子上效率更高，使其更能适应干旱环境，而且意味着这种植物能够吸收更多的碳十三同位素，它稍微重一点，也很稳定。因此，碳四植物相对富含碳十三。如果一只动物吃了大量的碳四植物，例如莎草的根和球茎等，它本身体内也会富含碳十三，甚至骨头中也会。

人类学家很有效地利用了碳三和碳四植物的差异。黑猩猩的食物以带叶的碳三食物为主，它们的骨头中的碳十三含量就不高。450万年前，我们早期的古人类祖先似乎吃的也是类似的以碳三植物为基础的食物。在距今400万年到100万年之间，气候不断发生变化，但是平均来说，我们祖先生活的环境还是变得越来越干燥，草越来越多。我们知道，到了约350万年前时，我们祖先同时吃碳三和碳四植物，而碳四植物有可能就来自富含淀粉的根和块茎。以那些隐藏于地下但又无处不在的东西为食，有助于古人类在新的生活环境中实现人口增长和社会繁荣。这些新的生活环境多变且不易预测。

到了250万年前时，人类的祖先中发生了一次分裂。有一些古人类的牙齿和下颌很有力，他们主要吃碳四植物（因季节不同，也许会有草叶、种子和莎草球茎）。大约同一时期，另一些古人类继续同时吃碳三和碳四植物，这其中就包括我们人类最早的成员——"智人"。

经常有种观点认为，肉食给我们的祖先提供了足够的能量，让他们进化出更大的脑容量。但是一些研究人员最近指出，人们一直忽视了植物食物，特别是含淀粉的植物食物，比如块茎。有两项关键进展对于释放淀粉中的能量发挥了巨大作用，一个是文化上的，一个是基因上的。前者就是熟食；后者就是复制出一种能在唾液中产生酶的基因去分解淀粉。我们知道，这种基因复制发生在100万年前之后的一个时期。唾液淀粉酶对熟淀粉的作用比生淀粉要强得多，所以，这种基因的复制有可能是紧随着人类吃熟食而发生的。考古学显示，人类早在 160 万年前就会利用火了，而有关火炉的确定证据则出现在 7.8 万年前。熟食和大量的唾液淀粉酶有可能为人类脑容量的增大提供了能量，而能量的形式就是现在的葡萄糖。当然了，犬身上也出现了类似适应淀粉食物的特性。虽然犬并不能产生唾液淀粉酶，但它们的胰腺中却能产生分解淀粉的酶，许多犬还有多拷贝胰腺淀粉酶基因。

我们知道，我们的祖先制造和使用石制工具已经有 300 多万年的历史。这些工具可能既被用于处理肉食，也被用于处理植物性食物。考古记录中真正缺少的是有机物残留。所以我们并不知道我们的祖先是什么时候开始用木棒挖掘地下根茎的。但是，这种简单的工具刚一发明，他们就能挖出那些埋藏于地下的宝物——那是一种可靠的资源，成为许多狩猎采集者的主食和备用食物。

一定程度上，我们可以确定，人类在蒙特韦德居住之前很久，他们的祖先就已经使用木棒挖掘根和块茎并食用了。食用野生土豆不过是这一古老行为在当地的最新表现罢了。

但是，土豆是什么时候、在什么地方从人们采集的一种野生食物变成人工种植的物种的呢？

有三个窗户的洞穴和一个未解之谜

智利野生土豆是一种漂亮的植物，它开白花，有半径不足 4 厘米的紫色小块茎，喜欢生长在潮湿的山涧以及智利中部海岸附近、海拔接近海平面的沼泽边缘。它得名于智利中部马普切土著人对土豆的叫法："马拉"（malla）。1835 年，达尔文乘坐"比格猎犬号"航行时，看到了这些植物。他知道，探险家亚历山大·洪堡曾经记述过这些野生植物。他相信这些植物就是人工种植土豆的祖先。在其日记中，达尔文写道：

> 在这些岛屿沙滩附近的土壤中，有许多沙子和贝壳，其中生长着大量野生土豆。这种植物最高有 4 英尺。一般来说，其块茎不大，但是我曾经发现过一个椭圆形土豆，直径达 2 英寸。这些土豆和英国土豆的方方面面都很相似，味道也相同。但是煮熟之后，它们就会缩小，变得多水而清淡，没有一点苦味。它们无疑是此地土生的……

智利全国和它周边人工种植的土豆都与野生品种非常相似。事实上，它们是如此相似，连达尔文都把他搜集的一个人工种植的土豆标本当成了野生土豆。但是，借助显微镜检查，识别变得容易多了——蒙特韦德遗址里的土豆皮屑内侧附着的淀粉颗粒证明其就是野生土豆块茎的残留物。

参加蒙特韦德遗址发掘工作的考古学家想亲口尝一下野生土豆的味道。于是，他们找了一块块茎，煮了一个半小时，然后把它吃了。这是件需要胆量的事。有一些研究人员曾认为，野生土豆味道太苦，不能食用。它们里面包含较多的糖苷生物碱（例如茄碱），这是土豆防御传染病和昆虫的自然机制的一部分，当然，也可以认为它是要防止被人吃掉。糖苷生物碱使土豆有一种苦涩的味道，如果含量再高的话，就会产生毒性。人们曾认为，野生土豆中糖苷生物碱的含量太高，即使煮熟后也是有毒的。

但是，就像达尔文一样，那些考古学家在实验之后不仅没有死，而且发现这种小土豆根本没有苦味。虽然在更北部的安第斯山脉中部，有一些野生土豆确实会长苦的块茎，但是智利的野生土豆吃起来似乎很美味。考古学家还指出，现在，智利中部的当地人还很喜欢吃野生土豆。

但是，野生土豆就是我们现在食用的人工种植土豆的祖先吗？这个问题现在充满争议，或者说，至少一直都是如此。和其他物种情况一样，第一个要问的问题我们都很熟悉：它是只有一个单一的人工培育中心，还是有多个起源地？

经过确认的土豆有几百种，植物学家一直在为如何对其进行归类而争论不休。还有一些土豆是不同物种杂交的结果，这使得归类的工作更难进行。人们通过分类，把土豆分成了 235 个品种。但是，最新的分析（包括基因数据分析）认为，所有土豆都可以归入 107 个野生品种和 4 个人工种植品种。最古老的土豆品种，或者说是地方品种，生长在从委内瑞拉西部到阿根廷北部海拔近 3500 米的安第斯山脉地区以及智利中南部的低地。这些地方的品种可以分为 4 种，其中之一内部又包含了两种不同的栽培变种或亚种，一个是安第斯亚种，一个是智利亚种。

20 世纪早期，俄国科学家提出，有两个主要的土豆人工栽培中心，一个在的的喀喀湖附近的秘鲁和玻利维亚高原，一个在智利南部低地。但是随后，英国植物学家又提出一种不同的说法：土豆只有一个起源地，就在安第斯山脉，后来才向南传播到了智利沿海地区，并适应了当地的环境。这一提法似乎与现有证据非常契合，与智利相比，安第斯山脉可能出现过更多野生土豆品种。

栽培土豆的最早证据确实出自安第斯山脉地区，是在秘鲁高原一个叫特雷斯文塔纳斯的洞穴里。这一洞穴海拔近 4000 米，其中有世界上最早的木乃伊——距今有 1 万年到 8000 年，但是其中的土豆残留物却出自一个相对较晚的考古层，距今约 6000 年。实验显示，安第斯土豆能够很容易变成类似智利土豆的样子。因此，在一段时间里，栽培土豆的单一起源地就在安第斯的说法好像最为合理。

但是，到了 20 世纪 90 年代，又出现了另一种假说，认为智利品种是安第斯品种与当地野生品种杂交而成的。而这里所说的当地野生品种被认为与蒙特韦德人吃的是同一品种。尽管野品种太多，而且土豆基因之间都是盘根错节。但是，最终人们还是从一团乱麻中理出了一些头绪。俄罗斯和英国植物学家的说法似乎都是部分正确。最新的考古和基因证据显示，距今约 8000 年到 4000 年之间，在安第斯山脉的的喀喀湖附近某地，人类首次栽培了一种野生土豆，这一时间点与古美洲驼被驯化的时间大体一致。但是，基因研究还能够支持智利栽培土豆源于杂交的说法，这意味着，安第斯栽培品种在传播中，与其他野品种发生了杂交。因此，有不止一种野品种对第一个栽培品种的基因库有贡献，关于起源地的这一简单问题（与生物学复杂交织的问题相比而言）也就变得更加微妙了。我们面对的是多个互相独立的培育中心和一些后来因为杂交而集中于某些栽培品种的生物谱系吗？或者，我们面对的是一个单一起源地，即起源于一地随后向外扩散并与其他品种杂交的情况？从遗传学观点来看，好像没有多大关系。不管是如何发生的，低地土豆和高原土豆的基因都集中到了智利栽培品种中。但是，从人类的角度来看，这一问题还值得研究，因为它与文化和创新有关。种植土豆的想法是一出现就立即被人接受了吗？这种想法是不是先逐渐传到安第斯山脉地区，然后再到智利沿海平原的？又或者，早期的狩猎采集者一开始食用土豆，就对一些野生品种进行了人工栽培？如果是，人工栽培是不是至少发生在两个地点，甚至更多的地方？单　起源地的说法更有可能是对的，但是我认为，我们目前还没有相应的手段或证据来回答这一问题。要解开这一谜团，还得做更多的工作。

土豆女神、高山和大洋

不管人工栽培最早发端于哪里，它都将野生土豆转化成对人类更有用的东西了。野生土豆和栽培土豆最明显的差异在于其块茎大小和蔓藤（水平地长在地面的细茎，用于长出新植物）长度。野生土豆蔓藤很长，这使得新苗能够长到离母体很远的地方去；它的块茎也不大。人工栽培使得蔓藤变得短了许多，块茎也长得更大，这两个特点使得土豆苗不太适合野生，但是土豆却更容易收获。这一点与小麦有结实叶轴的特点相类似——对于野生品种而言，它是一个完完全全的缺点，但是对于人工品种而言，又成了优势。相比之下，栽培土豆中含的糖苷生物碱也要少得多。而正是这种成分使一些野生土豆味道很苦，甚至有了毒性。

对秘鲁社会而言，土豆逐渐变得越来越重要，于是，出现了安第斯文明。在公元之后的 1000 年里，土豆作为一种关键的主食农作物，已经成为社会生活中不可缺少的一分子。12 世纪兴起的印加帝国从厄瓜多尔一直延伸到圣地亚哥。帝国的发展就是受到土豆这一地下商品的推动。印加人甚至还供奉着一个稍显粗糙的土豆女神，名叫"土豆妈妈"。他们种植的土豆品种太多了，所以需要一些富有想象力的名字来区分它们，比如把弯弯扭扭的土豆叫作"蛇土豆"，把皮特别难削的土豆叫作"难倒女婿土豆"。

脱水即食土豆泥在英国流行起来的几千年前，古代安第斯山脉地区的人就想出了这种保存土豆的方法。他们居住的地方很冷，特别是在太阳落山之后。这对保存土豆有帮助。到了晚上，人们把土豆摊到地上，让其冷冻。白天化冻后，人们再用脚踩，挤出土豆中的水分，然后再放在室外让其冷冻。三四天之后，就变成了冷干土豆。除了给块茎脱水，这种处理方法还能将糖苷生物碱从土豆中排出来，这样，冷干土豆就没有新鲜土豆那么苦了。虽然人工栽培会选出并淘汰一些味道非常差的土豆——这在种植之前可能就有了，但是，有些土豆的味道还是太苦了。另一种减少苦味的办法是吃的时候用黏土处理一下土豆，因为黏土能够吸附糖苷生物碱。今天，在的的喀喀湖附近地区，还有一些艾马拉人这样吃土豆。更重要的也许是，他们将冻干土豆做成一种易于长期（有时长达几年）贮存的形状。如果说"肥沃新月地带"农业社会中的上层人士通过聚敛小麦和牛群致富，那么印加人的首领则是通过贮存干土豆而变得既有钱又肥胖。冻干土豆本身也成了一种货币，农民用它缴税，而劳工和佣工领取的报酬也是它。

欧洲人接触到美洲的时候，栽培土豆已在从安第斯高原到智利低地的南美西部地区广为种植。西班牙人向南美大力挺进时，也逐渐认识到了冻干土豆的价值。在海拔4000米以上的玻利维亚安第斯山脉地区，他们发现了一座银矿丰富的山脉，人们称之为"富山"。印加人在那里采矿已经有几个世纪的历史。对西班牙人来说，这是一个不可失去的机会。哥伦布曾经梦想得到的财富就在这里，唾手可得。随着银矿的开采，山脚之下也形成了一座城镇——波托西。那里成了西班牙殖民当局的造币厂，16世纪时，全世界60%的银子都产自这里。起初，西班牙人派美洲土著人下矿井，这些人中有些是征募的，有些是来赚钱的。但是这个活计很危险，甚至危及生命。17世纪时，随着土著劳动力的减少，西班牙矿主开始转向引进成千上万的非洲奴隶，给他们吃的就是冻干土豆。西班牙人将土豆中蕴含的能量转化成巨额的银子，然后将这种贵金属卖到欧洲市场。

卖到欧洲的安第斯银子证实了人们对新世界的希望——在那里真能找到神奇的财富。但是，在"富山"深处，有人在为此付出生命的代价，承受巨大的痛苦。苦难并不止于南美当地。银子涌入欧洲，助长了通货膨胀和经济不稳。与此同时，助推银矿业发展的食物也传到了欧洲。土豆终于来到了旧世界。

但是，在各种马铃薯亚种中，哪一种被最先引入欧洲？是安第斯高原品种，还是智利低地品种？毫不奇怪，两种观点各有其支持者。这两种栽培品种外形特点的差异很小，智利品种的小叶比安第斯品种要宽一些。但是，最重要的还是它们对地理和气候的适应性。相比适应高度和温度，对纬度的适应更为重要。

在今天哥伦比亚的安第斯山脉地区，土豆生长的地区更接近赤道，它已经习惯了1天12小时的光照。对这些土豆而言，到一个季节性明显的纬度生长是很具挑战性的。冬天白昼较短不算太大的问题，相比之下，夏季白昼太长才是大问题。光照太多会阻碍块茎的形成。但是，智利栽培品种已经适应了相对较长的白昼，原因是它们生长在远离赤道的地方。

植物生理学家已经阐述过控制块茎形成的因素。土豆叶片能够探测到阳光和白昼的长度，然后发出化学信号，这些信号又影响根和块茎的发育。研究人员已经确认了一些基本的化学信号。分子生物学（和天文学）中有一种现象，科学家经常会给最早发现的化合物（或天体）取特别亲切的名字。随后，由于想象力枯竭，只能给之后发现的分子（和星星）取一串字母和数字组成的名字了，这些字母通常都是一个首字母缩略词，能使人们想起相关化合物较长的名字。所以，块茎形成涉及的因素有许多，从光敏色素 B、赤霉素、茉莉酮酸酯一直到 miR172、POTH1 和 StSP6A。我并不想用这一章节剩余的部分去描述块茎形成过程以及我们现在对其分子学基础的理解。这样，读者就会松口气了吧（读者也可能会失望，我在此表示歉意，但是这本书不是纯科研类的）。我只说一下块茎形成生理学的复杂性就够了。所以，我们又遇到一个熟悉的困境，如何在不破坏整个过程的前提下，改变这一机制的某一个或多个部分呢？发生以下情况的概率有多大？土豆在进一步向温带地区扩张过程中，出现了一次随机的基因突变，其结果会对块茎形成有利。

即使用上我们现在知道的所有关于进化机制的知识，这里还有一个哲学性的症结。但这一症结并不是不能解决，因为我们知道土豆已经以某种方式完成了这一突变。某些基因的细小变化也能够改变化学路径中关键因素所发挥的作用。能发挥这种重要的、基础性作用的基因经常被称为"主控基因"。它们所代表的蛋白质被称为调节因子，可以发挥分子开关的作用，将其他基因开启或关掉，或者以更细腻的方式控制一种基因表达的强度。所以，某一基因（编码某个重要的分子开关）的小变化也有可能产生重要而广泛的影响。虽然在基因层面，进化是通过细小变化来创造奇迹，但是，有一些细小的变化能够对生物表型（指其结构和功能）产生深远的影响:进化中会发生突然的跃进。

土豆块茎形成中，就存在一种基因，它完全能够担当这种重要的分子开关（或者叫调节因子）。这意味着，它的某一细小变化就可以导致生理上的明显变化。种群内部存在的差异也能成为解决方案的重要部分。一个物种并不只有一种生物体、一个基因组，它是由各个部分组成的，而这些部分的作用又各不相同。随着土豆的栽培向南扩张，深入到夏天白昼较长的地区，一些土豆就比另一些土豆能更好地生成块茎。在气候更加温和的地区，前者就会有优势。自然选择就会淘汰其他品种。

鉴于土豆对纬度的适应情况，与安第斯山脉北部赤道地区的土豆相比，智利土豆很可能更适应欧洲的环境。1929年，苏联植物学家提出，欧洲土豆的起源地就是智利。但是，英国研究人员却确信，欧洲土豆来自安第斯山脉地区。历史记录显示，土豆传到欧洲时，西班牙人在智利的势力根本不稳固；而在那之前半个世纪，他们已经征服了安第斯山脉北部国家哥伦比亚、厄瓜多尔、玻利维亚和秘鲁。

许多植物学家相信，概然性权衡有一个特定的方向。在过去六七十年里，占统治地位的假说都与英国植物学家的观点一致——欧洲土豆源于安第斯山脉北部品种。加纳利群岛和印度的土豆品种看起来根源也在安第斯山脉北部。这一事实似乎也能巩固英国植物学家的假说。

随后，遗传学家参与到研究中来——他们经常这样做，把有关研究搅得一团混乱。他们发现，加纳利群岛上的土豆有智利和安第斯土豆的混合遗传，而印度土豆则显示是源于智利。

遗传学家的兴趣被激发了起来。接下来他们就开始着手研究欧洲大陆的土豆，对收集的1700—1910年间的植物标本样本进行基因分析。欧洲大陆18世纪的土豆被证明主要来自安第斯山脉，它们肯定很快就适应了夏季漫长的白昼。这其中的原因可能就是快速适应——在某个主分子开关中发生了一次新奇的基因突变，造成了广泛影响。事实上，这种基因突变可能并非全新的，在新引进的安第斯土豆中，可能就已存在适应较长白昼的品种；我们知道，在安第斯品种当中，这一特点时常会显现。也许，适应温带地区并不像人们以前所想的那么难。

但是，故事并未就此结束。遗传学家在 1811 年以后的样本中发现了欧洲土豆源于智利的证据。以前，曾有一些研究人员认为，因为始于 1845 年的枯萎病毁灭了安第斯山脉的早期品种，之后，智利品种才被引入欧洲。这一假说一直存在一个问题，那就是智利土豆也不是特别能抗枯萎病。不过，不论出于何种原因，很明显，智利土豆 19 世纪时就已经被引入欧洲了，并且生长得很好。虽然安第斯土豆是最早传到欧洲并扎根的，但智利土豆似乎更有优势，这也许是因为它在夏天白昼长的地方有很长的生长历史吧，我们今天种植的欧洲土豆中，智利土豆的 DNA 占主导地位。

加尔默罗修士和一束土豆花

要说起土豆最先是如何传到欧洲的，你很可能认为是哥伦布从新世界带回来的，就像他带回玉米一样。但事实并非如此。尽管在与美洲接触的早期，哥伦布和其他探险家确实用船运回了许多食物，但是土豆却不在其中。这是因为，土豆是种植在南美西部地区的——从高原一直到智利低地，而西班牙人直到 1530 年才来到安第斯山脉地区，这已经是哥伦布首次跨大西洋航行之后的 40 多年了。关于土豆的第一份书面报告是西班牙探险家于 1536 年写成的，这些探险家发现在哥伦比亚的马格达莱纳谷地生长着土豆。

使问题更为复杂化的是，没有土豆首次传到欧洲的历史记录。在大西洋的欧洲一侧，不管是谁得到土豆，都不会认为它们值得特别记录。或者，他们确实记载了，但是那份令人兴奋的记录却遗失在历史长河之中。在语言上，也有使问题复杂化的东西：甘薯在西班牙语中叫作"博塔塔"（batata），而马铃薯则叫作"帕塔塔"（patata）。然而，土豆首次在出版物中被提及是在 1552 年的西班牙文献中。之后不久，就有了加纳利群岛上土豆的相关记录了。土豆首次被提到在欧洲出现是 1567 年，当时它是作为一种进口货物，而不是农作物引入欧洲的。这一记录记载了土豆从大加纳利岛船运到安特卫普的故事。

（请原谅，我在这里要插一段。显然，关于谁发明了炸薯条，有一场激烈的争论：到底是比利时人，还是法国人？比利时和法国都声称自己在先，比利时人指责法国人实行"烹饪霸权"，并从地理上对美国大兵称呼这一美食提出了挑战。根据未经证实的新闻来源，关于这样加工土豆的第一份文件证据明显是属于比利时的，时间是在 17 世纪末。另一方面，土豆抵达欧洲大陆的第一份文件证据就是前述那份记载土豆被运到安特卫普的记录。我们无法知晓比利时人是怎样处理这些土豆的。但是，我倒愿意认为，在 450 年前的安特卫普，有一个人发明了后来几乎成为国菜的炸薯条。只是后来，这一发明被法国人盗取了而已。）

就在那份首次提到土豆在欧洲出现的记录之后 6 年，西班牙有了栽培土豆的确凿证据。1573 年，塞维尔[1]加尔默罗医院的日志里描述

---

① 西班牙城市。

了那年冬季买土豆的事，并明确说明，土豆是在当地种植的、季节性的蔬菜。这份日志里还指出，土豆是在秋季种植的，这一生长季中白昼较短，刚好适合安第斯土豆生长。与加勒比玉米很像，来自美洲热带地区（不管海拔多高）的土豆似乎能相对容易地在南欧地中海地区扎根。

土豆在西班牙立足之后，很快就被加尔默罗修士带到了意大利。后来的情况也与玉米非常相似，这种异域蔬菜开始传到欧洲各地的植物园中，并出现在了 16 世纪末的植物志里。瑞士植物学家加斯柏·鲍欣给土豆取了个拉丁语名字"马铃薯"（Solanum tuberosum），意思是"长在土中的块状物"。英国植物学家约翰·吉拉德曾经以为有一个玉米品种是源自土耳其的。同样，他也把土豆的起源地搞错了。他认为土豆来自弗吉尼亚，因此，他给其取为"弗吉尼亚白薯"。就这样，他给这样一个传说播下了种子：沃尔特·罗利爵士将土豆从他在新世界的殖民地带到了英国。还有另一个传说认为，土豆是弗朗西斯·德雷克爵士从弗吉尼亚带回英国的。当然这些说法没有什么事实根据。

经过包括天主教这样的上流社会网络，土豆被引进到欧洲并传播开来。意大利的农民欣然接受了这种农作物，到了 17 世纪初时，他们已经将土豆和白萝卜、红萝卜一样当作蔬菜食用，当然还会用它喂猪。其间，土豆还向东传播，17 世纪传到了中国。在美洲，随着西班牙帝国向北扩张，土豆也被引入到了北美洲西海岸。它随着英国商人和移民从欧洲跨越大西洋，又回到了美洲。到 1685 年，威廉·佩恩就报告说，土豆在宾夕法尼亚长得很好。

但是，土豆向北欧传播得要慢一些。北欧人接受土豆较晚的原因似乎与一些根深蒂固但又很奇怪的迷信有关。土豆古怪畸形的块茎就像畸形的四肢一样，因而被人们与麻风病联系在了起来。《圣经》中没有提及土豆也是人们对它产生怀疑的一个原因。土豆与颠茄相似，这也引起了人们的恐慌。也许这种担忧并非完全没有道理，因为土豆一旦变绿发芽，其中的茄碱量就会产生相当的毒性。这就是土豆一定要放在阴暗处的原因。知道如何安全地贮存土豆非常关键，这样才能避免中毒。人们对土豆的其他担忧还包括，担心它可能会引起肠胃胀气和性欲增加，当然，这两者最好不要同时发生。除此之外，在许多国家里，人们最初是把土豆作为一种喂动物的农作物而种植的，人一般都不愿意食用。1770年，有人把一船土豆作为救济食物运给那不勒斯的饥民时，连他们都拒绝接受。

除了这些禁忌和迷信之外，北欧地区接受土豆较晚还有一个更为现实的原因。自古罗马时代开始，欧洲一直采用的是农作物三年轮换制。从纯粹的实用观点看，很难将土豆纳入这一轮换机制。在和其他村民共同耕作的一大片土地里，如果有一个农民要在自己那一小片地里换个花样，是很不合适的。

最终，阻碍土豆扩张的文化因素崩塌了（如果还没有完全消失的话）。宗教和政治奇怪地结合了起来，推动土豆从南欧向北欧和东欧扩张。17世纪末，胡格诺派教徒和其他新教团体被从法国驱逐出去时，走到哪里，就将其在许多领域的专业知识传到哪里，比如银器制作、助产术和土豆种植技术方面的知识。18世纪中叶，七年战争的一个后果证明了土豆的另一项优势：与谷物不同，土豆藏在地下，即使田地被烧毁踩踏，也可以照样生存。当时法国军队中有一位叫安东尼－奥古斯丁·巴孟泰尔的药剂师被普鲁士人俘获后关进了牢房，普鲁士人就给他吃土豆。以前，在巴孟泰尔眼中，土豆只是一种喂家畜的饲料。但是，他却不为自己在牢房中的待遇而难过，相反，牢饭的营养价值还给他留下了很深的印象。1763 年，他回到法国后，开始大力倡导人们食用土豆。他用土豆餐招待达官显贵，还给路易十六和玛丽皇后送了土豆花。但是这种不起眼的块茎在法国人饮食中的地位得以巩固，最终还是由一连串的歉收、革命和饥荒促成的。今天，许多法国菜名中都能体现出对巴孟泰尔先驱精神的纪念，这些菜都是用土豆做成的花样。在他巴黎的墓地周围，种满了这种他如此珍爱的植物。

在法国的巴孟泰尔以及德国的腓烈特大帝、俄国的凯瑟琳大帝等人的倡导和推动下，土豆走出了寺庙和植物园，进入了北欧平原。它们开始取代大头菜和芜菁甘蓝等传统主食或后备食物。之前，人们对谷物的依赖偶尔会带来风险，土豆给人提供了一种实用的替代选择。饥荒偶尔仍会袭来，但是，已不像以前那样频繁，这是因为人们多了一种备用的主食。土豆与另一种美洲引进的农作物（玉米）一起，支撑了欧洲人口的迅猛增长。1750—1850 年的 100 年间，欧洲人口从 1.4 亿增长到 2.7 亿。土豆这种曾经推动印加帝国建立和发展的植物，现在又为中欧和北欧国家的经济发展提供了巨大动力，供养了不断增长的人口，支撑了城镇化和工业化。在工业革命中，蒸汽机烧的是煤，而维持劳动力靠的则是廉价、可靠和丰富的土豆资源。欧洲政治力量平衡开始从日照充足且温暖的南部国家向日照较少且更寒冷的北部国家倾斜。十八九世纪欧洲超级大国崛起背后的因素复杂多样，但是土豆也在某种程度上隐隐地发挥了作用。在 20 世纪历史危机中，土豆成了重要的军需物资。"二战"中的军队口粮中就有那种古老的安第斯神奇之物——脱水土豆。

在帝国兴衰、战事频仍的历史上，土豆发挥了自己的作用。然而，土豆自身也在发生着变化。19 世纪和 20 世纪早期，由于人们对土豆和其他栽培作物进行了严格的选择性繁育，土豆也出现了许多新的栽培品种。在历史上，土豆曾经使西班牙的奴隶监工从波托西攫取银矿；而最终这种新世界的农作物本身也被人们当成了一种宝物。栽培土豆的人也随之发了大财。20 世纪初出现的一个土豆品种甚至被人们取名为"埃尔多拉多"（Eldorado，黄金之国）。然而，伴随这一来自美洲的宝物的，还有诅咒。

盛宴与饥荒

在欧洲，土豆变成了一种主食，成为谷物的补充，这在一定程度上提高了食品安全。但是，当欧洲各国开始对它过分依赖时，问题出现了。这一问题与土豆扩散的方式有很大关系。因为，土豆歉收时，程度往往很严重。

如果你想在自家的菜园里种植土豆，你可以买一袋子"土豆种子"。当然，这个名字有很强的误导性。所谓的"土豆种子"其实就是土豆，根本不是什么种子。这些小土豆的母体生长在受到严格控制的环境之中，这样就能保证其谱系纯正，并将不同品种发生杂交的可能性降到最低。从作为种子的小土豆上长出的植物，就是其母体的复制品。土豆是一种开花植物，它的花呈五瓣，颜色为淡紫色，很漂亮。土豆开花的全部意义在于有性繁殖。当昆虫前来采蜜时，它们会带来其他植物上的花粉。花粉就相当于植物的精子，其中包含植物一半的染色体——另一株植物的，或者是同一植物的雄性 DNA。重要的是，此 DNA 在花粉形成时就在一定程度上产生了混合；卵子形成时也会有相同的情况发生。形成配子（即花粉和卵子）的胚芽细胞包含有成对的染色体。在成熟分裂时，每一对中的染色体会互相交换基因。成熟分裂是细胞的一种特殊分裂方式，能够形成配子（这时就会发生复制，还记得犬类身上的复制淀粉酶基因吗）。一种染色体上的一个基因与另一种染色体上的相应基因可能会有所不同。由于被选中的基因变体都是从一对染色体中或另一对染色体中提取的，所以，一对染色体中，只有一个能够遗传到花粉粒或卵子当中；而这时形成的已经是新的个体，与其母体的染色体已完全不同。

花粉和卵子一结合，源于每一母体的染色体就会结成对子，这样，就形成了一个全新的基因变体组合，又称为等位基因。有性繁殖的全部意义就在于创造全新的变种。当然，土豆也可以进行无性繁殖，这也是很自然的现象。事实上，从进化角度来看，土豆的块茎恰恰就是为了进行无性繁殖而存在的，它并不是为了让人类（或任何其他动物）消费，而是为了自我繁殖。

要种植下一年的土豆，虽然可以从土豆中选取"种子"，但是要创造出另一代土豆，这却不是最好的方法。相比之下，存一些小土豆就要容易得多。用"种子"还会给下一年的土豆苗带来一些不确定因素，有性繁殖能够确保新土豆会在某种程度上发生变化，但是，如果你想培育出具有某些特点的植物，这些变化就不是好事了。利用"土豆种子"会消除上述不确定因素，事实上，这些种出的根本就不是新一代土豆，它们只是原有土豆母体的完全复制品而已。这就是无性繁殖——新作物只是对原有作物的克隆。

无性繁殖听起来不错，如果有种作物具有某些你想要的特点，你肯定会想让这些特点遗传下去。但是，消除变化也有其危险性。许多动植物都是有性繁殖。这一点很重要，因为它确实有用。在每一代作物中都制造出一些变化，就有可能形成一些新的变体。这是一种优势，特别是在环境变化时。制造变化是大自然延续物种的方法。环境不只是某种动植物生存的物质环境，它还有生物学上的意义：它包含所有其他可能与这种动植物发生联系的生物体。这些生物体中有许多都可能具有危险性：它们可能是病毒、细菌、真菌和其他动植物。这些潜在的敌人总是能进化出更好的攻击手段，同时也能进化出更好的突破防御的方法。这种情况就像军备竞赛一样紧张，如果防御一方不能跟上，其命运也就注定了。

如果用"土豆种子"来种植土豆，并保留一些土豆来年再种，如此往复，就会使这种土豆的进化暂停。人们可以保护土豆不受其他可能有害或竞争性植物的伤害——这只要除一下草就可以了。人们也可以保护土豆苗不被某些动物吃掉叶子或块茎（当然，甲壳虫是防不胜防的）。但是，最大的威胁还是来自那些人类肉眼都无法看见的病菌：病毒、细菌和真菌。毫无疑问，这些作恶的病菌是不会退缩的，它们会进化出更强更毒的手段来侵袭土豆，并最终赢得胜利。如果土豆中有足够多的变体，那么，一些变体就有可能拥有抗体，进而能够在病菌侵袭后存活下来。如果变体很少，病菌的毁灭性就会得到完全发挥，使整季的土豆绝收，甚至毁灭一个地区种植的全部土豆。19世纪40年代，爱尔兰就发生了这种惨剧。

在其他欧洲西北部国家的土豆种植发展还很缓慢的时候，爱尔兰就打破了这一局面。1640年，英国移民一将土豆引入到爱尔兰，当地人就充满热情地接受了这种农作物。在爱尔兰，肥沃的土地都被用于为英国的地主们种植谷物了。爱尔兰农民发现，他们可以在最贫瘠的土地上为自己种植土豆。17世纪中叶引入到爱尔兰的土豆很可能基本上都是安第斯品种，它们能在北半球如此高纬度的地区扎根，似乎有些奇怪。但是，爱尔兰的气候非常温和，9月和6月一样热，即使进入秋天，也可以种植土豆。已经习惯了赤道附近白昼很短的土豆，在温带的爱尔兰，到了秋分时，也能长出块茎。

到19世纪时，爱尔兰农民仍然要将绝大部分谷物出口到英国，他们和家人几乎全得依赖土豆果腹。然而，在这个雨水很多、植被茂盛的岛上，农民无法储存收获的土豆。他们种植的土豆都必须立即食用，然后再种植下一季。土豆的基因多样性很受局限，农民们只种植一种叫"隆坡"（Lumper）的土豆。这可以被看作一个全国范围的单一作物栽培试验，其结果注定是灾难性的。

1845年夏，一种名叫"致病疫霉"的真菌传到了爱尔兰，其芽孢可能源于一艘来自美洲的船舶。爱尔兰的土豆对这种新型病菌没有任何抵抗力。于是，这种病菌像魔鬼一样在土豆田间快速蔓延，其芽孢通过风从一片田地传到另一片田地；土豆的叶、秆都变黑了，地下的块茎变成了稀烂的糊状；空气中弥漫着一股腐臭的味道。1846年和1848年，这种枯萎病又爆发了两次，对整个欧洲的土豆种植都有破坏，但是在爱尔兰，其危害最为严重。

但是，没人顾及农民的苦难，谷物仍旧被运往英国。这一行径野蛮得令人吃惊。社会不公又加剧了这一悲剧。由于没有其他主食，饥饿、斑疹伤寒和霍乱开始在爱尔兰肆虐。这场由枯萎病引发的悲剧被称为"爱尔兰大饥荒"，或者又称为爱尔兰土豆饥荒。人们成群结队地离开爱尔兰。这场饥荒导致难民向西越过大西洋逃难，爱尔兰出现了大量人口流失。成功抵达北美的都是幸运儿，因为在爱尔兰，3年里就有100万人饿死。今天，爱尔兰的人口仍然比大饥荒和人口大量外迁之前要少——1840年的人口超过了800万，现在只有约500万。

这一惨剧对今天的我们而言，是重要的教训。我们会种植、饲养动植物以供食用，对其特点进行控制似乎是非常值得做的事，因为这样能使我们对供求进行管理，从而预先制订计划。但是，如果这样做意味着我们阻止了家养物种的进化（特别是涉及抵抗病菌的情况时），那么，我们就得付出代价，一种可能具有毁灭性的代价。

农业的整个发展可以看作一场风险管理的试验，然而，我们却想方设法使一些家养物种变得如此脆弱，这似乎是一种悖论。与农民相比，狩猎采集者的生活方式具有太多的不确定性：一个群体依赖大自然提供食物，另一个群体却能够控制收获物，并将剩余食物储存起来为困难时期预做准备，还能够将富余食物转化成财富和权力。但是，与我们所想相比，我们对大自然的控制并不够，这种控制甚至更多地还处于臆想。大自然的基本法则就是变化，而我们却总想着努力去控制生物，阻止其变化。我们在限制家养物种进化的同时，也使它们变得特别脆弱。

可以肯定，关于生物进化的灵活性，狩猎采集者还是可以教给我们一些东西的。他们会用植物块茎作为备用食物，但是，他们也会想方设法不去依赖少数的食物来源。我可不是建议人类都去狩猎和采集食物，全球人口太多了，那样根本行不通。农业支撑了人口的巨大增长，但同时在某种程度上，这一发展又使人类陷入了一个怪圈。这似乎也成了一个悖论。我们有数不清的动植物可供选择，但却把选项局限在少数几种。从表面上看，哥伦布大交换在大西洋两岸都创造出了新的生物多样性，但从全球范围来看，人类却变得只依赖少数动植物作为食物来源。而且就在那些家养物种当中，多样性也降低到了一个危险的水平。在远离安第斯的人工栽培土豆当中，基因多样性已经微不足道了。

安第斯山脉地区的一个农民可能就会种植十几种不同的土豆。从外形上看，这些土豆非常多样，从块茎和花朵的颜色和形状一直到生长模式，都是如此。在安第斯山脉地区，相距不远的地方，环境条件可能就会有很大差异。每一个栽培品种都会发展进化，以适应某一有细微差异的生态区位。相比之下，产业化农业的发展是要将重点放在越来越少的几个品种之上，将大片农田用于栽培单一农作物。甚至不仅仅是单一栽培，而是完全复制原有品种的单一栽培。这样，我们所培育的生物体就有一种与生俱来的脆弱性。

迈克尔·波伦的专业领域介乎自然写作和环境哲学之间。他曾写道："在西方人眼中，安第斯山脉地区的农场看起来支离破碎、混乱不堪，根本不是一种有序的地貌，不能给人一种秩序井然的美感。"然而，与产业化的单一栽培相比，这些农场似乎能够提供一种更为有效的解决方案。因为在这些农场里，各种人工培育的土豆可以与近旁的野生品种自由杂交；在这里，多样性能够对害虫和干旱起到一定的抵抗作用，使至少部分栽培品种的成活概率增加。不管安第斯山脉地区的农民在多大程度上是有意为之，他们都成功地培育并保护了土豆的基因多样性。

成百上千年来，农民已经认识到了无性繁殖的问题。创造出大量非常缺乏变化的动植物也许能够满足文化观念和超市里的需求，但却使这些生物非常容易受到疾病侵害。稀有品种和栽培品种属于基因多样性的一个珍贵宝库，这种多样性对于物种的保护非常重要，至少对于收集和储存植物种子而言极端重要。要使我们的家养物种存活下去，最好的方法可能就是在田野和资料库（如种子银行）中保存较大规模的多样化基因库。有些疾病虽然当下还没有形成威胁，但是，基因库中仍然可能有针对这些疾病的抗体，同时，还会有创造出其他更好的新生物特点的能力。

但是，要给一个人工物种增加新的、具有保护性或有用性的基因特点，还有另一种方法。选择性繁育可以奏效，但是速度迟缓，而且并非总能取得所预期的效果。几个世纪以来，我们只有这种办法。当然，采用这一方法确实在家养动植物身上创造出了深刻的变化。但是，因为有了一种新的技术，我们改变生物以适应自身需求的能力发生了巨变——我们能够使基因本身发生改变。我们可以制造出能抵御某一特定病菌的转基因植物。20 世纪 90 年代中期，北美农民进行了试验，种植一种名为"新叶"的土豆。经过基因工程的改造，这种土豆自身能够制造出一种毒素，抵御科罗拉多甲壳虫的侵扰。这些土豆就是"转基因的"，它的基因组中引入了另一种生物体的基因。在这一案例中，这一基因就是一种细菌。

可以说，转基因是人类可能使用的一种手段。但是，它并不能消除保持基因多样性的必要性，也永远不能终止农作物和病菌之间的角力，因为，进化不会停止。此外，转基因还是一项充满争议的技术。它能够给基因序列中带来新鲜的因子，但是结果可能无法预测。它还涉及将一个物种的基因信息转移到另一物种中，从而跨越了物种界限。转基因技术还打破了另一项"生物学法则"。在选择性繁育中，农民实际上是在现有的基因变体中进行选择，他（或她）一开始并不会创造出新的物种变体。正如达尔文在《物种起源》中所言，"实际上，人类并不制造变化"。但是，随着转基因技术（我们正在应用这一技术）的发展，有人已经提出打破物种界限可能引起的长远后果，虽然人们当下对这些后果仍然并不了解。有人担忧，新的基因会传到野生植物当中去；还有人对大公司推动转基因技术的动机表示怀疑。

最终，"新叶"土豆并未真正推广开来。这些转基因土豆太过昂贵，并且，为了减少甲壳虫中形成抗体的可能性，需要进行复杂的轮作。于是，市面上出现了一种有效的新型杀虫剂。在不到十年的试验之后，最终还是市场力量而不是伦理上的质疑终结了这一试验。

但是，我们也许还不应该拒绝接受转基因技术。基因技术还有另外一种应用之法，能够在人工培育物种中创造出一些我们想要的特性。这种方法是，在某一物种的基因库中寻找已有的某种基因的较好变体，然后将其在繁育种群中扩散开来。这并不是使某一基因跨越物种界限，而是对传统选择性繁育的过程进行了简化处理。为了理解这种"基因编码"在实践中是如何运作的，我决定造访爱丁堡的罗斯林研究所，拜访那里的遗传学家以及他们的实验对象。

Chickens

鸡

母鸡只是一枚鸡蛋生出另一枚鸡
蛋的工具而已。

——塞缪尔·巴特勒

明日之鸡

在今天的任一时间点，地球上鸡的数量至少都比人的数量多 3 倍。鸡是这个星球上最常见的鸟类，为了满足人类的食用需求，每年要饲养和宰杀 600 亿只鸡。它已经成为世界上最为重要的家养动物。但是在过去，情况并非如此。实际上，鸡在全球家养动物中占据优势地位并没有多久远。这一切都发端于 1945 年在美国发起的一场比赛，比赛目的是要寻找未来的鸡。

这场比赛是要使鸡农重新把重点放在生产鸡肉，而不是鸡蛋上，再就是要找出美国最肥的鸡来。这场比赛的赞助者是美国领先的家禽肉类零售商 A&P 食品公司，它于 1948 年拍摄了一部关于这场比赛的电影，并且给它取了一个很独特的名字——《明日之鸡》（ *Chicken-of-Tomorrow* ）。

电影开始是一个特写镜头，拍的是一笼子毛茸茸的小鸡，背景音乐是用双簧管演奏的忧伤乐曲。随后，音乐退去，镜头切换，我们看到有两个身着白衬衫的女子用手抚摸着叽叽喳喳的小鸡，将它们从一个笼子扔到另一个笼子。这时，旁白里，一个典型的美国资讯广告语响起："你知道吗？鸡是这个国家的第三大农产品，产值高达 30 亿美元！"读这些脚本的正是申影制片人、播音员洛厄尔·托马斯——直到 1952 年，他都是 20 世纪福克斯的新闻主播。

然后，我们看到，有更多的妇女在将鸡蛋码在蛋架上。"在提高母鸡产蛋量方面，鸡农已经取得了很好的成绩。今天，母鸡平均年产蛋量为 154 枚，有的品种甚至年产蛋超过 300 枚。"这听起来不错，但是还不够好。旁白继续道："但是，由于将重点放在了产蛋量上，鸡肉多少有点成了养鸡业的一个副产品。"接着，我们又看到两个身穿白外套的男子，他们检查了一下瘦骨嶙峋的死鸡，然后把它们倒挂在钩子上。节目介绍说，在战时，养鸡业获得了很大发展，填补了因为红肉短缺和限量供应造成的市场缺口。战争结束后，养鸡业的领军企业都担忧如何保持市场需求。于是 A&P 食品公司——前身为大西洋和太平洋茶叶公司，就站出来，资助了这一全国性的比赛。他们的目的很明确，就是让鸡农和育种者找到"一只胸宽、身长、腿肥并有一层一层白肉的鸡来"。他们甚至还做了一个蜡像来展示希望未来的鸡长成什么样子。从根本上讲，他们希望鸡长得更像火鸡。

接下来，电影描述了各州的赛事情况。当然，人们很难把这一比赛当真，电影的背景音乐是很欢快的《自由钟进行曲》，它后来还被巨蟒剧团剽窃了。电影随后还介绍了鸡的胚胎学知识，其中有一段是鸡的胚胎在鸡蛋里成长的记录。为了让观众能清晰地看到，在鸡胚胎成长的每一阶段，电影播出的都是去掉了蛋壳的情形。

再回到蛋架上的那些鸡蛋。电影介绍说，所有进入全国决赛的鸡蛋都会在完全相同的条件下孵化，然后再把鸡养大。我们看到，有 5 位身着套装的工作人员正在对小鸡进行巡查，他们对情况表示满意。

接着，电影里出现了一个穿着漂亮白色上衣、戴着一串珍珠项链的女子。她一头黑发垂在两侧，嘴唇上涂着鲜亮的口红。她用手捧起两只小鸡，然后贴到脸颊上，面露微笑。"这些小鸡很漂亮吧？当然是了，先生！"旁白充满热情地评论道。当然，这一双关语用错了地方。在这段轻松的插曲过后，电影又播出了那些男士给小鸡翅膀上绑上编号的情形，这可以算得上是"很艰巨的任务"了。

我们从电影中跟踪了解了这些小鸡短短 12 个星期的生命。它们长成了又大又漂亮的鸡，有一些是棕色的，有一些则有灰色的条纹，还有一些则洁白如雪。接着，它们就被装进运输箱里，然后再转到笼子里……很快又变成挂在钩子上的尸体，等待人们的评判。"每一种鸡中都有 12 只被挑出并包装起来用于展览，而其他的则被送到生产线上去除内脏。"旁白介绍道。在那里工作的又都是女士了。鸡的腿被绑在类似衣架一样的东西上，被工作人员朝前推。在那里还有一位男士在对鸡进行检查。随后，我们就看到了最终的样子，一些作为样板的小公鸡被装进笼子里，而宰杀之后的鸡则被装箱，再用细金属线捆扎起来。但这时候，外面却出现了不同寻常的一幕：有一位身穿白袍、头戴王冠的女士登场了，她乘坐一辆盖着白色皮草的马车，两侧都是美国国旗。她就是南希·麦基——德玛瓦"明白之鸡"女王，人们把她称为"赛事之外的另一看点"。

然而，南希并没有使人们的注意力从真正的冠军身上移开很长时间。这些冠军就是那一群由查尔斯·凡特雷斯和肯尼斯·凡特雷斯用红色考尼什公鸡和新罕布什尔母鸡孵化的小鸡。这两种鸡的组合赢得了比赛，而且凡特雷斯兄弟在鸡的重量以及饲料转化成鸡肉重量的效率（即投入的资金所能生产的鸡肉量）上都获得了第一名。但是，这场比赛仅仅是个开始，而不是结束。这部电影也不仅仅是简单宣布一下比赛结果，而是要在 1951 年发起另一场全国比赛。在电影中，有许多身穿套装的男士都对未来比赛的前景表示出很乐观的态度。结尾时，旁白响起了，"即使在今天，家庭主妇们还都很喜欢吃改进型的肉鸡"，这时电影里有一群家庭主妇站成一排，沾满油的手拿着炸鸡腿，边吃边咧嘴笑。

很明显，这部电影是在一个完全不同的世界里拍摄的。在这个世界里，只有男人干真正的工作，而女人要么是手捧毛茸茸的小鸡贴到脸颊上做做样子，要么是做一些枯燥乏味的活计。在这个世界里，鸡都很瘦，而养鸡业者的梦想就是把鸡养成现在的样子：速生、丰满的白肉怪物。只有孵化方法没有变化。从一开始，肉鸡孵化就已经成为一个产业。电影一开始的旁白就把鸡称为一种"农产品"，这是多么形象的描述啊！ 1948 年比赛中获胜的鸡的基因已经被植入我们今天所养的鸡身上。

比赛中获胜的红色考尼什鸡是与白色来亨鸡一起交配孵化的，而后者此前已经在纯种鸡那一组中获胜。这两种杂交鸡孵化出的鸡就是爱拔益加肉鸡，它取得了巨大成功。爱拔益加原来只是一个小农场，主营水果蔬菜，鸡的孵化只是副业。后来，它却成了美国各孵化公司的主要供货商。1964 年，这家公司被纳尔逊·洛克菲勒收购，随后急速扩张并登上了全球舞台。如今，中国有一半的鸡是源于爱拔益加鸡——那些参与比赛的鸡的后代。这听起来令人震惊，我们很难想象，人工孵化多么迅速、多么彻底地使鸡发生了变化。

养鸡业转变为一个巨大的全球性产业，所涉及的不仅有规模前所未有的选择性繁育，而且还有极为严格的孵化控制。今天，鸡的孵化和养殖是完全分开的。这一区分能够实现，是因为鸡蛋可以通过机器孵化，而不必依靠母鸡。鸡农养鸡的规模经常很大，但是，这些鸡却不是用于孵化小鸡的。孵化的任务由专业公司承担，主宰这一市场的只有两家大型跨国公司：安伟捷公司和科宝公司。

这些公司对于其种禽血统的控制非常严格。他们对鸡群的血统要保护三代的时间，然后培育出"父母代种鸡"，出售给肉鸡育种场，在那里，不同基因谱系的鸡被放在一起孵化，进行最终的混合。孵化出来的小鸡会被运往肉鸡"成长"养殖场，甚至连放养的有机肉鸡也有可能来自这些工业化的孵化场。当然，还有一些规模较小的孵化场专门孵化生长期较长的小鸡以供应传统市场和有机鸡肉市场。然而，绝大多数的鸡生长周期都很短——屠宰时仅仅活了6个星期。我们平常所吃的鸡，其实都是长得很快、很大的鸡，它们骨骼的末端甚至还没开始从软骨长成骨骼呢。在血统保护阶段的一只曾祖母级的母鸡，能够拥有300万只后代肉鸡，这一数目大得惊人，可是，它们都没有机会长到成年即遭屠宰。

除了从表型角度仔细控制种鸡的血统特点——对其成长轨迹、体重和进食进行严格审视，孵化鸡的人现在还利用基因组学打磨他们的选择性繁育技术。但是，遗传学的进步不仅能够对鸡进行基因分型，从而找出一些优良的基因变体，而且能够从基因上对鸡进行改良。目前市场上的鸡还没有经过基因改良，但是，相关技术正在一些研究所里进行测试。现在，已经有了能够对鸡和其他家畜家禽的基因进行编辑的手段，可以消除有害的DNA，加入优良的基因。这一方法要奏效，需要长期的努力研究。现在，研究人员正在加紧努力，以寻找使用上述方法改良家禽的途径。罗斯林研究所距离苏格兰15世纪的罗斯林教堂开车只需 7 分钟。丹·布朗在《达·芬奇密码》中曾对这座美丽的教堂进行了传奇般的描述。罗斯林研究所的专家正在忙于研究一种不同的鸡的血统，即一种不同的基因密码。于是，我去了中洛锡安郡，去见这些破解基因密码的专家。

罗斯林的研究人员

罗斯林研究所有一组先进的大楼，一些里面养着实验用鸡，目的是对其进行最大限度地利用；另一些则供科学家居住，目的同样也是要让科学家发挥最大的作用。这些科学家致力于对实验用鸡进行最优化培育，但是，手段并不限于选择性繁育。在过去 1000 年里，选择性繁育已经在鸡身上创造了奇迹，而在过去约 60 年里，其成就更是令人叹为观止。但是，我们现在已经可以直接介入生物体的基因密码。相比之下，选择性繁育就显得很过时了。驯化是一个持续的过程，而遗传学正处于这一过程的前沿。

基因改良的新技术给地球带来了新选择。有了这些技术，或许未来我们农业的生产方式会更为高效、持久，也更为平等。然而，我们又不免恐惧。选择性繁育是一回事，但是，在许多人眼里，直接的基因干预——利用酶来改良 DNA，则似乎走得有点过头了；使用这种方法就像是恺撒当年越过卢比孔河攻打罗马一样，会给世界带来颠覆性的改变，但我们不能鲁莽地越过这一界限。

我本能地感到，这里有什么东西被搞错了。科幻小说甚至使我这样的人都对转基因生物慎之又慎。威尔·塞尔夫是一位小说家和记者，他善于描写一些令人不安、不舒服的奇异之物。在《戴夫》(*Book of Dave*)一书中,他描写了一种名为"莫托斯"的动物,它是转基因的产物,外形像猪,既是宠物,又是家畜。它们有智慧,还会像学步小孩一样结结巴巴地说话,但是,它们还会被人们屠宰并吃掉。在专门繁育动物供人们食用这一问题上,"莫托斯"对我们的观点提出了挑战。我们认为,自己的味蕾比动物的生命还重要。这对我来说太难以接受了——我完全吃素已经有 18 年了。现在,我忍住自己的负罪感,吃一点点鱼,但是,要吃其他肉类,还是难以接受。

我们在自己的心目中,在自身和其他动物之间划出了一条界线。如果我们要把其他动物作为食物的话,这一界线就是必需的。我想,你永远也不会想着吃人吧。但是,绝大多数人却认为,饲养、屠宰,然后再吃掉动物并没有什么不对。那么,要改变它们又怎么样呢?如果是通过选择性繁育来改变,这似乎是可以接受的。

对植物而言,我们可以利用辐射或者致变化学物质来制造出一些突变来,然后将这些基因变化通过选择性繁育植入农作物之中。人们已经完全接受这种方法了。如果说这种方法听起来还有些新奇和危险,但实际上自从 20 世纪 30 年代以来,我们一直在这么做。

从那时算起,人们已经创造出 3200 多种诱变植物并进行推广。其中一些人们现在还在种植并作为有机作物进行推广。阿根廷种植的多数落花生就是从辐照突变体中培育出来的;澳大利亚种植的多数水稻也是从一种辐照突变品种培育出来的;突变水稻在印度、巴基斯坦等地也都有种;而欧洲则广泛种植突变大麦和燕麦;在英国,人们种植一种名为"金色希望"的大麦来酿啤酒和威士忌,这种大麦就是用伽马射线照射植物而形成的突变体。所有这些农作物中的辐射并没有危险性——辐射已经完成了它的任务，即将其祖先的DNA打乱，然后创造出新的变体。

很明显，这些植物都是转基因的。那么，对于直接使用类似伽马射线 类的手段来改良基因，为什么人们会更易接受？相比之下，对于使用酶来做同样的事情，而且更加精确、控制更严，为什么人们却感觉更加危险呢？国际原子能机构急于撇清"辐射繁育"与生物基因改良的关系。它将辐射繁育描述成仅仅是使生物体自然突变加速的手段，而自然突变是物质发生的变异，也是进化本身的生命线。但是，如果说我们已经利用辐射来改良DNA，并将其称为"辐射育种"，这启发我，其实我们应该将从生物学上改良DNA称为"酶育种"，这样还更加准确，并且指代清晰。

所以，我急于走进罗斯林研究所，并与研究人员交流，了解他们对基因工程的看法以及最新的手段。这些人都是遗传学领域的先驱，引领着该领域的发展。他们比其他人都更了解基因科学以及人们对这一科学的概念、偏见以及合理的关切。他们对鸡的基因非常了解。实际上，早在2004年，鸡就成了第一种所有基因组都被排序的家养动物。亚当·巴里克解释了相关技术及其潜在用途；海伦·桑则给我一般性地介绍了基因科学以及与之相关的政治角力；迈克·麦克格鲁给我介绍了一些激动人心的新进展，在他的愿景中，这一技术能够成为推动世人福祉的力量。

亚当来接我，并陪着我到了他位于大楼二层的明亮的办公室。那座大楼外面都镶着钢板、玻璃和铜板，科学家就在大楼里工作。墙上贴着一些海报，显示小鸡胚胎发育的各个阶段。亚当桌上的空间大都被一些屏幕所占据，我们坐定后，他拉起屏幕上的图片。在黑色的背景下，有一片片亮绿色在闪光。这些都是从显微镜下拍摄的照片，显示了一只鸡胚胎的进化。我们看了看鸡的脖子，那一片片绿色则显示了一种特别的组织——淋巴组织，它与组成我们人类淋巴结的东西一样。这种组织通常并不发出绿光：亚当已经改造了鸡的胚胎，将一种"报告基因"植入了鸡的基因组。不管哪里形成了淋巴组织，这种基因都会发出一种绿色的荧光。

在改变鸡胚胎 DNA 时，亚当使用了一种传统的方法，或者说，至少是一种在鸡身上已经应用了约 12 年的方法。此前，他还使用过病毒来进行这项工作。因为许多病毒的运行原理就是将 DNA 植入受体的基因组中，所以，研究人员就利用这一机制，用病毒将选中的基因植入另一生物的细胞当中。起初，这些"病毒载体"是为人类基因疗法而研制的，但是，它们在鸡身上也能很好地发挥作用。虽然通常还做不到将病毒植入新基因组中某一特定位置，但是，研究人员似乎很善于找到一些位置，将基因植入。在这些位置中，植入的基因被细胞读取或表现出来的概率很大。

亚当就是利用这种已经被应用、被试验过的技术去照亮鸡胚胎中的淋巴细胞的。他的具体做法是，找到一种通常在那些细胞（而非别的细胞）中形成的蛋白质，然后再找到那个"启动开关"。这个开关是一个起控制作用的基因密码组，就位于那种蛋白质本身的基因密码上游方向。随后，他将开关与能制造绿色荧光的蛋白质的基因（这种基因是从水母身上隔离并提取的）结合，创造出一段新的 DNA。接下来，亚当利用病毒载体将这一组新的 DNA 组合植入鸡的胚胎。这样，只要这个开关被植入任何细胞中来制造普通的淋巴细胞蛋白质，制造发光蛋白质的基因也会被启动。于是，这种经过基因改造的胚胎就会给自身加注标记，当人们在显微镜下用紫外线照射，它就能非常清楚地显示出淋巴组织米。

亚当介绍说："这些可不仅是好看的图片，它们还能让我们进行量化研究。"这些图片准确地显示出淋巴组织是在胚胎中的什么地方形成的，而淋巴组织又与免疫系统相关联。亚当研究的是鸡免疫系统的形成，而要搞清楚相关免疫细胞和组织是如何形成的，这些图片非常关键。我们所研究的是鸡如何防御疾病，这就好像是画出古代的要塞图，然后努力去复原当时的战事。鸟类的免疫系统与哺乳动物截然不同，其差异之大使我们不禁要问，它们没有哺乳动物身上形成的防御手段，又是如何生存下来的呢？

"我们从哺乳动物身上了解的一切都会告诉我们，鸟类无法存活，"亚当说道，"但是，面对同样的环境，同样的病原体，鸟类却找到了不同的应对之法。"科学通常就是这样进步的。首先注意到差异，然后再去研究差异为何能够存在。对于哺乳动物，包括人类而言，淋巴结显得如此重要。而鸟类虽然也有一些淋巴组织，但是却没有像淋巴结这样独立而确定的东西。然而，鸟类却依然活得很好。这一问题既令人费解，又很有意思。淋巴结的形成似乎非常复杂。那么，为什么哺乳动物需要它们而鸟类不需要呢？我们可以默认，如果能够探明鸟类是如何以看起来非常不同的免疫系统抵御传染病，我们对人类免疫系统的理解也会深刻得多。

基因改良已经使研究人员能够比以往更精确地绘制出胚胎发育的过程图，对于上述基因科研来说，这是一个重要的工具。但是，基因改良如何能够走出实验室，被实际应用到肉鸡身上呢？罗斯林的科研人员也在从这一角度进行研究。他们结合使用了胚胎发育变异和一种非常精确的新型基因编辑技术。

要使某一特定版本的基因在一群鸡中传播开来，就得将这种基因植入能产生配子（即卵子和精子）的细胞中去。鸡（和人）生殖腺中能产生配子的细胞被人们称为原生生殖细胞。从本质上讲，这些细胞是永生的，它们会不断分裂，根据动物性别的不同，有一些分裂出来的细胞会长成卵子或精子，有一些则仍然是生殖细胞，后者还会再分裂，产生出更多的卵子和精子来代替自身。要将选中的基因植入原生生殖细胞，常规的方法就是选择性繁育，这种方法是间接性的，而且随机性较强。

具体做法是，选中具有某一特点的鸡，并将它们养在一起，寄希望于产生这一特点的基因能存在于一些卵子和精子中，然后还能传到下一代的一些鸡身上。要使某一特点传遍整个鸡群，需要好几代的时间。但是，我们可以想象，如果能够确保一只母鸡的所有卵子或一只公鸡的所有精子都包含我们想要的基因，那么，这一过程就能得到简化，所有孵化的小鸡都能直接拥有这种基因，显示出这种特点。最新的基因编辑技术恰好能使遗传学家做到这一点。而且，人们偶然发现，要对原生生殖细胞进行改良，相对容易的办法就是将它们从鸡的胚胎中提取出来。

自从亚里士多德按照 3 星期的周期孵化鸡蛋以来，鸡就一直受到胚胎学家的关注。现在，人们有可能在不杀死胚胎的情况下，打开部分蛋壳，观察胚胎发育，甚至还能与胚胎互动。胚胎是在鸡蛋的一侧发育的，而鸡蛋是什么样子，人们都熟悉。在有蛋白和蛋壳之前，胚胎就是那黄颜色的一块东西，主要是蛋黄。

人的卵子直径只有 0.14 毫米。而实际上，与人体内其他细胞相比，它已经是一个很大的细胞了。

卵子里包含有足够量的细胞质（细胞内的物质），能使卵子在受精之后，形成胚胎并发育。人的受精卵能够分裂成一个由细胞组成的小球，但同时又能保持大小不变。相比之下，鸡的卵子在未受精之前则算得上是庞然大物，有一枚鸡蛋的蛋黄那么大，而实际上，鸡的卵子绝大部分就是蛋黄。如果你用科学的方法探寻，你早餐吃的东西（鸡蛋）就是一个巨大的细胞，里面充满着支持胚胎发育的蛋黄营养物，在其一端还有一点点细胞质。在细胞质中有染色体，它就是母鸡对胚胎在基因上的贡献；公鸡基因的那一部分则通过精子传给卵子。这时，情况就开始变得有趣起来。哺乳动物的卵子分裂速度较慢，第一个细胞虽只分裂成两个细胞，但还要大约 24 小时才能完成；而鸡的受精卵则不会迟滞。在受精之后 24 小时，母鸡就会产蛋，到这时候，已经形成了由 2 万个细胞构成的盘状物了。如果这时立即打开鸡蛋，就能够看到，在蛋黄一侧有一个白色盘状物。如果鸡产出的受精卵（鸡蛋）被置于暖和的环境下，胚盘（那 2 万个细胞）就会继续长大、繁殖并发育成胚胎。

鸡蛋产出仅 4 天之后，胚盘就会卷起，成为鸡身的雏形。鸡的眼睛已在形成之中，可以清楚地看见，胎心也开始跳动。而人的胚胎要达到同一阶段，则要等到受精之后整整 4 个星期。在这时候，鸡的胚胎周围已经形成了一个血管网络，并且延伸到了蛋黄周围。如果用光去照一只孵化 4 天并已受精的鸡蛋，就能非常清楚地看到这些血管——它们像红色的蜘蛛丝一样从一个红点向外发散，而这个红点就是胚胎。在这一阶段，如果能在蛋壳上开一个小孔，并将一根细针从小孔插入那些胚胎血管，就可以提取少量血液样本。这一样本中不仅会有早期的血液细胞，而且还会有一些非常重要的干细胞。这些就是原生生殖细胞，它们最终会进入（孵化中的）小鸡的性腺，并根据鸡的性别，生成精子或者卵子。

迈克·麦克格鲁正在进行一项实验，就是从只有两天半的胚胎中提取血液。在这一阶段，仅仅一小块样本中就包含 100 个生殖细胞。接下来，他要做的就是使这些细胞脱离胚胎，再将其置入培养液中培养好几个月。这样，他就有机会使用一种新技术对这些细胞的基因进行编辑。这种技术能够在隔离一些 DNA 片段的同时，再接入一些新的 DNA 片段，这样，就实现了基因的精准改良。

经过改良之后，原生生殖细胞就可以植入鸡的胚胎。这种胚胎的基因已经被预先改变，因此，它不能产生出自己的生殖细胞。可令人惊讶的是，之后胚胎还能正常发展——基因已被改变的原生生殖细胞还会运动到正在发育的鸡的卵巢或睾丸中。当这只小鸡孵化出来并长成一只母鸡或公鸡后，它所产生的卵子或精子就都会包含经过改良的 DNA。

这种使遗传学家能够对基因组进行精准改良的技术被称为 CRISPR（规律成簇的间隔短回文重复序列），它在各种基因工程技术中属于最尖端的了。与传统的病毒载体方法相比，这一技术更为精良，但是，它还是源于自然。科学家对病毒和细菌互相攻击的方法进行了多年的辛苦研究，才给这一技术打下了基础。

一些细菌防御病毒攻击的方法很高明，实际上，它们有一种系统能使自身对病毒具有免疫力。当这些细菌遭遇病毒时，它们会将这种病毒基因代码的一部分复制到自身的基因组中。这种做法看似愚蠢，因为这样做似乎是在充当病毒的同谋，但事实并非如此。因为这样做就意味着它们能够"记住"那种病原体，下次再遇到时就能有效抵御。这段病原体DNA两侧是一些重复出现的、奇怪的基因密码，它们都是细菌的标记，被称为CRISPR——规律成簇的间隔短回文重复序列。当细菌细胞被感染时，它就会查询这个标记，读取那一段病原体DNA，这实际上就是把那一段基因复制下来。在这一过程中，它所使用的是一种与DNA稍有不同的名为RNA的分子（RNA就是核糖核酸，而DNA指的是脱氧核糖核酸）。细菌细胞中有一种能切割DNA的酶，就像是一把分子剪刀一样。而复制下的那个RNA"索引"就会与这种酶发生连接，并且还能返回，再与带有入侵病原体的DNA对接，这时，酶就能将病原体整齐地切开，使它失效。所以，如果想在一段DNA上进行精确切割，只要先创造出一个RNA索引，明确目标，然后把活儿交给剪刀酶就可以了，它可以在任何地方完成切割，想切割多少次都没有问题。

这一新技术有多种潜在用途。利用这种新的基因编辑技术，人们就有可能比以前更加精确地剪除特定基因，制造出一个"剔除"胚胎来。这一胚胎在发育中，可以展示出那种特定基因情况缺失下的发育状况，进而就能揭示出那种基因的功能。更好地理解胚胎发育有助于我们未来应对各种疾病。CRISPR技术还能用于临床治疗，将生物体中受损的DNA除掉。事实上，这一技术已经很成熟了，可以从一个基因组中剔除一个单一碱基对，实际上也就是一个染色体上的一个核苷酸"字母"。但是CRISPR技术并非全是剔除DNA，它还能够在精确剔除一段DNA后，再接入另一段DNA。但是，细胞可不会喜欢其DNA被剪除，分子机械会积极行动，修复损伤。通常，细胞会求诸碱基对中的另一个染色体，让其协助重组受损的DNA。但是，人却可以将自己选定的一段 DNA 模板介绍给细胞，让其复制，这就相当于给细胞一个建议。这种方法已经在实验室中得到了应用，比如改良酵母以制造生物燃料，改变作物品种，使蚊子对疟疾产生抗体等。这一新的基因编辑技术被美国科学促进协会评选为 2015 年科学的突破性发展。在这一领域，科学进步很快，潜在的应用领域也很广泛，但是，也存在很多伦理问题。

40 多年来，海伦·桑一直都在致力于研究脊椎动物发育以及转基因技术的应用。目前，她仍然想揭开胚胎发育的准确细节，但同时，她还在对小鸡进行研究，想通过改良其基因以制造出高价值的蛋白质，通常小鸡是不会有这种蛋白质的。在她的研究中，要用到鸡蛋和人干扰素，后者是人体自然产生的一种蛋白质，也被用作一种药物，抵御病毒感染。鸡蛋中有一种卵清蛋白，如果提取卵清蛋白的调控序列（就是它的"启动开关"），再将其与人干扰素基因连接，就可以将它们一起植入母鸡体内。这样，母鸡体内在制造卵清蛋白的同时，也会制造出干扰素。所以，正如亚当在淋巴细胞中使用绿色荧光蛋白一样，我们可以对小鸡进行改良，使研究更加容易；我们也可以使小鸡在其鸡蛋中为人类制造出其他有用的蛋白质，比如干扰素等。

但是，近年来，海伦的研究重点已经转向如何改良肉鸡了。她想做能立即投入使用的事情——提高鸡抵抗疾病的能力。CRISPR 技术具有准确快速实现目的的特点，这使海伦非常激动。她对如何使用这一技术进行了解释。第一步是要筛选对疾病（比如禽流感）有抗体的鸡，然后寻找与这种抗体相关的基因。这种基因也许与其他鸡的基因序列只有一些核苷酸上的差异，但是这些微小的差异却有重大影响。确定了一种有用的基因后，就可以利用 CRISPR 技术将另一只鸡身上的相应基因切除，再用人们所知的有利基因取代它。应用这一技术，人们实际上只是将一些鸡身上已有的基因变种扩散到整个鸡群，从而省去了选择性繁育的烦琐过程。当然了，还有另一种可能，除了从同一物种中引入一种基因的不同变种，应用这种技术还可以从其他物种中引入一种基因。"我们可以实现基因信息的自由迁移。"海伦轻声说，同时对这种技术表示惊叹。我说："我认为，跨越物种界限转移基因的想法和可能性令人担忧。""哦，这都与 DNA 有关啊！不管怎样，我们知道，DNA 是会转移的，从我们身上就能发现一些源自其他物种的东西呢。"此言不虚啊！特别是一些源于病毒的东西（都被传到我们身上了），因为病毒喜欢将自身的基因附着在其他物种的基因组上。

事实上，遗传学家不仅仅可以把自然基因从一个物种转移到另一个物种，他们还可以创造出全新的人工基因来。这听起来不同寻常，但是，这一技术已经在鸡身上结出了果实——这个比喻可能有点混淆了。"如果你对流感病毒了解很多，就可以找到新的方法制服它。"海伦说道。遗传学家已经在探索这一方法，他们从零开始，设计了一种人工基因，目的是专门破坏病毒复制过程。有一种人工基因已经显露出良好的前景，它能使鸡的细胞制造出一个小的核糖核酸分子，这个分子能给病毒制造麻烦。但是，海伦的实验显示，它并不能完全抵御病毒，要利用基因编辑技术创造出一种抗流感的鸡，还需要在实验室中做很多工作。

生物学领域的一些研究能带来诸如抗病等多种好处，还能鼓励人们接受在家畜饲养和农作物培育中应用基因改良技术。海伦认为，CRISPR 技术本身就有助于缓解人们的恐惧心理。这种技术具有精确性，这意味着人们可以将基因插入到细胞中的某处，在那里它不会破坏细胞的其他功能——遗传学家们把这样的地方称为"安全港"，同时又能最大限度地提高这种基因被细胞读取或表现出来的机会。传统的改良方法是利用病毒载体，这样，人们并不能预测基因会被插到什么位置。当然，人们可以在事后对位置进行核查。但是，有了CRISPR 技术，就可以直接将基因插入，并能确保将其准确插到人们想要的位置。

海伦告诉我说，她开始在这一领域的研究的时候，一告诉别人她的工作内容，一般来说，大家的反应都是积极的，"他们认为这是一个非常好的、了不起的想法。但是，一涉及食物，这一技术就变成了人人喊打的东西。"20 世纪 80 年代，生物技术公司孟山都竭力想将其转基因大豆引入欧洲。这一行动充满争议，并在随后遭遇惨败。我问海伦是否认为（人们对转基因食品态度的转变）都要追溯到那次惨败，她的确认为那是一个重要因素。人们担忧大型跨国公司控制市场。这种心理使得关于转基因的论争变得纠缠不清，令人绝望。但是，海伦也有这方面的担忧。"和'地球之友'组织里的人一样，关于我们的食物来源，很多事情都让我担忧。"她这么说还令人有点惊讶，"但是，我认为，这种担忧导致人们不能关注转基因技术本身。实际上，这种技术是可以对人类有贡献的。而且我们应该能够找到一种方法，既让这种技术贡献于人类，又让人们能自主选择。转基因技术一直被当作劣迹斑斑的大公司的象征，实际上它只是另一种工具而已。"

海伦还认为，将转基因技术与大公司挂钩，不仅无助于整个社会对这一技术的观感，而且使人们不能专注研究我们所面临的真正问题——未来的食品生产问题。"正在由越来越少的大公司控制食品生产。这并不是一个科学问题，而是一个政治经济问题。"她解释道，"这个问题很吊诡。我们得承认，这种模式效率很高。我们也确实需要给大量人口提供食物。但是，我们还需要进行更多深入的研究，找到如何既能发挥这种效率优势，又能保护环境并给社会带来经济利益的方法。"

我问过海伦一个很难回答的问题：下一个 10 年中，会发生什么？人们会不会更多地接受转基因技术？她的回答是肯定的。年轻人似乎不太可能一下子就排斥这一技术。但是，她又说道："然而，在美国，我们却看到了一股逆流。"美国有一些州已经提出转基因食品要用标签注明，此前从未有过这样的措施。从许多方面讲，给任何一种东西贴上"转基因"的标签都是很奇怪的，特别是只纳入酶诱导改良，而不纳入一些利用辐照技术生产的东西。虽然人们不认同转基因食品的生产方法，但是食用这些东西对人到底有何健康风险还不得而知。而且，就算贴了"转基因"标签，你又能得到什么信息呢？即使是一般性地告知，也应该描述对食物进行了什么样的改良和有什么样的后果。"但是，从另一方面讲，如果人们想要知道，他们就有权知晓。所以说，这是一个非常吊诡的论题。"

我们曾讨论过黄金大米——这是一种转基因大米，提高了维生素 A 的含量，目的是对抗缺食性营养不良。公众对这种大米的态度差异很大。一些人认为，研发这种食品真真正正是在做慈善，并且相信这种大米能够减少维生素 A 缺乏症，特别是在一些贫困地区。另一些人则认为，这种大米仅仅是"转基因产业"搞出来用以说服公众的一个样板。对于一些大公司，人们似乎完全有理由怀疑它们的动机是要在销售转基因农作物的同时，竭力售卖更多的除草剂。但是，对于人们帮助最穷的农民和社区的努力（正如研发的一种抗病力强的转基因茄子，它就是一个完全非营利的试验），也许我们应该给予更多信任。海伦断言："如果我们还想既高效又可持续地生产食物，我们就不能拒绝一些可能的方法。"

也许事后的冷嘲热讽太容易了。转基因技术的开发和应用最初不是由大学或非营利机构展开，这似乎是件可耻之事。如果最初就是由大学或非营利机构展开，公众可能就不会有如此的反弹，信任也不会崩塌。对这一点我毫不怀疑。但是，转基因技术因为与大公司有关联，而动机可疑，并已经声名狼藉。现在，即使相关研究工作由公立的大学研究院来承担，转基因技术的恶名也难以消除。

罗斯林研究所的迈克·麦克格鲁认为，基因编辑技术如果能走出实验室，得到实际应用，其最令人激动的前景就是，它有可能提高家养动物的抗病能力。迈克以毫不掩饰的自豪语气对我说："在非洲，我们正在与比尔·盖茨基因会合作。一种技术如果能使家养鸡在那里生存发展，而且能在并不理想的气候下产蛋，它将给人们带来极大的福音。"但是，迈克的目光并不局限于发挥这种技术的潜力去繁育更好的家禽（特别是在非洲），他还想将这种技术用于野生鸟类。

"我真正关注的是保护生物学。以生活在夏威夷群岛上的旋蜜雀为例。人类将鸟型疟疾带到了夏威夷，因为以前从未接触过这种疾病，当地的旋蜜雀根本没有抵抗能力。"所有生活在低地地区的鸟都死于这种疾病，只有那些生活在山区中的才存活了下来，因为那里稍凉一些，没有蚊子。然而如今，随着气温上升、全球变暖，蚊子也开始出现在海拔较高地区，旋蜜雀灭绝的风险也就相应增大。"所以，想象一下，如果我们能够找到可以抵抗鸟型疟疾的基因，"迈克沉思后说道，"那么我们是不是就可以找到这些野生鸟类，编辑其基因，然后再将其放入野生环境之中？这样，旋蜜雀就有了抗病能力，也就可以继续存活下去。仅仅想象一下（这种可能）吧。"

人们很反感把转基因技术的应用焦点集中于发达国家的食品生产上。迈克理解这一点。"但是，如果我们能给人类、给这个星球做些有用之事——我们可以利用这种技术做很多事，我认为人们将会认可并欢迎这种技术。"他说这番话时充满激情，但又毫无炒作之意，"我们需要更多的宣传介绍，而不是网络或小报上的假消息。人们认为，DNA 是一个动物的精髓或者灵魂。他们会以为，我们所做的就是改变这一灵魂。如果人们了解 DNA 到底是什么，这到底是一种什么样的技术，他们就不会感到恐惧了。"然而，肉鸡产业似乎不大可能会生产出第一批转基因鸡。美国食品和药品署现在正热衷于要求给转基因产品加标签，即使是一个碱基对也在要求之列。这一要求已经等同于对新药的要求了。所以，转基因技术不大可能在美国发展起来。

先有鸡还是先有蛋？

关于商业化的转基因鸡首先会在哪里问世，我们可以猜测。但是，我们间接地对鸡的基因组进行编辑已经有几百年的历史了——这种编辑又是在何时何地肇始的呢？这一问题的答案能为我们解决一个长久以来连最优秀的哲学家也感到困扰的问题：

先有鸡，还是先有蛋？

现在这一问题可以得到解决了。进化生物学家给出了答案。因为，在家养鸡出现之前，就有一种原鸡，它们会产蛋。这种原鸡的祖先也会产蛋。这样，可以一直追溯到恐龙，甚至比恐龙更久远的时代。显然，蛋出现得更早。

解决了这一历史难题后，我们还需要准确地找出家养鸡的真正祖先。20世纪90年代时，研究人员似乎非常确信，所有的家养鸡都有一个共有的祖先，即原鸡（这一点达尔文又一次正确地预测到了），而人类对原鸡的驯化始于南亚或东南亚一个独立的区域。在南亚和东南亚，现代鸡的基因多样性程度最高，而在东亚、欧洲和非洲则要低得多。有一些研究人员非常准确地指出，鸡是在4000年到4500年前（公元前2500—前2000年）的青铜时代，出现于印度河流域的。公元前2000年美索不达米亚地区楔形文字泥板中记述的"麦路哈之鸟"可能就与鸡有关——"麦路哈"一词本身就被认为是印度河流域的古称。而另一些研究人员则倾向于认为鸡的起源地在印度河流域以东。今南亚和东南亚地区的印度、斯里兰卡、孟加拉国、泰国、缅甸、越南、印尼等地的森林里，还生活着好几种原鸡的亚种。

这种情况听起来是不是有点耳熟？我们已经知道接下来会发生什么了。随着基因研究带来更多的信息，家养鸡的起源理论被重写了。其中一个理论认为，在南亚和东南亚，有多个不同的家养鸡起源地。但是，这种多起源地的说法与单一起源地（也许是在一个较大的区域内）理论其实并不矛盾，原鸡会扩散，在这一过程中，它们又会和某些野鸡发生大面积的杂交。现代鸡的基因组包含着一些遗传的痕迹，这些痕迹就是原鸡和与其有近亲关系的禽类（包括其他红色原鸡）以及其他不同禽类（如灰色原鸡和锡兰原鸡）杂交而留下的。

总之，南亚和东南亚仍然最可能是鸡的起源地，家养鸡就是从那里出发，踏上征服世界的道路。

太平洋鸡

距离家养鸡起源地几千英里之外，这些鸟类又被卷入了一场关于人类殖民美洲的争论。这场争论的前提是：既然鸡的发展史与人类历史如此紧密关联，那么，只要弄清楚鸡的历史上的一些事件，就能帮助我们理解人类的一些行为。在历史上，人口迁移造成了太平洋岛屿的殖民，但是，要重构人口迁移路线却是个巨大的挑战。人类开始在太平洋岛屿上居住也是相对较近时期发生的，距今仅3500年。但是，一拨又一拨殖民者留下的路线着实令人困惑。要寻找他们古时旅程的证据，就好比在沙子中寻找脚印，是个不小的挑战。我们可以想象，在一个夏日的傍晚，我们站在英国一个游人如织的海滩。这时，一家一家在海边休闲的人们开始收起他们的防风篱、毛巾、水桶和铁锹，准备回家。如果你绘出海滩上所有的脚印，你就能重构出当天所有的事件吗？你能测算出有多少人去过海滩，他们是从什么方向去的海滩以及什么时候抵达吗？这无疑是个巨大的挑战。

而重构古时的人类迁移则是一项更加艰难的任务。不过，如果将考古和基因证据相结合，这一任务还是有可能完成的。人类抵达大洋洲时并非空手而去，他们还携带了其他一些物种。有一些是特意带的，另一些则非有意为之，但是，所有这些物种背后都有着自己的故事。遗传学家已经试图探寻人类向太平洋扩张的轨迹，方法就是研究隐藏在葫芦、甘薯、猪、狗、老鼠和鸡等动植物身上的分子学秘密。

早在3万年前的更新世，人类就已经在太平洋西南部"近大洋洲"的岛屿上居住了。而"远大洋洲"，包括被称为密克罗尼西亚和波利尼西亚的群岛，有人居住则要到晚得多的新石器时代。那是人类最后一次向完全无人居住的地方大规模迁移。考古学家和语言学家认为，这次迁移分为两次，第一次始于约3500年前，当时迁往那些岛屿的主要是一些农民，他们带着典型的拉皮塔陶器；而第二次则发生在2000年前。但是，鸡似乎并不能作为两次迁移理论的证明。遗传学家对现代和古代鸡的线粒体DNA进行了研究，发现了一个明显的特点。这一特点显示，鸡被引入波利尼西亚是在史前社会发生的，而且只有一次。事实已经特别清晰了，存在着一个始祖谱系，后来太平洋岛屿上所有鸡的谱系都是从这一谱系进化而来的。从太平洋西部的所罗门群岛和圣克鲁斯群岛到东部的瓦努阿图和马克萨斯群岛，鸡的线粒体谱系都能使人联想到史前社会时抵达太平洋岛屿的农民以及他们所带的家禽。曾经有一段时间，对人类基因的研究也显示，人类向太平洋岛屿的迁徙只有一次，但是新近对人类基因组的分析却支持两次迁移的理论。这一理论的基础是波利尼西亚群岛上物质文明的发展和语言的扩散。鸡似乎又引着我们走了回头路，而这已经不是第一次发生。

人们似乎曾一度认为，农民，还有他们的鸡，在向东迁移中，甚至有可能越过了太平洋。在复活节岛和南美洲的鸡身上，人们确认了一种线粒体DNA，这能够证明上述迁徙。这是一项令人激动的发现，但是也备受争议，因为它表明，在哥伦布之前，太平洋岛民就与美洲有过接触。但是，在对鸡所做的最新研究中，科研人员进行了非常仔细地检查，以排除污染的可能性，却没有发现史前社会人类迁徙的这条路线。事实上，复活节岛和南美洲鸡的 DNA 与南亚和东南亚的鸡大不相同。从根本上讲，南美洲的鸡是欧洲鸡的一个分支。这种说法与鸡是在哥伦布时代之后从欧洲引入美洲的说法一致，也未引起人的争议。但是，这并不是说太平洋岛民之前与南美洲并无接触，毕竟，在欧洲人抵达新世界以前很久，甘薯就从南美洲传到了波利尼西亚群岛。今天复活节岛岛民的基因组中就有一些在 1280—1495 年间与美洲土著融合的痕迹，而欧洲人抵达复活节岛则是 1722 年的事了。但是，这只是一个带有偶然性的证据：要有确定性的研究结果，就得从美洲或波利尼亚西找到的哥伦布时代以前的骨头开始，它们还要有 DNA 融合的证据。而这一证据当下还很难找到。

遗传学给我们提供了重要证据，丰富并补充了我们从考古、语言和历史数据中得到的信息，但却并不排斥上述信息来源。每门科学都给我们提供了一个关于古代情形的不同视角。但是，以这种方法考察史前社会——从很宽广的维度审视过去，很容易忘记我们的考察对象实际上是人、动物和植物，就如同我们今天遇到的一样。他们不是冷冰冰的物种，而是一个个鲜活的个体。科学的力量是强大的，它能够解答我们的问题，但有时候，我能深切地感到抽象事物的冰冷。当然了，我们是通过抽象来积累知识的，虽然有时候，我们也许忽视了事物个体的、有情感的和真切的那一面。

那么，就以人为例。我们可以想象一下，史前社会的农民在太平洋上劈波斩浪，然后在一些岛屿定居下来，和狩猎采集者生活在一起。之后，这些农民和狩猎采集者之间无疑会有双向的信息交流。狩猎采集者向农民分享了当地动植物的知识——去哪里能找到这些动植物以及哪些可以食用。农民则分享他们所掌握的知识，还有他们养殖和栽种的动植物。当然，两个群体的交流并不总是如此友好。但是，渐渐地，狩猎采集者也接受了农民的生产生活方式，开始种植农作物和养殖动物。于是这些人逐渐参与到新石器革命之中——也许他们自己并非刻意如此。

西方早期的鸡

欧洲新石器时代开端的标志就是人类和家养动物的迁徙以及思想的传播，而鸡并不在这时的家养动物之列，它们被驯化的时间要晚得多。鸡传入欧洲时，青铜时代已经来临。到公元前 2000 年时，鸡已经从印度河流域传到了伊朗。然后，它们可能从中东沿海岸线，到了希腊，再越过爱琴海到达意大利。到了青铜时代，海上贸易已经兴起，这个时代属于迈锡尼人、米诺斯人和腓尼基人。地中海上进行贸易的船只，可谓千舸竞渡。鸡迁徙的另一条可能的路线是从中东向北，穿过塞西亚，然后再向西进入中欧。但是，鸡的迁徙还有一条可能的路线，它们从遥远的东方（中国）出发北上，穿过俄罗斯南部进入欧洲。

有些研究人员认为，北欧和南欧鸡的差异就反映出这两条不同的迁徙路线。但是，这种家养物种的发展史与人类历史纠缠在一起，实在太过复杂。我们很难探寻出鸡在早期进入欧洲的真实情况。那些早期的"先驱者"抵达欧洲之后，就接受了自然选择和人工选择；有的鸡群死于疫病，进而被取代；人们又从远方引进了另一些鸡。19 世纪晚期，鸡的繁育者对鸡进行了选择，开始为了培养出某些特点而进行繁育，于是就创造出一些杂交品种，从而使欧洲鸡的基因发生了混合，最后，他们得到了想要繁育的品种。然而，我们还是有可能拨开迷雾——历史就是历史，它仍然存在于今天鸡的 DNA 之中。

曾经有一项对荷兰境内不同品种鸡的大规模调查，对象包括了 16 种"观赏品种"以及一些商用品种，结果很有意思。绝大多数鸡的线粒体 DNA 与中东和印度鸡的线粒体 DNA 形成了一个整齐的集群。因此，这一母系血统集群的起源地很可能就是印度次大陆。但是，有一些品种的线粒体 DNA 具有远东（中国和日本）鸡的典型特点。这些品种包括了 3 种荷兰的观赏鸡——拉肯维尔德鸡、带靴矮脚鸡和布雷达鸡，以及一些美国的产蛋鸡。因为有着远东鸡的线粒体基因，这难免使人猜想，这些品种能够支持鸡走北部路线进入欧洲的理论。但是，实际上，这些东方血统的鸡品种之间甚至没有紧密的关联，它们很可能距今更近。这些有关东亚鸡的古怪线索很可能距今并不遥远，它们并非属于青铜时代抵达欧洲的第一拨鸡群，而是由 19 世纪的养鸡人引入欧洲的外国品种。截至目前，基因研究还不能支撑鸡从远东经由一条北部路线进入欧洲的理论。相反，鸡迁移的主要路线似乎始于地中海地区。

英国鸡的最早证据可以追溯至公元前 1000 多年的铁器时代，但还是罗马人使鸡在欧洲西北角的这片土地上广泛传播开来的。在英国罗马时代考古遗址发现的鸟类中，鸡是最具代表性的。然而，实际的证据仍显得非常单薄，与哺乳动物的骨头（如猪、羊和牛骨）相比，更是如此。鸟骨相对较为脆弱，很容易被食腐动物咬碎，因此，要发现一些遗存的鸟骨，还是有点稀奇的。在远离权力中心和罗马影响的农村地区，并没有太多关于鸡的考古证据。这些证据多存在于受罗马影响更多的地方——城镇、别墅和城堡之中。鉴于鸡骨头留存下来的概率很小，进而表明在罗马时代的英国，至少对于社会精英而言，鸡和鸡蛋可能是一种重要的食物。再往北，在罗马人的势力范围之外，鸡似乎也变得同样受欢迎。在外赫布里底群岛中的南尤伊斯特岛，有一些可以追溯到铁器时代的鸡骨证据。当然，要到随后的北欧海盗活动时期，才有了关于家养鸡更为普遍的证据——有些鸡群不畏严寒，来到了赫布里底群岛。

虽然人们很容易推定，有了家养鸡的证据，就能证明人类食用鸡和鸡蛋，但是，我们也不能贸然得出结论。有一种说法认为，人们最初带着家养鸡穿过中东地区进入欧洲的目的主要并非食用鸡肉和鸡蛋，而主要是用于斗鸡娱乐。埃及、巴勒斯坦和以色列地区7世纪的印章和陶器都对斗鸡有描述。这种娱乐在古希腊非常流行，似乎也传遍了古罗马帝国。在荷兰的费尔森和英国的约克、多尔切斯特和西尔切斯特等地的考古发掘物中，斗鸡的比例也特别高。在西尔切斯特和鲍多克还发现了人造的鸡具，但似乎早在罗马人抵达之前，古不列颠人就已经沉溺于斗鸡这种活动。尤利乌斯·恺撒在《高卢战记》中曾写到，不列颠人"认为食用鸡肉是违法的……但是，为了嬉戏取乐他们也养鸡"。

有些证据能够支持鸡在欧洲传播可能并非是因为食用这种说法。首先，在中世纪时期，鸡体形相对较小——这表明，养鸡人首要的关注点可能并不在鸡肉上。也许养母鸡用以产蛋，养公鸡用以取乐才是更为重要的目的。其次，还有书面证据：在中世纪的菜单上，鹅和野鸡要比他们如今更受欢迎的同类（指鸡）常见得多。

20世纪时，很大程度上因为"明日之鸡"比赛促进了系统性的选择繁育，家养鸡被进行了转型改造。但在此之前，家养鸡的体形就已经开始变得丰满，和它们的祖先红色原鸡不一样了。就在过去几年里，遗传学家已经确认了鸡基因组中的一些特定区域，它们似乎随着时间发生着变化，而且似乎与鸡体形增大有关联。他们还确定了这些变化发生的时间。经过对世界各地现代鸡的研究，人们发现，它们都有两拷贝某一种基因的特定变体。这种基因与新陈代谢有关，它能制造出一种蛋白质，而这种蛋白质能够接受促甲状腺激素（TSH）。现代鸡身上都有这种基因的特定变体，正是它使得鸡变得肥大好看。这种基因变体看起来肯定与鸡最初被驯化有关，就好比是小麦或玉米的大粒种子一样。然而，1000年前鸡的DNA中几乎没有这种基因变体。到了中世纪时，这种基因又突然变得非常常见，几乎在所有鸡群中都有。

这种肥大基因的突然扩散是与另一现象同时发生的。10世纪时欧洲考古遗址中鸡骨的比例突然大幅增加，占所有动物骨头的比例从5%增加到了近15%。这似乎与一项改革运动同时发生，那就是"重修本笃会"。这一改革的内容就包括在禁食期间不允许食用四条腿的动物（禁食期能够占一年的1/3），但是却允许食用两条腿的动物以及蛋类和鱼。于是，体形肥大的鸡突然变得大受欢迎，而有人类介入的自然选择也就创造出了奇迹，促进了那一新陈代谢基因变体在鸡群中的扩散。城市化很可能也发生了一定的影响：虽然城市居民主要依赖农村的产品，但是他们也有可能在自家后院里养一些动物，比如山羊、鸡。

激素也会影响动物的生活方式以及新陈代谢，对家养鸡的一个非常重要的生活方式产生了影响，使得母性本能完全退化。这种影响听起来对鸡的生存大为不利，在野生状态下确实如此。如果一只母鸡产蛋之后对鸡蛋不管不顾，径直离开，那么其基因传到下一代的概率就不会大，但是，对家养母鸡而言，这正是我们想让它们做的。如果一只母鸡产蛋之后就卧在鸡蛋之上（照管鸡蛋）并且停止产蛋，那么它根本不可能赢得产蛋奖。红色原鸡每年产蛋不足 10 枚，而最高产的现代家养鸡则能产 300 枚。这是因为，在养鸡过程中，鸡已经丧失了孵蛋的本能。而只有鸡农掌握了人工孵化技术，高产蛋鸡才可能出现。最早的孵蛋器距今非常久远，可以追溯到古埃及时代。但是，导致鸡丧失母性行为的基因变化似乎是在距今不久的时候才发生的。对鸡而言，丧失孵化能力就相当于小麦和玉米的穗轴不再发生断裂。如果在野生状态下，这样就不能实现成功的繁殖，但是这样却有利于人工饲养和种植。

于是，遗传学家开始寻找导致这种行为变化的基因基础。他们将两种母性本能水平差异甚大的鸡的基因组进行了比较：一种是白色来享鸡，这是一种高产蛋鸡，缺乏孵化行为；另一种是丝羽乌骨鸡，它们喜欢自己孵化鸡蛋。他们发现这两种鸡的基因组中有两个区域差异非常大，一种在 5 号染色体上，另一种在 8 号染色体上。这两个区域都与促甲状腺激素系统有关；5 号染色体上的那一区域本身就包括有促甲状腺激素接收物质。这种基因发生的变化在 1000 年前就传遍了鸡群，现在的蛋鸡和肉鸡（过去烹饪多用锅，现在更为普遍的则是烤炉）中也都有这种基因变化。但是，促甲状腺激素接收基因的其他变化则是距今不远才出现的，这就能解释为什么现代鸡的不同品种（如白色来享鸡和丝羽乌骨鸡）之间为何在产蛋量和孵化行为上有差异。改变鸡的促甲状腺激素似乎有"一石二鸟"的效果；或者也可以说，一次基因的改变造成了两种不同的表型变化。我们又一次看到，选择某一特点是如何影响另一特点的——这种基因似乎既影响鸡的体形，又影响了鸡的产蛋情况。

基因、鸡的身体和行为方面发生的变化距今时间并不久远，这说明，驯化实际上并非单一事件，而是一个持续的过程。而基因编辑技术的出现意味着，与10世纪本笃会有关禁食的法令相比，我们能更快地让鸡身上出现一些有用的变化。

Rice

水稻

锄禾日当午，
汗滴禾下土。
谁知盘中餐，
粒粒皆辛苦。

——李绅《悯农》

给世界提供粮食

如果你去中国西南的广西龙胜县，就能看到当地被农业所改变的地貌，那里的人们至今仍保持着几百年来的生活方式。蜿蜒的河谷之上是陡峭的高山，每一座山坡上都修有梯田。一级一级的梯田弯弯曲曲，给人的印象好比一条沉睡的巨蟒。龙胜山脉就像巨蟒在蠕动，而梯田则像是巨蟒身侧的鳞。事实上，龙胜的意思就是"龙的脊背"。

多年以前，我曾到访过这些稻田，在那里遇到了一位叫廖仲浦（音）的农民，他的家人在那里种稻谷已经有好几代了。那是一个初夏，我们带着几筐秧苗上山，准备在刚犁好的地里插上新稻。要在这狭窄弯曲的田里犁地，是没法用机械化的工业方式进行的，但是，一头牛拉着犁却能很容易地完成。

廖仲浦向我演示怎样插秧，一次拿三四株秧苗，把它们插进水下松软的泥土之中。秧苗看起来就像草一样——当然了，它们本身就是草。和小麦一样，稻谷也是属于草类的禾本科。而且，和小麦类似，稻谷看起来也难以成为一种食物。但是，它却成了一种最重要的谷物，给全世界大量人口提供口粮。在全世界人口消耗的热量中，稻谷贡献了

1/5；在消耗的蛋白质中，稻谷贡献了 1/8。世界各大洲除了南极洲，都有稻谷种植，每年总产量达 7.4 亿吨。虽然稻谷在撒哈拉以南的非洲和拉美也正在成为越来越重要的主食，但是，世界上 90% 的稻谷还是在亚洲种植并消费的。全世界有 35 亿人以稻谷为主食，在低收入和中低收入国家，稻谷更是最为重要的粮食作物。对占世界人口 20% 的最穷的热带地区居民而言，稻谷给每个人提供的蛋白质比豆类、肉类和奶制品都要多。

在许多低收入国家，人们仍然时刻受到营养不良的威胁。全世界范围内，有 10 亿人处于饥饿状态，另外还有 20 亿人处于"隐性饥饿"状态——缺乏基本的微量营养素，包括维生素和矿物质。3 种最为流行的微量营养素失调症都与碘、铁和视黄醇（或称维生素 A）有关。

缺乏维生素 A 会使疾病感染的概率增大。营养不良和传染病经常是同时出现的，并且往往会相互促进。肌体营养不良，一旦遭受传染病，就会形成恶性循环；传染病会使人没有胃口，还会影响营养物质的吸收；肌体的抵抗力也就随之降低。除了会与传染病形成恶性叠加作用以外，维生素 A 摄入缺乏也是可预防性儿童失明的最主要诱因之一，每年会造成约 50 万个病例。而这些儿童当中，有近一半在失明之后一年内死亡。维生素 A 存在于动物性食品当中，如肉类、奶制品和蛋类。上述食物消耗很少的地方，维生素 A 摄入缺乏更为常见。β-胡萝卜素是维生素 A 的前体，它存在于一些植物性食物当中，如绿色蔬菜、橘色水果和蔬菜之中，但是 β-胡萝卜素在人体内的转化率很低。所以，要摄入足够的维生素 A，得吃许多种不同的植物性食物，对于贫困地区的人而言，这根本无法做到。

为了减少维生素 A 摄入缺乏，人们采取了一些公共健康策略，如鼓励人们改变饮食习惯、自己种植富含胡萝卜素的食物（如叶类蔬菜、芒果和木瓜）、给儿童和哺乳期的母亲提供维生素 A 补品。另一种增加维生素 A 摄入量的方法是给一些人们广泛食用但维生素 A 含量较低的食物中添加维生素 A。但是，在较低收入的国家，最穷的人群不大可能买得起这类经过添加的食品。所以，这种策略也不可行。

然而，要给一种主食中添加更多维生素 A，还有一种办法，它不是对食物进行加工，而是诱导植物自主增加自身的维生素 A（或者至少是其前体）含量。转基因使这种方法成为可能，而稻谷作为全球范围内如此重要的农作物，就成了一个最佳的载体。

2000 年，经过 8 年的研究，人们创造出了一种转基因稻谷，它能自行制出 β-胡萝卜素。这项研究成果随后在当年的《科学》杂志中得以发表。4 年之后，美国开始进行田野试验，之后，菲律宾和孟加拉国也都进行了试验。其间，研究人员还对食用这种稻谷的影响进行了分析，结论是可以安全食用，并且，一小杯这样的稻谷就能够提供人体对维生素 A 前体半天的需求量。

但是，黄金大米从一开始就引起了争议。绿色和平组织组织了一场反对运动，他们担心黄金大米被作为基因工程的公关试验——而基因工程表面上是一个人道主义倡议，实际上却为转基因食品打开了大门，这种食品更侧重于营利目的。他们还指出了一些不可预测的环境和食物安全风险，称黄金大米"就是一种错误的方法，它并非真正的解决方案，而且有风险"。

2005 年，黄金大米的项目经理乔治·E.迈耶对绿色和平组织的批评进行了强有力的反驳。有一个品种的黄金大米含有的 β-胡萝卜素比原型品种要高出 23 倍，但是却招致环保主义者的反对和鄙视。迈耶对此感到很懊丧。他指控绿色和平组织罔顾证据，偏执地反对生物技术。在迈耶看来，绿色和平组织及其盟友显然就是新一代的勒德分子，他们反对的是一场新的农业产业革命。他写道：

> 没人能证明，添加了维生素 A 原的黄金大米会对环境或人类健康构成威胁。反对者阵营只能提出一种他们所认为的技术风险，而这种风险的根源却不甚明了，还有待阐述。同时，真正的威胁却是实实在在地存在着：这种威胁来自大面积的微量营养素摄入缺乏，这正在残害着全世界几百万儿童和成人。

黄金大米的批评者认为，这一有风险的项目还不够成功，但它却可能破坏了现有的营养增强和补充计划。迈耶辩称，转基因大米具有解决维生素 A 缺乏症的潜力，它是一种可持续的、划算的解决方案，绿色和平组织就没有认识到这一点。作为回应，迈耶还从道德层面提出了他自己的反对意见——有一种办法能够对地球上最贫困地区的人类健康如此有益，却有人反对它。这种反对在道德上怎么能站得住脚呢？比如欧盟，对于黄金大米出台了限制性非常强的管理条款。迈耶对这种行为提出了质疑。

就转基因技术对穷人的好处以及相应的发展潜力而言，黄金大米项目已经成为一个宣传样本。生物技术产业界也越来越热衷于为自己树立一个环境友好的形象。但还是有群体质疑，尽管转基因技术开发商想给自己塑造一个可持续、进步而且富有爱心的形象，但从根本上讲，他们就是一群自私自利的公司，想要的只是赚钱。信任已经被打破。在黄金大米问世之前几十年，两个阵营的战线已经拉开。

一只怪物的诞生

转基因行业中最大的公司就是孟山都①。但是，关于转基因农作物在全球农业中的地位，这家公司却给出了不同的答案，令人迷惑不解。1990 年，孟山都的首席科学家霍华德·施奈德曼在关于转基因技术的著述中，既强调了它的许多优势，又警告说，它并非灵丹妙药，并非解决全球农业需求的万能之法，不能用这种技术推动农民搞单一的经济作物栽培。但与此同时，作为行业巨无霸的孟山都却刻意在转基因领域深耕。它的研究重点放在了一些标准化生产的除草剂以及抗虫棉花和玉米品种上，而这些品种明显是要作为单一的商品作物种植的。

施奈德曼这一科学先驱的观点和孟山都公司的做法之间存在着分歧，人类学家多米尼克·格洛弗认为，这一分歧的源头可以追溯到孟山都崛起成生物技术巨人的时候。20 世纪 70 年代，孟山都主要在石化业发展，包括应用于农业的石化制品。彼时，石化业已经变得危险重重，其盈利与石油价格紧密相连，即使在最好的光景下，利润空间也很小。随着绿色革命已经将农业推向了一个新的水平，谷物新品种、新的灌溉系统、杀虫剂和合成化肥等的使用，农业生产在 1961—1985 年增长了一倍。但是，经历了几十年的创新，再要找到比上述产品更加有效的农化产品，难度越来越大。

由于生产的一些化学品，包括二噁英和多氯联苯，被证明对人类健康和环境都有危害，孟山都也遇到了经营困境，针对它的起诉越来越多，公司前景堪忧。这时，公司的生存越来越依赖于一种化肥——草甘膦（又名农达，是孟山都销路最好的一种产品）。尽管这种化肥是

---

① 2018 年 6 月 7 日，孟山都公司被德国制药公司巨头拜耳收购。

一款非常成功的商品，但孟山都却不能只依靠它，因为专利总会到期。于是，孟山都就需要拓展经营领域。

1973 年，斯坦利·科恩和赫伯特·波伊尔就已经创造出了第一种转基因生物。在创造过程中，DNA 在不同物种之间发生了迁转。他们的方法是从一种细菌中提取一段基因编码，再将其引入另一种细菌之中。在当时看来，生物技术，特别是转基因技术很有发展前途，值得研究和投资。于是，孟山都就放弃了其化学品和塑料制品部，将自己重塑为一个生物技术的先驱公司。它的第一款商用转基因产品就是一种抗草甘膦大豆，这也巩固了其公司"农达"品牌的市场。如果你种植转基因大豆，再给地里大量施用"农达"，那么所有的野草都会死掉，而大豆仍会茂盛地生长。1994 年，美国批准抗草甘膦大豆可以用于农业。1996 年，孟山都试图将这种大豆推广到欧洲。但是它选择的时机实在是糟透了。

人们对农业产业化的一些做法以及对政府的怀疑程度深得可怕。早在 10 年以前，英国养牛业就爆发了牛海绵状脑病，又称疯牛病。这种病非常可怕且无法治愈，它可以潜伏数年之久，牛一旦患病，就会走路不稳，攻击性增强，并最终死掉。这种疫病从 1986 年一直持续到了 1998 年。

最终，人们找到了疯牛病的根源。因为小牛被喂食了蛋白质添加剂——肉类和骨头，而这些东西本身已被患有瘙痒病的羊的残骸所污染。于是，政府禁止给牛喂肉和骨头，有几百万头牛被挑出并杀掉。但是，可能已有成千上万头被感染的牛进入了人类的食物链。人们害怕，人类也会因为食用受感染的牛肉而被感染。但是，英国政府却试图抚平人们的担忧。1990 年，英国农业部长约翰·格默为了展示英国牛肉的安全性，竟然带着他 4 岁的女儿公开吃了一个汉堡。但是，之后，人类遇到了一种看起来疑似人类疯牛病的疾病，这种病使人走路磕绊，发生颤抖，最终引起昏厥并导致死亡。患病者的大脑变得就像患了疯牛病的牛的大脑一样，呈多孔海绵状。进一步研究证实，牛的疯牛病和人的疯牛病（又称变异型克雅氏病，简称 vCJD）之间有关联。虽然与其他疾病相比，vCJD 造成的死亡人数很少（最多的年份是 2000 年，造成 28 个死亡病例），但是这种病击垮患者的情形却是非常凄惨的。

1996 年，英国政府最终承认，感染了疯牛病的牛肉对人体健康构成了威胁。但是公众对农业产业化的一些行为以及对政府的信任都崩塌了。就在这一节点，孟山都要进入欧洲。1996 年，欧盟官员批准了进口孟山都的大豆，但是，英国消费者却疑虑重重。一些小报嗅到了气息。1998 年，查尔斯王储在《每日电讯报》上发表了题为"灾难的种子"的文章，警告称，在一个物种和另一物种间转移基因"会使人类进入属于上帝，而且只属于上帝的权限范围之内"。绿色和平组织也高调地发起了一些运动。人们对转基因生物（GMO）的恐惧开始蔓延。转基因生物被视为因为科学失去控制而诞生的怪物，媒体也给它贴上了"科学怪食"的标签。欧洲的超市都禁止出售有转基因成分的食品。

孟山都对此做出了反应，发起了广告运动，大力宣传转基因技术在人道主义事业上的潜力，声称"对未来的人们忍饥挨饿忧心忡忡并不能解决问题，而食品生物技术却能"。1999 年，孟山都总裁鲍勃·夏皮罗在第四届绿色和平组织商业会议上发言称，他想要的是对话，而非争论。他说，如果说孟山都有过错，那就是它太相信自己的技术能够带来的好处了。这个道歉听起来太过虚伪。他只强调了生物技术在节水、减少水土流失和碳排放等方面的潜在好处。而孟山都急于引入欧洲的转基因生物却是一种抗除草剂的大豆，这使得他说的那些好处在许多人听来成了空洞的许诺。不管这种大豆产量有多高，看起来它也不过是孟山都扩大销售其除草剂的手段而已。罗伯·弗雷利是孟山都公司内部的高级科学家，对以上所说他都曾悲叹："如果我们所能做的只是销售更多除草剂，那么我们就不该进入生物技术产业。"语言和行为之间的鸿沟从未有如此之深。

就在同一个会议上，绿色和平组织英国分支的副主任彼得·梅尔切特宣称："你们提供的东西公众已经看得清清楚楚，并且拒绝接受。人们对大科学①和大企业已经越来越不信任。"接着，他预言说，基于文明理念和对自然界的尊重，不仅仅是欧洲，全世界都会排斥转基因。他说对了。对转基因的反对迅速发展成为一个世界现象。1999年，德意志银行的分析师宣称："转基因已死。"

2006年，在美国、加拿大和阿根廷采取法律行动之后，世贸组织做出了裁决，认为欧洲事实上禁止了转基因食品，这一行为是非法的；世贸组织还认为，关于公共健康风险的担忧并没有科学证据的支撑。但是，并不只各国政府竖起了（针对转基因食品的）贸易壁垒，消费者和超市也继续抵制。疯牛病已经使欧洲消费者对风险特别敏感，与大企业有关时更是如此。

形象本就一直不佳的孟山都，更是被描绘成了一个恶魔。在互联网上搜索"邪恶的孟山都"，你就能体会到针对这一技术巨头的仇恨和猜疑。而转基因技术本身也与孟山都这一"超级大恶棍"的形象和"灾难的种子"（人力根本就不能播种）密不可分地连在了一起。孟山都推

---

① Big Science，1962年由美国科学家普赖斯提出。以投资大、多学科交叉、实验设备昂贵复杂等为特点。

出抗除草剂大豆的时机不利，再加上人们对大科学和大企业根深蒂固的猜疑，都成功地阻碍了这一技术的发展。

夏皮罗在上一个千年之末的绿色和平组织会议上的发言中，还是有一些辛辣和讽刺性的内容的。这位孟山都总裁说，未来应该进行对话，而不是两极化的争论。如果这家公司在其生物技术研究项目一开始就能秉承这一精神——与农民和消费者进行真正的对话并发展伙伴关系，那么情况也许会大不相同。相反，他们对转基因技术的好处太有把握，其首席科学家甚至称之为"史上最重要的科学技术发现"，因此他们似乎认为只需要把其他人说服就行。孟山都的管理层明显认为，全球公众会立即毫无保留地接受他们的技术。因此，面对 20 世纪 90 年代末欧洲发生的反对转基因的浪潮，他们显得莫名惊诧。

既然欧洲实际上关闭了市场，那么孟山都就急需找到其他消费者。他们的注意力越来越多地投向了发展中国家。他们在发展中国家大量并购生物技术公司和种子公司，公开承诺支持贫苦农民并保护环境，启动小农户项目，投入大量资金研究转基因农作物在贫困国家有何影响。人们很容易站在一边断言，上述措施只是一场公关演练，旨在消解对转基因技术的反对。但是，早在欧洲的反基因浪潮之前，孟山都的老板们就一直讲着要扶助穷人。这种做法貌似违反常理，但是，争议的风暴和反对的浪潮也有对孟山都有利的地方，它使得公司沿着一条更具人道主义色彩的路线发展，而这一方向与他们那些科学家的救世思想更为接近。虽然人们还很容易怀疑，但是，转基因的一些实际应用确实可能帮助到世界上贫困的群体。罗斯林研究所的迈克·麦克格鲁就相信这一点。

在誓言支持贫苦农民的同时，孟山都对于自己的知识产权也很慷慨大方。它无偿与公立机构中研究稻谷基因组的科学家共享知识和技术，而这些科学家致力于自行研究黄金大米。

黄金大米的黄金未来？

第一种黄金大米问世于 1999 年，是由瑞士联邦理工学院的英戈·波特里库斯博士和德国弗莱堡大学的彼得·拜耳博士共同领导的研究团队开发出来的。黄金大米登上了 2000 年《时代》杂志的封面，但是 10 年之后，农民们仍然无法进行种植。相反，当时最常见的转基因农作物是抗除草剂的大豆，之后还有既抗除草剂又抗虫害的各种玉米，这些都是产业规模的商品化农作物。而明显能够支持穷人的转基因稻谷却发展得非常缓慢。

最初研究黄金大米的遗传学家成功地将两种基因引入到一个大米品种之中，一种是水仙花的基因，另一种是细菌基因。这样，这种大米就能合成自己的 β-胡萝卜素。2005 年，在进一步的基因工程中，水仙花基因被换成了玉米基因（这项工作是由瑞士农业化工和生物技术巨头先正达公司发起的，它是孟山都的主要竞争者）。这种第二代的黄金大米比上一代能够制造出更多的 β-胡萝卜素。

黄金大米的研发者选择将新的基因引入到一种被称为粳稻的大米之中。籼稻是亚洲最为常见的品种。为了将转基因粳稻的"黄金"品质引入到籼稻之中，稻农们采取了常规的育种技术。2004 年和 2005 年，美国进行了田野试验；2008 年，在亚洲进行了小规模试验，2013 年又进行了大规模试验。印度的农业研究人员还在研究怎样将"黄金"

品质引入到印度的主要大米品种之中。但是，到了 2016 年，农民们还是无法买到黄金大米种子去播种。事实证明，要将实验室中看起来如此有前景的东西转化为农田里的作物，比人们预想的要难得多。其中一个难点是，如果将"黄金"品质引入到其他大米品种，产量就会下降。但是，黄金大米的倡导者还是将进展缓慢的责任归咎于反转基因运动——反转基因运动直接和间接的行动无疑阻碍了这种作物的发展。曾经有国家政府与公共领域的伙伴一起进行转基因作物试验，根本没有私营公司的参与，但还是有反转基因人士（而不是农民）破坏这些试验的作物。

正如我们所看到的那样，人们对转基因农作物（包括黄金大米）的反感部分是源于对大科学、大企业、农业产业化以及政府未能认识到相关风险并对公民和环境进行保护的担忧。人们所认为的风险包括了食品安全、环境影响和农民失去生产经营自主权。

上述担忧中的第二项风险却是实实在在的。野生物种非常有可能被转基因农作物所"污染"，很难预料这会带来什么样的生态后果。在墨西哥，转基因玉米的基因传到当地原有玉米品种中，这已经引起人们很大的关注。

转基因会传到自然环境当中，我们该怎样处理这一问题呢？答案很大程度上取决于我们怎样看待转基因。一种看法是仅仅把它当作传统育种技术的延伸，伴随转基因技术的就是杂交现象，这一现象一直在驯化物种和其野生伙伴之间发生；另一种看法则是把它当作一种全新的现象。转基因的倡导者倾向于第一种看法，把人们对于基因在不同物种之间转移的担忧轻描淡写，鼓励人们将转基因技术视为植物育种领域的自然进步。人们指出，这种说法就像是说工业革命时期的纺织厂是之前手工纺织的自然延伸一样。不管怎样，其他创造新作物的高科技方法，比如辐射育种，并没有引起人们（对转基因技术）同样的担忧。

反转基因团体明白，这种技术能够改变游戏规则，并从根本上改变人类与他们饲养种植的动植物以及自然界之间的关系。争论双方观点明确，可能都有道理。转基因技术从根本上改变了游戏规则，或者，在植物育种方面，它至少也使规则发生了重大变化。但是，农业，甚至在其之前的狩猎采集，都会影响到自然界。所以，我们几乎不可能预测转基因这一新的技术发展会有什么样的长期影响。对于新兴技术而言，这总会是一个问题。各国政府为什么都采取预防性原则，在允许种植转基因农作物问题上慎之又慎，这也是最重要的原因之一。

第三个引起关注的主要领域也是一个严肃的问题，它使人对转基因在人道主义领域的贡献产生怀疑，并且提出了食物自主权的问题。尽管科学家、政客和媒体人经常将转基因技术鼓吹为"能扶助穷人"，但是，关于这种技术给发展中国家带来实在好处的证据却不够有力。目前种植的绝大多数转基因农作物都是针对富裕国家产业化农场而开发的。研究显示，在较穷的国家，转基因技术带来的主要还是经济红利，但恶果就隐藏在细节之中。一个发展中国家种植某一种转基因农作物并不等于是这个国家的贫穷农民在小农场中种植。以阿根廷为例，那里的绝大多数转基因作物都是种植在大规模产业化农场的经济作物，种植的目的与其说是为了给当地居民提供食物，不如说是为了营利。

尽管如此，转基因农作物在一些地方还是获得了立足之地。尽管有真实的和人们臆测的风险，可一旦禁令解除，人们很快就接受了转基因作物，这确实值得一提。2001 年，南非将种植转基因白玉米合法化;不到 10 年,那里种植的全部白玉米中,有超过 70% 是转基因品种。2002 年,印度法律允许农民种植抗虫害的转基因棉花;12 年后,印度种植的棉花中有超过 90% 为转基因品种。2003 年,巴西政府将转基因大豆合法化;8 年后,该国生产的大豆中,超过 80% 是转基因的。类似情况还有,菲律宾的黄玉米、布基纳法索的转基因棉花在被合法化后,种植面积都快速扩张。如果新品种的产量问题能够解决,如果转基因作物的经济性强,那么黄金大米的未来还是相当乐观的。但是,还有一个因素使得黄金大米与其他取得成功的转基因作物难以相提并论,并且可能会破坏它的发展潜力。这一因素就是,黄金大米是一种粮食作物。

与粮食作物相比,人们对经济作物(比如作为动物饲料的玉米或用于纺织行业的棉花)风险和利益的认识大不相同。有意思的是,虽然欧洲事实上禁止生产转基因食物,在政府、经销商和消费者等层面都有壁垒,但是有大量的转基因玉米和大豆被用作动物饲料。欧洲近 90% 的动物饲料都是从美洲进口的转基因产品。转基因食物被要求贴上相应的标签,但是,对于源自食用转基因饲料的动物的食品,却没有任何规定要求贴上标签。

一涉及粮食作物,人们总是有一些毫无根据的担忧,这些担忧似乎能够压倒关于其对农民和经济潜在好处的确凿证据。2002 年,印度政府批准可以种植抗虫害转基因棉花,但是 2009 年,它又禁止种植一种抗虫害的转基因茄子。而这种茄子里的基因特性与转基因棉花中的完全相同,都是引入了一种细菌基因。这种基因能够产生出一种针对害虫幼体的毒素。反对转基因茄子的观点主要是担心这种杀虫蛋白也会对人体有毒。尽管印度和世界各地的科学家都发出了抗议,但印度环境部部长仍然固执己见,封杀了转基因茄子。这一切听起来一团混乱。但是,情况并非总是如此。从一国到另一国,从一种作物到另一种作物,面临的政治、社会和经济环境都会发生变化。比如,2013 年,孟加拉国就将转基因茄子的种植合法化。截至目前,结果看起来值得乐观,(因为这种茄子)杀虫剂使用量减少,但产量却有提高。然而,争议仍在持续。

有研究显示,如果转基因食物能够带来更加明显的好处,消费者的态度是会发生改变的。在新西兰、瑞典、比利时、德国、法国和英国,曾经有一项实验,研究人员在路边水果摊点上摆放了普通水果、有机水果和免喷农药的转基因水果。结果显示,如果价格合理,消费者还是愿意购买转基因水果的。如果转基因水果既能给人们提供一种无农药的选择,而且价格又比有机水果便宜,人们就会乐于购买。

如果结果证明,将转基因农作物(比如转基因茄子或黄金大米)引入我们的农业产业对于生产率、经济发展和人类健康都有显著益处,那么,我们就得仔细权衡利弊了。因为,不管怎样,转基因最终都会传到自然环境中,并且还会带来社会影响。那些整天吵吵闹闹的转基因反对者大都是富裕国家的人,而发展中国家的农民在决定种植转基因农作物时,是会受到这些反对者影响的。所以,那些反对转基因的人应该谨慎思考一下,自己的态度对这些农民会有怎样的影响。正如政治学家罗纳德·赫林和罗伯特·帕尔伯格所言:"只有富国的消费者改变了对转基因生物的态度,绝大多数发展中国家的农民才能够种植这些新的粮食作物。富人的味觉会决定穷人的福祉,这在历史上可不是头一遭。"

在疯牛病丑闻之后,孟山都试图把转基因大豆引入欧洲。该公司的努力不仅遭遇失败,还成了反转基因食品阵营的"避雷针"。关于这一点，绿色和平组织的彼得·梅尔切特已经预料到了。近20年后，我们才开始理解转基因农作物的真正影响会是什么。只有时间才能告诉我们，黄金大米会不会被人们接受，进而扎根发展。农民有可能很快就能够种植黄金大米，而这种大米的好处，以低廉的代价有效应对维生素 A 缺乏症（这也是研发人员的希望所在），也会接受检验。

到那时，我们才能最终知道，（20 年的漫长）等待是否值得。

全球超级农作物的起源

今天，到处都有大米。而维生素缺乏症已经渗透到了全球范围。要有效应对这一威胁，很明显应该将一种新的基因引入到大米当中，而这就使大米站在了关于转基因技术之争的风口浪尖。然而，即使是大米的起源本身也是充满了争议。

如今种植的大米有两大品种。一种是光稃稻，或称非洲稻，它主要在西非的较小区域内种植，在南美也有种植，但比较罕见；另一种是亚洲稻，它的分布范围要广泛得多。亚洲稻有两个亚种，分别是粳稻和籼稻。粳稻颗粒短，有黏性，是一种在山地生长的植物，所以一般在旱地种植。籼稻则不同，它颗粒较长，没有黏性，适宜生长在低地水田中（如同廖仲浦家那蜿蜒的台阶状水田）。籼稻几乎只生长在热带，而粳稻在热带和温带都可以种植。这两种稻都与野生稻有密切关系。那么，这两种稻中，一个是另一个的先祖呢？或者，它们有着不同的起源？

野生稻是一种湿地植物，亚洲大片区域都有生长，从印度东部到东南亚,包括越南、泰国、马来西亚和印尼,再到中国南部和东部。但是,考古学和植物学相关线索显示,人工种植的稻谷起源于这一范围内的一个特定区域——中国。事实上,中国作为培育中心,给世界上提供了人工种植的大豆、小豆、小米、柑橘类水果、瓜类水果、黄瓜、扁桃、芒果和茶叶。有关农作物培育的最早的考古证据可以追溯到1万年前,而稻谷是人类最早培育出来的农作物之一。

2000年,遗传学家拿出自己的专业知识来研究稻谷的起源问题。考古证据和基因标记得出的结论似乎相同,都认为籼稻源于中国南部某一地区,而粳稻只是后来因为要适应高地生长而进化出来的一个分支。然而,并非所有人都认可这一结论。有些遗传学家辩称,籼稻和粳稻差异太大,所以不可能在这么短的时间里完成进化分离。他们认为,这两个稻谷品种的人工培育是分别独立完成的。后来的证据也支持了这种双起源的结论,但是,还有一个问题:这两种稻的基因组中的某些区域似乎相似度很高,而实际情况本不应如此。并且,上述区域都与稻谷的一些关键培育品质相关,包括稻秆断裂情况减少、长得更直、旁枝更少以及稻种颜色由黑变白等。如果粳稻和籼稻起源不同,是由野生稻的两个不同亚种进化而来,那么,这些基因就不会相同。

研究的过程似乎是沿着一个我们熟悉的轨道进行的:由于只关注了部分基因标记,初期的基因研究结论都是(某物种的)起源是简单化的、单一的;但进行了更广泛的基因研究之后,又认为有多个起源地;最后,基因组的不同区域似乎又指向了互相矛盾的进化史。

2012年,中国遗传学家又对这一问题进行了研究,并把他们的研究结果发表在《自然》杂志上。他们在不同的野生和人工培植大米上进行了全基因组研究后发现,基因组的一些区域,特别是与人工培植特点相关的区域都能够显示，在大米的进化史上，有关的分化距今并不久远，因此，人工种植的大米应该只有一个起源。然而，基因组的其他区域又揭示，大米的进化发展史甚为久远，有多个起源地。各个栽培品种都与不同地区、不同品种的野生大米接近，这才使遗传学家能够解决上述研究中遇到的难题。在与人工培植特点紧密联系的基因组的55个点位上，籼稻和粳稻都与中国南部的一种野生稻谷非常相似。这种野生稻谷的起源同时也是人工培植稻谷的起源。但是，从整个基因组来看，粳稻看起来仍然与中国南部的野生稻最为接近，而籼稻则与东南亚和南亚地区的野生稻更接近一些。如果说人工种植稻谷最早发生在中国南部，粳稻在向西扩散时，又与当地野生稻发生过大面积杂交，那么，全基因组的研究结论就说得通了。当然了，稻谷并非自行扩散的——当时，中国的新石器革命催生了人口扩张和农民的迁徙。最后，来自东方的人工粳稻遇到了几乎也是人工品种的籼稻。这一次，情况又与玉米相似，似乎都是单一起源，然后向外扩散，在此过程中又与其他野生品种或者"原始人工品种"发生杂交。

一思考人工稻的起源，我就忍不住会想起廖仲浦给我并让我栽种在他家那狭窄曲折的水田里的秧苗——就那一小把，看起来毫不起眼。这种草是怎样变成人类如此重要的朋友的呢？和小麦一样，人们最早以大米为食的情况似乎还笼罩着一层神秘的气息。在人工培育之前，还没有出现不易折断的叶轴，（野生稻的）颗粒大小以及产量都不够，很难想象，人们为什么要去食用这种无名草所结的又小又硬的种子呢？

这一问题的答案部分在于人类饮食的复杂多样性以及漫长的人工培育过程。尽管今天看来，稻谷如此重要，但是，一开始的时候，它只是一种次要的农作物。当时，小米是一种更为重要的谷物，它在1

万年前就已有人工培植，它的扩散也比稻谷要早。从某种程度上讲，小米的存在才使得人工稻谷更令人称奇。不用说人工培育的小米了，就连野生小米的穗都很饱满。我能够想象，（古时的）狩猎采集者一定会被这长长的谷穗所吸引。但是，要理解为什么会有人尝试吃大米就不容易了。稻谷并非一下子就从一种不起眼的野草进化成一种重要的主食。一开始，在中国南部的人们采集和食用的多种食物中，稻谷只占一小部分。东亚地区早期的农民培育了多种农作物，包括甘薯、芋头一类富含淀粉的作物以及一些非食用的植物，如葫芦和黄麻。并且，正如距今 8000 年的中国河南省黄河流域的贾湖考古遗址所揭示的，当时的人们还吃许多野生食物，如藕、菱角和鱼类。但是，大米也是他们的食物之一，并且其重要性日渐增大。

说到人工培育大米最早始于何地，考古学家和遗传学家总体意见一致。基因和考古研究的结果都指向了中国南部。但是，这一区域很大。那些首先提出"单一起源加随后杂交"理论的中国遗传学家认为，人工稻的起源地就在珠江流域中部的广西。龙胜稻田给人留下了永恒（或者至少是很久远）的印象，这可不只是一种浪漫的想法（我在想，廖仲浦会不会就是最早的稻农的后代呢？事实上，和其他中国人一样，他很有可能就是——追溯许多代人以后，你会发现，我们的家谱都有封闭的特点）。

但是，在遗传学上把人工稻的起源地定为珠江流域却与考古证据相冲突，人工稻最早的考古线索出现在长江流域，这比珠江流域要更靠北。有证据显示，在长江下游地区，1 万年到 1.2 万年前，人们越来越多地采集野生稻谷。而在此之前更早的时候，人们已经零星地食用野生稻了。在长江流域距今 1 万年的洞穴和石屋中，考古学家发现了磨米用的石板和野生米壳。随后，在浙江上山新石器时代考古遗址的陶器中，人们发现了疑似人工稻的颗粒，很明显是加入黏土之中以起调和作用的。这些陶器距今约有1万年。后又在附近的湖西考古遗址中，发现了距今约9000年的稻米小穗，它们明显已经具有了不易折断的特点，而这是人工培育的标志。介于野生和人工稻之间的一些大米化石显示，野生稻进化为人工稻是一个缓慢的过程，始于约1万年前。在8000年前长江流域几处考古遗址中，已经有了人工稻的证据，这一判断是基于稻谷颗粒的特点做出的。随后，到了距今7000年时，平衡开始被打破，人工稻的品种数量开始超过野生品种。

当然，还有一种可能，长江流域所发现的早期人工稻线索是受人为因素的影响——研究人员只是在那一地区更下功夫，研究的时间更久，或者只是运气更佳，而珠江流域更早的相关线索还未被发现而已。于是，有一群考古学家，他们不只依靠考古遗址来进行研究，而是采用了一个更为复杂的方法，利用整个亚洲地区尽可能多的考古证据，建立稻谷扩散的计算机模型。而这些模型也显示，稻谷的人工培育是始于长江中下游，那里有一个稻谷起源地，或者，更为可能的是，两个紧密关联的起源地。如果让我现在打赌的话，我还是会选择长江流域，虽然我对龙胜美丽的稻田景色有着更为浪漫的情怀。

冬天来了

人工培育稻谷开始的时间非常重要。就在历史上的同一时间，在亚洲的另一端，人们也正在开始培育当地的野生谷物——黑麦、大麦、燕麦和小麦。在距今 1.1 万年到 8000 年间，"肥沃新月地带"的这些谷物成为人们的主食，这些植物也从野草进化为人工作物，就如同远东地区的小米和大米一样。

在亚洲两端以狩猎采集为生的两群人都渐渐形成了对食用野草（籽）的偏爱，并且越来越依赖于这些植物，最终将它们培育成了农作物。这种情况似乎不仅仅是巧合。无疑，有一种因素连接着人类行为中发生的这种相同的变化——"肥沃新月地带"与长江流域相距 4000 多英里，但这一因素在两地都发生了作用。而这一因素极可能就是气候变化。

在最后一个冰河时代高峰期，气候寒冷干燥，野生稻只残留在东亚热带较为潮湿的地区。从大约 1.5 万年前起，随着气候变暖，野生稻开始扩散。并且，由于空气中的二氧化碳含量增加，更加速了扩散的进程。一片片长满种子的野生谷物给整个亚洲地区的早期居民提供了可靠并且易于收割的食物来源。在这种有利的气候条件下，野生稻和小米对人们来说，比今天看起来更具吸引力。也许，就如同我们对玉米进行的猜测一样，在人工培育过程中，一些植物的特点会被引入整个植物种群。这些植物一般颗粒较大，侧枝较少，看起来已经很像是一种很好的食物来源，其颗粒也易于收获。

但是，到了 1.29 万年前的时候，地球进入新仙女木期，这一寒冷干燥的时期持续了 1000 多年。野生食物来源减少，有可能迫使人们控制这些食物资源，开始培育并种植一些他们赖以为生的野草。就在新仙女木期来临之前，地球上曾经出现过人口激增。这意味着，在随后的气候恶劣期，人类食物资源面临的压力更大。对西亚的小麦和东亚的大米而言，新仙女木期有可能是一个关键因素，它推动了这两种植物与人类的结合。这种结合关系一直持续到了此后的几百年乃至几千年。谷物作为一种可靠的资源，在人类的食物中，地位更为重要，成了一种主食。于是，下一步就是人工种植。

关于人类历史的这种看法与我们所习惯接受的观点大相径庭。这一过程并非是仅由创造发明推动的各种进步，它充满了各种不幸、变故、紧急情况和运气。在困难时期，人们不得不改变生活方式，适应环境变化。环境的变化使谷物成为主食，然后被人工培育和种植。所以，把人工栽培谷物看作人类因气候恶化的无奈之举而非主动选择好像更为合理。

然而，即使西亚和东亚的谷物人工栽培史在某种程度上都是由气候变化引起的，但在这片广袤的大陆两端，新石器时代的发展却呈现出非常不同的情形。在西亚，农业的出现早于陶器，有一个很长的"前陶器新石器时代"，从 1.2 万年前一直持续到约 8000 年前。在东亚，情况则不同。在考古记录中，最早的陶器比农业出现得要早得多。所以，在东亚，没有前陶器新石器时代，却有前新石器时代陶器。陶器出现的时间一次又一次地被人类的考古发现所提前。

日本的绳纹族人以狩猎采集为生，有着复杂的社会形态。他们用的陶器可以追溯到 1.3 万年以前，很久以来被认为是世界上最早的陶器。但是，在过去 10 年里，亚洲地区发现了更早以前人们使用陶器的证据。人们在俄罗斯东部和西伯利亚的考古遗址里发现的陶器，可以追溯到 1.4 万年到 1.6 万年以前。经过对中国南部道县一处洞穴里发现的陶器碎片和相关残留物的分析，人们发现陶器出现的时间约为 1.5 万年到 1.8 万年前，这确实令人惊讶。这一研究结果于 2009 年公开发表。之后的发现将陶器出现的时间又推得更早了。2012 年，《科学》杂志上发表了一篇论文，宣布在江西的仙人洞发现了陶器碎片，属于约 2 万年前最后一个冰河时代高峰期。在中国，农业出现之前约 1 万年，人们就使用陶器了。那么，人们用这些陶罐做什么呢？除了鹿和野猪的骨头，人们在洞穴中还发现了大米化石。甚至在这么久远的冰河时代，除了其他植物性食物和肉类之外，以狩猎采集为生的人们似乎还吃一些野生稻谷。目前还没有关于这些陶器碎片残留物分析结果的报告，但是，那些陶罐碎片外侧有一些烧黑的印记，这显示，这些陶罐曾经被用火加热过。即使我们不知道江西这些人类的祖先吃的是什么，但看起来他们肯定是在陶罐里煮过什么东西。研究这些早期陶器碎片的考古学家声称，淀粉类食物和肉类经过烹煮，可以给人们提供能量。但是我认为，有时候，我们对诸如能量这样抽象的概念关注过多，以至于我们漏掉了烹煮食物的一个明显好处。在冰河时代，天气寒冷，经过一天辛苦的狩猎和采集，人们肯定渴望吃到热食。

研究显示，史前陶器还被用于物品储藏、食物准备（别忘了以前提到过的制作乳酪的陶器）和酿酒。在中国，陶器技术比农业出现的时间要早，也许，它还推动了人类向农业社会的转型——转向一种复杂的、阶级分化的并且更为稳定的社会形态。这一过程的细节有所不同，但是，这一次，我们看到的情况恰恰是把农业推动复杂社会形态发展的过程颠倒了过来①。但是，我们还是要谨慎一些，在中国，人们使用陶器好多年以后，才有了定居的社会形态和农业，中间间隔了好几千年。

过去，人们认为，新石器时代有三个特点，即陶器、定居生活和农业。然而，仙人洞陶器碎片的发现，还是将人们旧有的认识击得粉碎。当上山遗址的先民们生活在村落里，用稻谷增加陶土黏性时，他们已经进入了定居状态，不仅靠采集为生，而且还培育作物。但是，在他

①在中国历史上，相比农业，陶器出现得更早，它推动了复杂社会形态的出现，然后才有了农业。

们之前 2000 多年的仙人洞，那些制作陶罐的人还是处于游牧状态，以狩猎采集为生。

稻谷的传播

中国境内的上山以及其他早期的新石器时代遗址距今约 9000 年，能让我们对先民们新的生活方式有所了解。这种新的生活方式将会改变人类、地貌以及稻谷本身。那里的村落中有一些聚在一起的长方形的房子，有些房子甚至长达 14 米。人们仍然使用着一些石器时代的旧工具，主要是从石块上敲下的薄片。还有锄地用的石锛、砍树用的斧头以及研磨植物种子的磨石。他们还用陶器储存食物和做饭。总体来说，他们还是以狩猎、采集和打鱼为生，但是，大米在他们食物中的地位变得越来越重要。

6000 年前（公元前 4000 年）的时候，在北抵黄河南至长江的广大区域，除了小米之外，人们也种植大米。大米种植继续向南扩散，在距今 5000 年到 4000 年间，大米在珠江流域已经广泛种植。大米的种植还向中国北部传播，并且传到了朝鲜和日本。日本早期的大米种植起步于约 4000 年前——大米种子在这一时期绳纹族人的陶器上留下了印记。这一时期，大米很可能只是一种很不起眼的农作物，与更为重要的作物如小米和豆类相比，种植量并不大，但是，我们知道，它只会变得越来越重要。现在，人们很难想象日餐中没有大米会是什么样子。

在印度北部，也有早期人类食用大米的证据，这使得考古学家认为，那里有另外一个稻谷培植中心。在恒河流域的拉胡拉戴瓦遗址，人们发现了距今约8000年（公元前6000年）、被烧焦的大米颗粒，但它们似乎还是野生稻。人工种植的稻谷和野生稻很难区分。但是，野生稻粒一般会有一个边缘光滑的圆形断离痕，稻粒就是从这里与叶轴分开的；人工培植的稻粒一般会有一个略微参差不齐的肾形印痕。在印度东北部距今4000年的马哈加拉新石器时代遗址中就有稻谷小穗，这是人工培植稻谷的确定性证据。这些小穗明显已经具备了不易折断的特性。而此时正是粳稻从东方传来的时期，它们带来了人工培植稻的基因。这一时期，其他东亚农作物，如杏、桃和大麻，以及收割作物用的石刀，也都传到了印度北部。这些东西与在中国更早的遗址中发现的物品类似。考古学家认为，这些新奇的东西是通过一个物物交换网络传到印度的。这一网络将东亚和南亚文化连接了起来，是丝绸之路的前身。

有人认为，粳稻从东方传来时，与印度早期的人工培植品种发生了杂交，后者尚未具备人工稻的全部特点。但是，外来人工稻与本地人工品种的雏形发生杂交生成的农作物就会既有人工培植的优点，又能适应当地气候，这就是籼稻的来历。然而，新近在印度东北部考古遗址中进行研究却对这一发展顺序构成了挑战。在距今4500年的马德苏德普尔1号遗址和7号遗址，有10%的米粒似乎都属于人工培植品种。这一时间有些太早了，东方传来的粳稻的人工特性还没有被引入当地品种。于是，考古学家提出，这一发现引出了一种可能性，即在印度北部，确实有过一个独立的人工稻培植中心，虽然时间要晚一些。但这种说法又与基因数据不符。很关键的一点是，今天籼稻的人工等位基因都来自粳稻。这些等位基因与稻谷不易折断的特性和白色谷壳都有关联。

有两种可能。一种是，早期曾经出现过一种籼稻，它有自己的人工等位基因，后来被粳稻的等位基因完全取代，形成了我们今天在大米中看到的特征。另一个可能性更大，即粳稻抵达印度北部的时间要稍微早于 4000 年前。要解决这一问题，唯一的方法就是对马德苏德普尔遗址中保存下来的大米 DNA（如果真有保存下来的话）进行分析。

　　这一争论的焦点还在于，人工培养和野生物种的驯化之间的重要差异。人工培养是人类对植物所做的行为——播种、照料和收获。野生物种的驯化则描述的是这些物种处于特定选择压力下时发生的基因和表型变化。这些选择压力是人类在与这些物种联系中有意或无意地制造出来的。就算印度北部的稻谷在与东方传来的品种接触之前还算不上是真正的人工品种，印度北部也有可能是一个独立的农业中心。对其他农作物而言，这一点当然没有问题：有确凿证据显示，早在任何农作物传来之前，人们就在恒河平原种植绿豆和一些结有小籽的草类。不管在印度人工培植大米之初发生了什么，到公元前 1000 年时，整个次大陆都种植有稻谷。

　　关于西非人工稻的起源，并没有这样的争议。那里存在着一个完全独立的农业中心，大米是在约 3000 年前被人工培植的，其起源是一种完全不同的野生稻。西非的新石器时代一开始，牛、绵羊和山羊就被引入。随着时间的推移，牧民逐渐定居下来，开始培植稻谷、高粱、御谷以及甘薯。尼日尔河流域的早期农民培植了短舌野生稻，这种稻后来进化成了人工品种，就是光稃稻，又称非洲稻。对非洲稻整个基因组的分析显示，这种稻的起源地单一而且独立，并非源于许多不同的人工培植中心。关于人工培植的过程，这些研究还揭示了一种非常有意思的情况。遗传学家检查了非洲野生稻和人工稻的基因组，寻找受人工选择所影响的区域。有猜测认为，这些区域与稻的一些表型特性有关，而人类之所以选择这些稻谷品种，正是因为它们有这些特性。非洲稻的特性和基因与亚洲稻一对比，就引起了遗传学家的兴趣。他们发现，数个与人工特性相关的基因发生了重大变化，包括谷壳颜色、易折特性以及开花情况。但是，这些变化本身是不相同的。比如，在一种控制易折特性的基因中，与野生稻相比，非洲人工稻缺少了一节 DNA。而在同类基因中，亚洲人工稻与野生稻相比则多出了一节 DNA。这些变化完全不同，一个是删除了非洲稻中的一节编码，另一个却是给亚洲稻中增加了一节。但是，这些变化的结果却是一样的。两种基因的变化都与易折性降低有关。所以说，是亚洲和非洲的农民在不同的稻谷品种中选择了相同的特性，而这种选择的压力引起了同源基因的变化，这些变化在结构上有差异，但是功能却类似。这些都是有确凿的证据，不仅验证了亚洲和非洲早期农民所喜欢的稻谷特性，也验证了非洲稻完全独立的人工培植过程。亚洲籼稻的人工等位基因是从粳稻中引入的，而非洲稻则不同，它有自己完全不同的人工基因。

湿脚旱地

有一些植物不喜水，而另一些却能在水田里苗壮成长。稻谷就是喜水植物，人类很早就发现了这一秘密。水田的开发似乎起源于中国，许多考古学家相信，大约 2800 年前朝鲜和日本出现水田，反映出了早期农民的迁徙。

经过对中国长江流域新石器时代遗址的仔细分析，人们清楚地发现那里在 3000 年前就有水田，而这些水田最早出现的时间可能还要再早 1000 年。考古学家仔细分析了八里岗遗址的古代沉积物，发现了海绵骨针和硅藻。这些细小的藻类都有硅细胞壁，而这则是多水环境的特点。田地被水淹没会带来一些关键性的好处——阻止野草生长，同时又提高稻谷产量。那么，人类最先是如何发现这一秘密的呢？据我想象，还是如同人类绝大多数发现一样，这一秘密也是偶然被揭开的。也许，有一年雨特别多，田地被淹，农民们肯定非常伤心⋯⋯但是，当年的收成却特别好。这一秘密一被揭开，就迅速传播开来。终于，人类有记录的历史以及考古发现中，都出现了栽培稻谷的证据。《诗经》被认为写于公元前 8 世纪，其中就提到过人们从河道引水灌溉稻田的事。公元前 2 世纪，中国史学家司马迁记述到，人们在长江流域的田地里耕种时要用到火和水。他所写的可能就是人们放火开荒，引水入田阻止野草生长的事。

稻谷不管种植在水田还是旱地，都是一种很有用的谷物。所以，它不断向外传播。这里，我们又很容易掉入一个学术陷阱——从抽象角度研究一切。人们开始种植并食用大米，并非是因为它富含热量、蛋白质和其他营养物质。他们开始食用大米，肯定是因为大米好吃。我喜欢看电视上的烹饪节目，了解世界各地的饮食文化并从中学习。我们不能低估了我们新石器时代的祖先，他们也有自己的烹饪文化。他们也会喜欢研究一下，如何将不同原料混合，做出新的美味食物。他们肯定也会抓住机会，给自己的食物中添加新奇的东西。如果结果显示，这种东西是一种美味可靠的食物来源，那就更好了。这就是任何盟友关系成功的秘诀，既要有吸引力，又要有实用性。

到了公元前 1000 年时，东南亚热带地区已经开始种植粳稻，而籼稻则在晚些时候传到了那里。在那个千年的后半叶，人工稻也经过陆路向西传播。波斯帝国的商人和军队以及之后马其顿帝国的亚历山大人帝都对稻谷传入地中海东岸地区发挥了作用。在埃及的金字塔中，都发现了碳化的大米颗粒。

但是，稻谷被引入欧洲，特别是西班牙的情况却模糊不清并充满争议。它是沿着地中海北岸传到西班牙的吗？或者它走的是捷径，从北非穿越地中海抵达西班牙？有人声称，在 1 世纪时，瓦伦西亚附近就已经种植有稻谷。还有人认为，稻谷是由摩尔人在晚得多的时候（7 世纪，从被罗马人称为毛里塔尼亚的北非地区）引入西班牙的，与它一起传到欧洲的还有藏红花、肉桂和肉豆蔻。毕竟，西班牙语中大米一词来自阿拉伯语。

不管大米如何被引入西班牙，其他西欧人都把它当作了婴儿食品。然而，西班牙人很快接受了大米，他们认识到大米作为食物的潜力，进而为西班牙最著名的一道菜——海鲜饭打下了基础。在 13 世纪到 15 世纪之间，稻谷种植从西班牙传到了葡萄牙和意大利。今天，西班牙是世界上第二大大米出产国。

在哥伦布大发现之后，人工种植的大米被从旧世界带到了新世界，成为跨大西洋商品贸易的一部分。对居住在热带国家的拉美人而言，大米是仅次于糖的最重要的热量来源。特别是在加勒比地区，大米和豆类做成的饭是一种重要的传统食物。但是，这两种东西是在距今不远的时候才结合在一起的，也就是几百年的事。大米豆饭被称为"一种早期的全球化菜品"。但是，将草籽和豆类结合的做法却有着悠久的历史，可以追溯到农业出现以前。这些不同的食物在味道和口感上能够互补。但更为重要的是，它们能够弥补彼此的不足，共同制造出一组蛋白质来，其中就包括人体需要但又无法自生成的各种氨基酸。

在每一个培植中心，包括东亚、"肥沃新月地带"、西非、中美洲和安第斯山脉地区，早期的农民都培植出了至少一种本地的草本植物和一种本地的豆类。今天，正是这些创始类谷物和豆类给全球多半人口提供了食物。在"肥沃新月地带"，早期的农民在种二粒小麦、一粒小麦和大麦的同时，还种植小扁豆、豌豆、鹰嘴豆和苦野豌豆。长江流域的农民除了种大米和小米，还种植大豆和小豆。在撒哈拉以南的非洲地区也有独立的农业中心，那里的农民在距今 5000 年到 3000 年除了种植珍珠稷、龙爪稷和高粱，也培育和种植扁豆、豇豆。在美洲，除了玉米，还种植菜豆（也称刀豆，并且经常被误称为四季豆）和青豆。

跨大西洋的商品贸易使得农作物在旧世界和新世界之间互通有无，而几百年的奴隶制也在农业领域留下了相应的印记。西班牙殖民者到美洲时，就带了稻米种子，把它作为口粮作物在当地种植。此前，美洲土著人已经采集并食用当地的野生稻，但是亚洲稻口感更软，也更加可口。并且，它在低处湿地能够很好地生长，而这样的地方并不适合玉米生长。引入的大米后来成了拉美和加勒比地区一种主要农作物。到了 18 世纪，南卡罗莱那已经大规模种植稻谷，不过主要是用于出口。

虽然亚洲稻产量更高，并且已经成为主要的农作物，但非洲奴隶被贩卖到新世界时，也带去了高粱和非洲稻。所以说，加勒比著名的大米豆饭确实是一种结合了世界各地原料的食物——主要是混合了亚洲大米和树豆，而树豆最先是在印度被人培育，后来经由非洲传入美洲的。所以，这种看起来简单的食物背后有着一段令人惊讶的历史，它始于长江流域和印度的早期农民，见证了欧洲与新世界的接触以及随后出现的跨大西洋奴隶贸易。这种食物既体现了全球化和人类交流最好的一面，也体现了最坏的一面。

欧洲人在非洲的殖民历史也在农作物上留下了印记。大约5000年前，葡萄牙殖民者将亚洲稻引入西非，这种稻谷产量更高，所以很大程度上取代了非洲稻。非洲稻目前种植规模很小，只是作为一种口粮替代物而已。但是，对一些人而言，它还有一种特殊的文化意义，塞内加尔的乔拉人种植非洲稻就只是为了在祭礼中使用。亚洲稻虽然在一些方面强于非洲稻，但在另外一些方面却很差。它不如非洲稻的抗野草能力强，而且需水量极大，确实不适合非洲的气候。并且，随着非洲人口的增长，大米产量却没有随之增加。20世纪60年代，撒哈拉以南的非洲地区还能够生产出富余的大米；而到了2006年，这一地区的大米自给率不足40%。

为了研制出适应非洲环境的新稻谷品种，20世纪90年代，育种者着手将非洲稻和亚洲稻进行杂交。杂交的目标是将亚洲稻的高产特性与非洲稻的耐旱特性结合起来。这一计划被称为"非洲新稻"，简称为NERICA。这些育种者培育杂交稻品种的任务很艰巨，毕竟，他们是要将两种独立且差异很大的物种结合起来。非洲稻和亚洲稻并不能自然地杂交。因此，科学家利用了一种植物界的"试管授精"法。他们培育出的杂交胚胎需要仔细照料，并且要在实验室里的组织培养基中生长。但是，这一方法还是有效的：他们培育出了几千种新的杂交品种，并且已经在几内亚、尼日利亚、马里、贝宁、科特迪瓦和乌干达种植。至少从"非洲新稻"项目组的报告来看，结果还是很有潜力的：与其父本品种相比，杂交品种产量更高，含有更多蛋白质，而且比亚洲稻更为耐旱。但是，还是有人贬低"非洲新稻"计划，他们认为，这一计划又是一例自上而下强加于穷苦农民的解决方案，没有与他们进行有效沟通。这些人士提出的关切我们也很耳熟，他们担心，这一计划又会引起单一作物栽培，把当地种子的价格压低，因而无法实现其潜力。

转了一圈，"非洲新稻"杂交大米又将我们带到了黄金大米所遇到的问题上，促使我们再次审视人们从根本上对转基因的反对意见。在农业领域，人们一直都接受利用不同的品种培育杂交品种的做法，但是，在不同物种之间转移单个或成组的基因却会招致人们的忧虑。

"非洲新稻"计划还说明，虽然一些品种和谱系非常成功，似乎肯定能取代其他品种和谱系，但是，多样性的保存依然重要。我们曾非常清楚地看到过爱尔兰土豆的风险，因为它易招疫病，后来引起了大饥荒。人工培育物种和野生物种的多样化是一个巨大的仓库，其中储存着物种在不同时间、不同地点、人工培育状态以及野生状态下的各种适应特性，这些特性都很有用。现有农作物还有改良余地，而现有的多样性库存给我们提供了改良的机会，要么是通过传统的培育方法，要么是利用新技术，如基因编辑。不仅如此，人类的需求也与气候和环境一样，也会发生变化。一些现在看起来没什么前途的品种，将来也许会大有发展——当然，如果它们还存在的话。

但是，"非洲新稻"计划还提醒我们，不管出发点有多好，不管使用什么技术推动农业进步，科学家和农民都应该密切合作。要使人们认识到先进农业技术在改变生活和拯救生命方面的潜力，就不能仅处理抽象的问题，还应该与在田里耕作的人进行有效沟通。成百上千年来，像廖仲浦和其先辈一样的人一直在备耕、插秧、收获，并和周围的人分享食物。他们不仅仅是"终端用户"，而且能推动创新。让农民加入到农业发展中不仅仅是一个道义上的责任问题，同时他们也会帮助我们更好地决策，因为他们从事人工培育工作已经有很长很长的时间。

Horses

马

啊，我属于你，你也属于我，那无边的平原属于我们，我的骏马啊，北风
吹皱了你茶色的鬃 ……

——摘自威廉·亨利·德拉蒙德《斯特拉思科纳的马》

恩卡巴洛·拉马多·佐莉塔

佐莉塔仅仅陪伴了我 3 天，我们就非常亲近了。我们不期而遇，但是立即就能理解彼此。在那么短的时间里，我们互相照顾，我变得非常喜欢她，她也成了我坚定的朋友。但是，告别的时候，我知道不大可能再见到她了。

第一天的时候，我们之间有点语言障碍，但是，我很快就学会了与佐莉塔交流，而她也立即准确地理解了我的想法。我们一起走在山谷中，一起过河，还一起爬山。她一路都驮着我，听我的话，但是她又能自己选出最佳路线，穿越多刺的灌木丛，爬上陡峭多石的山岭。

最初，我是在塞洛基多农场的马厩里遇到佐莉塔的，这个农场位于智利百内国家公园附近的拉斯柴纳斯山谷中。一个叫路易斯的加乌乔人把我引到这匹马跟前。他上身穿一件红色衬衣，外套一件棕色紧身皮大衣，下身穿着一条宽大的黑色亚麻裤，脚蹬一双高筒皮靴。他头上戴着一顶黑色帽子，帽边绕着一圈红色的带子，一头又长又黑、乱蓬蓬的头发披在脑后。他的脸和双手都是棕色的，饱经风霜，满是皱纹。我猜他大概 50 多岁，但实际上可能要年轻一些。很明显，他一生的大部分时间都是在户外和马一起度过的。他几乎说不了几句英语——我也几乎不会说西班牙语。他设法问我以前是否骑过马，我说骑过，但不太多。他告诉我说，佐莉塔是一匹特别的马，就像一个斗士一般。我侧身坐进马鞍时，心情既害怕又激动。

我一直习惯于英国人骑马的样子，双手握缰，双脚稳稳地踏在马镫里，马疾驰时，骑手的身子在马鞍上坐起。而这里骑马的样子很不一样，一只手握缰绳，只有脚尖在马镫里，马在奔跑时，骑手稳稳地坐在马鞍里。我曾经那样骑过马，但那已经是数年之前的事了，所以，刚开始时，我还感觉有些陌生。但是，很快我就适应了。更让人称奇的是，佐莉塔似乎立即就能理解我。几分钟后，她已经能完全理解我的想法：想让她去哪儿，跑多快等。我们离开马厩，沿着一条长长的山谷前行，远处就是白雪皑皑的山峦。我们又走又跑，前行了 1 个小时后，路易斯追了上来。

"马跑得挺好吧？"他问。"还不错。"我答。"要不要快跑一阵？"他又问。还没等我回答，他就抽打自己的马让它疾驰起来。我没别的办法，只好也抽打了佐莉塔一下——我们一离开马厩，她就一直想快跑。很快，我们就沿着山谷飞奔起来，马蹄在草地上嗒嗒作响。那情形让人兴奋异常。

骑行了 3 个小时之后，我们抵达了目的地，在河边扎起帐篷。那时，我正和一位名叫马塞洛·勒佩的智利古生物学家一起寻找恐龙化石。他的考古据点就在山上。于是，第二天，我们就骑马上山了。刚开始，山路陡峭，但是地上长满了草和青苔。后来，再往上爬连植被都没有了，全成了石头和灰土，山势也更加陡峭，几乎成 45 度仰角。我看了看路易斯，他就在我前面，他的马站在陡峭的斜坡上，看起来很危险。

我骑着佐莉塔跟着路易斯前行。一开始，她似乎很小心，用蹄子在石头上试探着。后来竟然自己找出了一条狭窄的小路。实际上，那里根本没有真正意义上的路。有几块石头被马蹄踩到，一下子滚落到山下。我尽量不去看那些石头。转了一个弯后，山势又和缓起来，地上又有了植被。这是一座山的顶部，却不是我们要到的地方——要到山顶附近的恐龙化石考古点，我们还得再走一段路，但是，最险峻的一段路已经过去了。这时，我才长出了一口气。实际上，在登山途中大部分路段，我几乎都是屏住呼吸的。

到了化石考古点后的几个小时里，我们都忙于收集地表化石。这些化石是因为冬天的雪融化而暴露出来的，还有就是被风吹出来的。就在我们寻找古生物时，狂风依然卷起沙子吹在我们脸上。我找到了一节脊椎骨，它是一只鸭嘴龙的，这种恐龙距今有 6800 万年，嘴部像鸭子；还找到了几块智利南美杉的化石，这些植物保存得非常好，其果实甚至连年轮都清晰可见。

随后，我们就得赶在天黑之前下山返回帐篷。下山的旅程比上山更加恐怖，因为那时，我们无法不朝下看。我踩着马镫，身子在马鞍里向后倒着。如果佐莉塔脚下打滑，我们就得掉到谷底了。本来，我也可以从马上下来，徒步下山，但是，我相信佐莉塔，她也果真将我安全地驮下了山。

这是和另外一种生物结成的伙伴关系，多么不同寻常啊！多少个世纪以来，人类和马逐渐互相了解，找到了沟通之法，并且建立了信任，他们之间的伙伴关系也就有了基础。马还有一种天生的秉性，这种秉性深深地植入了他们体内——他们就像犬一样，能够与其他动物建立起伙伴关系。他们天生就是一种群居动物。不管是在途中还是在营地，只要一停下来，佐莉塔明显就想接近其他的马。我们要离开的时候，她又会挤一挤其他马，用头顶一顶他们的侧腹和肩头，再用鼻子在其他马的鼻子上触一触以示亲昵。对佐莉塔，其他马也一样亲昵。我们会在帐篷附近拴几匹马。我们一回到山下，佐莉塔只要一瞅见其他马，就会激动地嘶鸣。其他马也会嘶叫着回答她。很明显，他们看到彼此都很高兴。

每天晚上，那些加乌乔人都要把马带回马厩，早上再沿着河谷把他们带到我们的营地。有一天晚上，我们听说他们设法抓住了一匹在拉斯柴纳斯山谷附近游荡的野马。最后一天，我们收起帐篷，骑着马沿着山谷朝下走。在一个小牧场，我下了马，将佐莉塔拴在一个篱笆桩上，亲切地向她吹了个口哨，再拍了拍她的肩向她告别。考古队的其他人抵达的时候，她静静地站在那里，所有的马也都被拴在篱笆上，排成了一行。

就在一处角落，那匹野马被一套简易的马笼头和其他马分开拴着。他的鬃毛和尾巴又黑又长，很是漂亮。对周围的一切，与其说他是害怕，不如说是好奇。但是，他作为一只野生动物的生活却就此结束了。他的野性将会被驯化。我能想到，他被拴到马厩里，又会是一匹好马。在那里，他再也不会受到美洲狮的威胁，还能吃到许多干草。但是，我还是忍不住替他感到难过。

我关上门要离开的时候，佐莉塔在我身后大发雷霆。我倒乐意认为，她是因为我要离开才发怒的。她震怒的时候，力量是如此之大，以至于把坚固的篱笆桩都从地上拔了出来。于是，现场一阵喧闹，佐莉塔一边嘶叫，一边乱蹬蹄子。但是，那个加乌乔人跑了进来，很快抓住了缰绳，这时马也累了，加乌乔人就安抚她。很幸运，佐莉塔没有伤到自己，随后很快安静下来。她其实够温驯了，但是内心依然存有野性。

新世界的马

　　智利的野马好像就属于这一片富有野性的土地，他们和羊驼、美洲狮、犰狳、秃鹫一样，都是这片土地的一部分。然而，那个加乌乔人在柴纳斯山谷抓到的那匹野马的祖先可能只在那里生活了几百年而已。在西班牙人和葡萄牙人抵达那里之前的数千年里，美洲并没有马。野马的祖先实际上是被驯化了的，它们并非真正的野马，只是有野性罢了。

　　然而，时间再往前推移，美洲大陆上还是有许多马在游荡，时间更早一些，则是有许多类似马的动物。实际上，这种动物及其众多分支的起源，就在北美洲。在马及其近亲动物的进化史中，曾发生过大面积的传播，所以极富多样性。此外，还有许多分支被无情地淘汰了，最后，古时丰富多样的一个动物群体，只有一个小分支延续到了今天。

　　马是奇数脚趾的有蹄动物。不仅仅是它们的脚趾很奇怪，它们实际上只有 1 个脚趾，这当然是奇数的了。犀牛和貘也是奇数脚趾的有蹄动物，但是，它们有 3 个脚趾。马科动物的化石记录可以追溯到约5500 万年前，最初就是北美洲体形像狗一样大的始祖马。这些早期的马科动物每只脚上还都有几个脚趾——前脚有 3 个脚趾，后脚有 4 个脚趾。随着时间的推移，它们的脚趾退化得只剩下 1 个。有大量化石都能显示马脚趾退化的缓慢过程，因此，生物学教材中也收录了这一解剖学上进化的经典例证。

在海平面较低的时候，早期的马科动物会走出北美，经过白令陆桥进入欧亚大陆。大约 5200 万年前，以树叶为食的小型马科动物从北美来到了亚洲，但是这些早期先驱者的后代后来却灭绝了。在中新世（地质年代名，时间为距今 2300 万年到 500 万年），马的家族获得了巨大发展。当时，北美大陆充斥着各种样子和体形的马科动物，有的以树叶为食，有的以牧草为食，并且都善于快速奔跑。距今 500 万年，马科动物的化石记录就包括了 10 多种不同属的马。举几个例子，有 3 个脚趾的草原古马和上新马，还有最早的单趾马（现代马的祖先）。这些马科动物中有一些，比如中华马和三趾马，越过白令陆桥进入亚洲。

中新世初期，北美洲和南美洲被一个名为美洲海上大通道的水域分开。到了中新世中期，这一水域底部的火山喷发，在两大洲之间形成了许多岛屿。随着这些岛屿周围沉积物的聚集，巴拿马地狭形成。这些陆桥的形成，使得动植物能够在北美洲和南美洲之间互相迁徙。在约 300 万年前，这一动植物的跨洲迁徙达到了高潮，人们称之为"美洲大交换"。马就是在这一过程中来到南美洲的。第一批到达南美的是南美土著马，现在已经灭绝了。它们是一种短腿小马，样子很有趣。到了 100 万年前时，家养马也来到了南美——它是一种真正的马，从根本上讲，和我们今天的家养马属同一类。

在马的家族发展史中，既发生过一些种类灭绝的故事，也有过蓬勃扩张的故事。在中新世所有的种类中，只有一种传到了今天：那就是马属动物。现在所有像马的动物，如马、驴和斑马等，都归入马属动物当中。在育空地区的永久冻土中保存的一块距今 70 万年的马骨中，遗传学家提取出了 DNA 并进行了排序，这是迄今最为古老的马的基因组。基于这一基因组与现代马基因组的差异，遗传学家得出结论，马起源于距今约 450 万年到 400 万年；而马和斑马 – 驴这两个谱系互相脱离则是在约 300 万年前。

约 200 万年前，现代驴和斑马的祖先离开美洲，抵达亚洲，后来又传到了欧洲和非洲。然后，在 70 万年前，现代马的祖先从北美洲穿过白令陆桥进入东北亚，很快，它们又扩散到了整个欧亚大陆。在萨福克郡的帕克菲尔德和萨塞克斯郡的博克斯格罗伍两地的中新世早期遗址中，人们分别发现了距今至少 45 万年和 50 万年的两种马科动物化石，一种是驴，另一种则是一种古代的马。

马属动物源于北美洲，但在传入南美洲和旧世界之前，它在其故土就已经灭绝了。约 3 万年前，冰层开始覆盖北美洲，作为彼时主流种类的"高脚"马就消失了。在南美洲，土著马等还一直存活到了最后一个冰河时代高峰期之后。如果我能穿越时空，回到 1.5 万年前的拉斯柴纳斯山谷，我就有可能见到真正的野马——也许既有一般的马，还有南美土著马。但是，这些马在那里存活的时间并不长，因为不只是气候对它们不利。

在最后一个冰河时代高峰期，海平面很低，猎人能够经由白令陆桥来到北美洲最北端。在育空地区的蓝鱼洞穴内，人们发现了约 2.4 万年前被杀的马的骨头。但是，再往南的道路被巨大的冰层所阻挡。到了 1.7 万年前，冰层边缘开始消融，这使得人类可以从白令陆桥和北美东北角南下到其他地方。有大量证据显示，到 1.4 万年前，整个北美洲都有人类居住，并且，他们已经南下到了南美洲。这些人迁徙时会携带一些非常可怕的武器用于打猎。

在北美洲与人类居住或活动相关的考古遗址中，时常能够发现马骨。在加拿大阿尔伯塔省西南圣玛丽河的沃利沙滩上，风蚀作用使得冰河时代末期的沉积物显露了出来。在古时的淤泥里，有着已经灭绝的美洲哺乳动物的足迹和它们所走的小路的痕迹。显然，这是一条猎物经常出没的小路。但是，就在这些早已湮灭的动物所行经的路边，还有一些骨头，有马的、麝香牛的、已经灭绝了的北美野牛的，还有驯鹿的。有一些马和骆驼的骨头显然被用刀砍过。这处遗址中还出土了一些人工制成的石片，它们很可能是用于切割这些动物尸体的。沃利沙滩的证据包括了 8 处不同的屠宰场所。

考古学家认为，这些场所几乎是同一时间使用的。在这些不同的屠宰场里，动物们可能是在同一年、同一季，甚至是在同一次狩猎过程中被屠宰的。但是，这些真的是打猎的证据吗？或者说，那些动物是被其他捕食者所杀死，古印第安人只是吃这些动物的残骸而已？在这些屠宰场，人们并没有发现打猎用的武器，但是在其附近，却发现了一些尖形石头或矛尖。考古学家对这些尖状物进行测试后发现，其中两个上面有马蛋白质的残留物。

这些尖状物是做工很细的石矛，样子很好看，具有克洛维斯更新世文化风格。人们能够确定，克洛维斯文化最早兴起于 1.3 万年前。由于没有直接的参照，人们无法得出沃利沙滩的石矛的具体年份。它们的发现地点离屠宰场所有段距离，而这些屠宰场所本身距今有 1.33 万年了。所以，有两种可能：一是，这些沾有马蛋白质的石矛是克洛维斯人在稍晚的时间用来打猎的，时间晚于 1.3 万年前；二是，克洛维斯文化出现的时间比以前人们认为的要早一两个世纪。那么，沃利沙滩的发现到底指的是两个相隔数个世纪的事件，还是同一事件？这一问题似乎无解。尽管如此，这些尖状石制品确实提供了北美古代人类打猎的确凿证据，因为它们就相当于石器时代的猎枪。

南美土著马最晚的标本发现于巴塔哥尼亚，距今约 1.1 万年。而北美洲以及南美洲的马存活的时间则要稍长一些，但是它们也时日不多了。北美洲真正的野马的最后线索并非来自骨头，而是来自保存于阿拉斯加沉积物中的 DNA，距今有 1.05 万年。于是，关于到底是气候还是人类导致了美洲土著马的灭绝，争论还在继续。马是在人类抵达美洲之后几千年才灭绝的。所以，猎人并非在这片土地上横冲直撞，恣意乱杀。另一方面，我们可以肯定，即使只是偶然为之，这些猎人确实猎杀马，而且这种行为对已经在萎缩的马种群会有影响。（我们可以得出结论，）虽然说气候和环境变化很可能是主因，但人类在美洲马的灭绝中可能也起了推波助澜的作用。

到了 19 世纪，人们对美洲古代马的记忆早已完全消散。所有人都认为，马肯定是旧世界的动物，是由西班牙人引入美洲的。但是，1833 年 10 月 10 日，英国的一艘探险船上有一位博物学家正在圣菲①附近的海岸进行考察。他对找到的地质情况和化石都做了记录。当时，他正研究的是一种已经灭绝了的大犰狳的标本，但是，就在同一红色沉积层中，他发现了一个疑似马的牙齿化石。它看起来与现代马的牙齿略有不同，但不管如何，可以肯定是马科动物的。

这位博物学家不是别人，正是查尔斯·达尔文。在他的考察笔记本里，他曾思考过这颗牙齿会不会是从一个晚得多的沉积层中冲刷而来的，但是，他断言，这种情况不大可能发生。这颗牙齿距今非常久远。达尔文发现了美洲古代土著马的最早证据！

回到家之后，达尔文将他的发现记录在了《英国舰队"贝格尔"号船所到访国家的地质和自然历史调查日记》（*Journal of Researches*

---

① Santa Fe，阿根廷二十三省之一。

into the Geology and Natural History of the Various Countries Visited by H.M.S. Beagle）一书中。他后来又将这本书重新命名为《贝格尔号之旅》（*The Voyage of the Beagle*）。在《物种起源》中，他又一次提到了那颗马牙："当我发现有一颗马牙混在了乳齿象、大地懒、箭齿兽以及其他已经灭绝的怪兽的残骸中时，真是惊讶不已。"

19 世纪著名的解剖学家理查德·欧文（我认为可以公平地说，他后来成了达尔文观点的最主要反对者）也曾详细记述过"贝格尔"号航行中收集的哺乳动物残骸化石。他观察了从阿根廷出土的那颗牙齿，不得不承认达尔文是正确的。他写道："从圣菲冲积平原的潘帕斯红黏土中出土的那颗牙齿，在颜色和状态上都与同一地点出土的乳齿象和箭齿兽的残骸非常相似。所以，我确信，那匹马曾与乳齿象和箭齿兽等动物同时存在于一个地方。"接着，他又显小气地写道："这种动物在南美洲已经灭绝，之后又被引入到这片大陆。达尔文发现了它们以前存在的证据。不过，这并非他在古生物学领域所做的最无趣的发现。"

但是，这一成果确实引人关注。也难怪达尔文"惊讶不已"。这是一项实实在在的发现：16 世纪末，当西班牙人将马引入美洲时，他们实际上只是"重新引入"了一种曾在新世界生活了数千年的动物，而且这种动物实际上就起源于美洲。接着，达尔文在《物种起源》一书中又用这颗从圣菲发现的马牙阐述他关于物种灭绝的观点——他证明，古代的马曾经奔驰于南美洲，但是，在哥伦布大发现之前很久，它们就已经绝迹了。

旧世界的马

在美洲，虽然马的种群在下降并且最终绝迹，但是，它们的亲戚——马、驴和斑马却在旧世界存活了下来。当美洲的马科动物濒临灭绝之时，在西伯利亚北部和欧洲，还有大批成群的野马在游荡。

更新世末期，马在美洲灭绝，却在欧亚大陆存活，这显得很奇怪。因为，在这两地，马面临的压力相似——气候变化和人类猎杀。而且，在欧亚大陆，马作为人类猎杀对象的时间要比在美洲长得多。人类的祖先是智人，20 万年前起源于非洲。至少到 4 万年前时，智人已经到了欧洲和西伯利亚。但是，人类的出现比马要早数十万年。在萨塞克斯郡的博克斯格罗伍遗址出土了一块马肩胛骨，它距今 50 万年，上面还有矛伤印记，这表明，早期的人类——很可能是海德堡直立人，已经在猎杀马。在最后一个冰河时代高峰期，由于天寒地冻，再加上旧石器时代猎人的捕杀，欧洲西北部马的数量直线下降。

在冰河时代，西欧的居民对马非常熟悉，在一些洞窟壁画上都画有马的形象。数千年后，人们发现这些壁画时，都惊叹不已。著名的拉斯科洞窟位于法国西南部韦泽尔峡谷的蒙特涅克村附近，其中的壁画上除了公牛和驯鹿，还有一些体形不大，但有着大肚子的马在奔跑。人们认为，这些壁画创作于约 1.7 万年前。然而，我所喜欢的一幅冰河时代马的壁画是在拉斯科以南约 100 公里叫派许摩尔的一处洞窟。据说，这一洞窟里的壁画距今更为久远，可能约有 2.5 万年。2008 年，我有幸与其他一些人到访过这一洞窟。后来，我记录了当时所见的情况：

有一节石梯通向下方……我穿过一道门，进入了山腰上一处石灰岩洞窟。我穿过了一些巨大的石室，其中有很大的流石、石笋和钟乳石。有一些石笋和钟乳石分别从上下两个方向增长，进而连接在一起，形成了巨大的石柱。洞窟宽阔之处有一处大的石室……就在那里，在我左侧一处难得平整的岩壁上，有两匹描成黑色的骏马，他们头部分别向两侧望去，而壁画中马的后半身有部分重合在了一起。他们身上有黑色斑点，周围的背景中也有，就像对他们进行伪装一样。左侧马的肚子和另一匹马的腹部两侧都有赤赭色的斑点。我注意到，平整的岩壁上有一个奇怪的轮廓，但是在左侧，这一轮廓就中断了——它几乎就像是一匹马的头部。当时的画家似乎借用了岩石的自然形状……这些画并非写实，而是经过艺术加工的。这些马肚子弯曲，头部不大，有着圆圆的体形和修长的腿。那么，这些画是对真马的艺术再现，还是一种神兽呢？

不管这些图画代表的是什么，是根据真马进行想象的产物，或者是马鬼甚至马神，我们可以肯定，欧洲旧石器时代以狩猎采集为生的人们不仅知道马长什么样，而且知道它们吃起来是什么味道。在许多冰河时代的考古遗址中，都有被屠宰的马的骨头。实际上，马和野牛是考古出土物中最常见的大型哺乳动物。在欧洲和西伯利亚冰河时代的考古遗址中，60% 出土有马骨。

在冰河时代高峰期过后，气候开始改善，出现了大片草地，马能够活动的场所因而扩大，但是，马的数量却不断下降。欧亚大陆马的种群所承受的持续压力肯定来自人类的捕杀。当然，到了这一时期，西伯利亚和欧洲的猎人都带着猎犬打猎了。

世界持续变热，环境不断变化：欧洲的森林面积越来越大，草地面积因而缩小。新仙女木期的寒冷阶段打断了这一趋势，西欧的树林曾经短暂地退化成了冰川苔原。但是,地球随后又变热了。到1.2万年前,被称为"猛犸大草原"的冰河时代开阔草地几乎消失,猛犸象也随之消失。当时,欧洲有大片树林,在北部主要是桦树,在南部主要是松树。从约1万年前起,中欧低地出现了稠密得多的混合落叶林,其中,橡树是最主要品种。环境一下子变得对鹿和棕熊这些喜热并居住在林间的动物有利起来,它们就从南欧向北扩散。而马面临的却是栖息地的丧失。到了8000年前,它们就在欧洲中部消失了。但是,在其他地方,一直到全新世,都有大片适合马的栖息地存在。这些地方包括伊比利亚草原和欧亚大草原,而后者从黑海北部开始(在那里被称为黑海—里海大草原),经过俄罗斯、哈萨克斯坦一直延伸到了蒙古国和中国东北。在这些草原之上,有大量的牧草,当然也有许多猎人。

即使在欧洲,似乎也有一些马群的残留区——这是一些小块的适合马生活的地方,在这里,规模不大的马群仍然继续生活着。在英国、斯堪的纳维亚和波兰,有超过200处考古遗址中保存着野马的证据。这些遗址距今的时间在1.2万年到6000年之间。这说明,虽然新的树林对于猛犸象和巨鹿而言太过稠密,导致它们面临灭绝的危险,但还是有足够的小树林能够让马在其间吃草。当然,在这一时期,马的种群数量不大,分布得也支离破碎。在松树林中,森林火灾很常见,这也有助于开辟出一些林间空地来。在大河的河道旁,定期的洪水泛滥也限制了树林的扩大,并且形成了一些适合大型食草动物的河边草地。

此外,还有一种因素有助于给野马创造栖息地。在大约7500年前(公元前5500年)的欧洲考古遗址中发现马残骸的频率增加了。这一时期马数量的增加似乎与欧洲一种新生活方式的出现是同时发生的:这就是农业的出现以及新石器时代的开始。当早期农民为了农业生产和牛羊饲养而伐树开荒的时候，他们不经意间也给野马开辟了生存空间。

对于那些和我们生活在一起并成为我们朋友的物种而言，好处更为直接明显。冰河时代末期是一个地质大动荡的时期。在距今1.5万年到1万年之间，许多大型哺乳动物都灭绝了，包括一些巨大的标志性的食草性动物，如猛犸象和乳齿象。因为猎物减少，食肉动物也遭受重创。大约1.4万年前，洞狮从欧亚大陆消失；1.3万年前，美洲狮也灭绝了。剑齿虎则在新世界苟延残喘到了距今约1.1万年。狼的种群存活了下来，但也遭到了重创。当然，狼的一个支系却发展得非常成功：那些开始和人类一起狩猎的狼，最终变成了犬。据估计，全世界现有5亿多只犬和约30万匹狼。所以说，今天，犬与其野生亲戚的数量之比超过了1500:1。似乎没人会愿意赌运气去猜世界上有多少红色原鸡，但是其数量与全世界鸡的数量相比肯定是小巫见大巫了——全球至少有200亿只鸡，大约平均每个人就有3只鸡。而说起牛来，比率更加可怕，世界上已经没有欧洲野牛，但是据估计，家养牛却有15亿头。

与之类似，野马的生存状态也很不稳定。栖息地的消失以及人类狩猎使得野马的数量越来越少。新石器时代人们毁林开荒可能会开出一些小块栖息地，在短时间内使野马的数量增加，但是，总体而言，野马数量还是在持续减少。20世纪时，野马（家养马的近亲）的种群数量几乎归零。20世纪60年代，人们发现了最后的蒙古野马，这种野马属于另一个名为普氏野马的品种。但是，它们随后就被人们重新引入到了生物圈。现在，据估计有300匹普氏野马生活在野外，另外约有1800匹被人工圈养。野马、驼鹿、鹿、野猪、狼、鹳、天鹅和老鹰在切尔诺贝利核电站附近的禁入区有着很好的生活状态。这种情况堪称命运的转折，没人能够预料得到，因而令人称奇。同时，对人类活动的影响而言，这一事例也构成了挑战。人类从这一地区退出，带来了积极的影响，这似乎掩盖了核辐射本身所带来的恶果。

当然，并非所有的马都一直处于野生状态。你可能从未见过一匹野马，但我想，你肯定见过许多家养马。你甚至还骑过马。当你抬腿上马，身子坐进马鞍时，马是很温驯地站在那里吗？很可能是吧。

我倒不愿意说佐莉塔是温驯的，但是，她很乐意让我跨到她的背上。无论如何，她并没有要将我甩下来的意思。你能想象如果我要骑上那匹野马，会发生什么事情吗？他肯定不会接受，他的野生祖先也不会。人类曾和狼变得亲近，这意味着人类相信，狼不会仗着它们的力量和锋利得可怕的牙齿来威胁我们。不管我们多么惊讶于这一现象，要将自己托付给一种跑得很快的大型哺乳动物，肯定还是同样令人惊诧的——这种动物能够轻易地后腿踢起，或者全力猛冲，将你甩下，造成严重伤害。

驯服野马

想象一下第一次抓住一匹野马的情形。你认识的人中从未有抓住过野马的吧。你把它带回家的时候，它又咬又踢。你把它拴住，给它喂食。家人都会认为你疯了，他们想让你把野马杀掉——毕竟，这也够大家吃几个星期了。但是，你却想把这只年轻的野生动物养活下来。你喜欢它，你有自己的主意。大家都认为你疯了。

你耐心地等待这匹野马习惯于你接近她。你可以离她越来越近。她开始让你轻抚她的鬃毛和脖子。然后，你抓住鬃毛，跃身骑到她的背上。她不高兴了，拉扯着你用来把她拴在柱子上的缰绳，弓起背来想把你从她背上甩下去。你趴下去，抓住她的脖子不松手。等她安静下来时，你就坐起来，松开她的脖子，只是还抓紧她的鬃毛。

过了一会儿，虽然她还是又喷鼻又重重地跺地，但是已经不再竭力将你甩下去。这时，你一只手顺着拴在她脖子上的绳子，找到打结的地方，松开结。这一切她都知道。绳子一落地，她就知道自己自由了。而你不过是个前来捣乱的主儿。她转了一圈，蹄子踩到湿土里，然后就跑起来了。马蹄扬起，你都能听到她的呼吸和蹄子落地是一个节奏。为了活命，你紧紧地抓住她。感受着狂风，感受着荒蛮的野外，感受着飞天，这种感觉就像是体验飞行、死亡和生命的开始。你坚持着，在她的背上被甩得起起伏伏，她疾驰的节奏使你喘不过气来。她转着急弯，想把你甩下。但是，你还是坚持着。她跑着跑着，你已经离家很远了。

最后，她累了，喷着鼻息，头向后仰着，鼻涕喷了你一身。这时，她慢了下来，身子两侧和脖子上都是汗水。你两手交叉，抓着她的鬃毛。她一阵慢跑，一阵走着，一阵又静静地站着。你们俩静了下来，喘口气。这一阵疾驰令人筋疲力尽，既可怕又令人兴奋。

然后，你坐起来一点，轻轻地拉了拉她的鬃毛。你想让她转身，她就转了。这时，你面对着你想去的方向。帐篷就在那个方向，沿着这条河谷，在山的左侧。你能让她再把你驮回去吗？

你向前移了一点，使身体的重量稍微靠前一些。她就向前迈步了。你轻抚她的鬃毛，身子又向前移了一下，用双脚夹紧她的腹部。她开始小跑。这时，你尽量不把她的脖子抓得太紧。如果你身子坐得直一些，就能把她的鬃毛拉向一侧或另一侧，你可以引导她。这样，你和一只野生动物之间，就建立起一种令人惊讶的联系。你们蹚过小河，溅起水花，爬上对面的堤岸，再绕过山脊，这时你就能看见营地、帐篷，还有那里袅袅升起的炊烟。看到你骑在这样一只雄壮的动物背上，他们会怎么说呢？你已经征服了她的精神，同时也感受到了她的力量。即使你通过猎杀、吃掉它们也永远不会实现。马的潜力已经被释放了出来。人们把你奉若神明，他们都跑出来迎接你，其中有你的父母、阿姨叔叔、兄弟姐妹、亲戚以及朋友。

你快到居住地了。马也慢了下来——通常她都与人保持距离。你催促她前行。她已经属于你了。

营地里的一只狗跑了出来，嗅了嗅她的腿。她愤怒地刨蹶子，你努力抓住她的鬃毛。她还是向后踢腿，并且左右乱晃。你被甩了下去，然后背着地跌落下来。这下摔得可不轻，你躺在地上，不停喘气。还好你并无大碍。肋骨会疼一阵子，但疼痛会消失，伤口总会愈合。你慢慢缓过气来，抬起左手，放在胸前。你张开手，手心里有一撮黑色的马毛。你曾和她一起跑。现在，她不知所终，但是你永远都会记得那次狂野的骑行之旅。

之后，你的朋友们都想试试。骑马变得像是一种游戏。谁敢抓一匹野马来骑呢？那是年轻人才会干的蠢事。但是，不久之后，你们当中的一小部分人不仅骑马，而且还养马。养马的人拧成一股绳，其力量也不可小觑。他们是一群任性而为的年轻人，但又是一个处于上升期的精英群体。

多年之后，在部落里你已经是一位长者，马已遍地皆是，你会时常向其他人讲起你的故事："这些马现在看起来都是我们的朋友，但他们以前可都是野生的。"而你试着骑一匹野马，可以说是第一个吃螃蟹的人了。你打破了魔咒。虽然你的第一匹马不知所终，虽然你摔下马时跌断了肋骨，但是，人们看到了一种潜力。在你的生命中，世事发生了如此大的变化。马给人类带来了太多东西：马肉、马奶、帮人驮运、推动贸易和部落争斗，将更大范围里的人们联系了起来——以前，远方的人，你只在故事中听过，现在却可以和他们接触。你在儿时看似不可能的事情，现在已司空见惯，就好像它一直都是如此。你会觉得，跑三四十英里去看个亲戚，或者袭扰其他部落并窃取他们的铜制品和动物，根本就不是事儿。

对你的孩子来说，因为从小就骑马，这似乎已经是再自然不过的事了。在第一次惊心动魄的骑马之旅后的数十年间，不仅与你同一部落的人开始骑马了，骑马之术迅速传开。你们会把马作为礼物送给3位部落首领，以建立友好关系，并表示对他们的效忠。年轻女子嫁到其他部落时，也会带着马去。人和马之间的联系已经在整个草原传开，并且稳定下来。人们捕获了更多的马来进行驯化，每年，被驯化的母马都会生出马驹来。

最早的圈养马

马最初是怎样被驯化的？人类为什么要驯化马？答案无人知晓。但是，考古学给我们提供了一些线索。马驯化的地理位置就在欧亚大草原之上，即使欧洲大部分地方都被森林覆盖，这些食草动物在大草原上，还能生活得很好。在欧亚大草原上，人类和马共享这片土地已经有成千上万年的历史。在大约5500年前，人类和马的关系发生了变化。此前，他们之间只是猎人和猎物的关系；之后，马的命运和人类历史的轨迹就相互紧密交织在了一起。

考古遗址中的"厨余"垃圾能给我们提供很多信息。从这些垃圾中，我们能够发现人们当时食用什么。在欧洲的中石器和新石器时代遗址中，马骨一般只占动物骨头的一小部分。但是，在草原地区的考古遗址中，却有大量马骨，比例可达约40%。在捕获并驯化马之前很久，那里的人们就依靠这些动物，并对它们非常熟悉。

马的驯化比牛的驯化要晚得多。到了7000年前时，养牛业已经传到了黑海—里海草原。第聂伯河附近的游牧民族南下来到黑海北岸，在那里接触到了农业民族。而这些农民正在向北向东迁徙，途中会带着他们的牛以及猪、绵羊和山羊。

养牛的人仍然可能继续狩猎野马，而不是去驯化它们。人类学家大卫·安东尼认为，气候变冷可能是（人们驯化马的）一个驱动因素。如果下了厚厚的雪，特别是雪上还结了冰的时候，牛和羊都无法在雪中掘出饲草来，它们也不会打破冰去找水喝。但是这一切，马都会用蹄子来解决。它们能够很好地适应草原上寒冷的气候。安东尼认为，在距今6200年到5800年间，气候变冷，牛群要艰难地熬过冬天，这促使养牛的人去抓捕草原上的野马。另一种可能是，人类在狩猎马的过程中，自然而然地驯化了野马。也许，几百年甚至几千年以来，人们都在狩猎野马，因而能够理解它们，于是抓住它们之后，就开始骑着它们再去抓其他的野马。但是，这听起来也有点太过刻意为之，掺杂了太多人类的谋略。最先跃到野马背上的一些十几岁的年轻人，他们互相发出挑战，来做这种不可想象的、愚蠢而又勇敢的事。

在新石器时代早期，哈萨克斯坦北部地区的人们主要还是游牧民族，居住在临时营地里。他们捕获了许多种野生动物，从马、短角野牛一直到高鼻羚羊和赤鹿都有。但是，20 世纪 80 年代，人们在一处名为波泰的遗址中发现了一种转变，大约在 5700 年前，人们开始转向专门狩猎野马。同时，波泰人也开始接受半定居的生活方式，他们看起来已经不是追逐野马的游牧民族了。他们的生活状态要稳定得多。

在波泰遗址以及其他公元前 4000 年的类似遗址中，绝大多数动物骨头都是马骨。很明显，波泰人食用许多马肉。有证据显示，波泰人不仅能诱捕成群的马，而且能够将马的尸体运回家。这一难解之谜的核心部分是：那些马并非像沃利沙滩的马一样，在原地就被屠宰，它们被带回了人们居住的地方。考古学家认为，波泰人肯定是骑着马去打猎的，他们把马作为一种运输工具。但是，随着更多证据的出现，人们对波泰以及其他相关遗址中的考古发现有了不同的解读。在波泰遗址的考古发现物中，很少有矛尖，却有很多皮革加工工具，这些骨制工具上面有典型的微磨损痕记。这些线索说明，波泰人不仅仅猎杀马，而且还养马、骑马。为了检验这一观点，考古学家对证据进行了更为深入的分析研究。

虽然在不同马的品种之间，在野马和家养马之间，外形上只有细微的差异，但是，马的骨骼当中，腿下部的腕骨或胫骨蕴含着特别的信息。于是，考古学家就将波泰遗址中马的腕骨与其他地方、其他时期的马腕骨进行了对比。他们发现，波泰马的腕骨很细，与人们在后来的遗址中发现的马骨类似，而可以肯定的是，之后这些遗址中的马都是家养的。波泰马的骨头与现代蒙古马的腕骨也类似，都是细长的。

之后，考古学家又将注意力转移到了波泰马的牙齿之上，并且有了非常了不起的发现。他们发现，在一颗前臼齿的前缘，有一条磨损的痕迹——牙釉已经完全磨损掉了，一直磨到了牙质。如果你看一下马的嘴内部，你就会注意到，在其前牙和后牙之间有个缝隙，这被称为齿隙。要在牙齿上造成这种磨损，只能在波泰马嘴里的齿隙定期地放置一种东西。这种东西明显也有磨损。另外两颗牙也有更加细微的嚼咬磨损痕迹。经过放射性碳测定，拥有明显磨损印记的那颗牙齿距今有4700年。在另外4块上颚骨的表面，就在那个齿隙之间，还有骨质增生，而这一地方恰好就是马嚼子在马嘴里的位置。

最后，考古学家将注意力转向了波泰遗址里的陶器。经过对蒸煮罐碎片内壁残留物的分析，他们不仅发现了马脂肪，而且还发现了马奶中的脂质。虽然猎人们猎杀到一匹哺乳的母马时，偶尔肯定也会尝一下马奶，但是，这些蒸煮罐中的奶质残留物说明，人们经常饮用马奶。虽然与绵羊、山羊和牛的驯化中心以及"肥沃新月地带"相距甚远，但欧亚大草原的人们也独立地发展出了自己的乳品制造业。这是一种以马肉和马奶为原料的生活方式和经济形态。在哈萨克斯坦，这种方式经过了很长时间，一直持续到了现在。阿尔泰山区的牧民就继承了这种古老的生活方式，他们用马奶发酵制成的马奶酒至今仍是欧亚草原上一种非常受欢迎的饮品。

3种不同证据——马腿骨、马嚼子造成的磨损印记以及饮用马奶——的同时存在说明的都是同一个问题，即到了公元前4000年时，古代哈萨克斯坦的波泰人已经养马、用马具套马并挤马奶了。但是，这还并非开端。考古学家把这称为"以前的状态"，它告诉我们，在这个时间点之前，人类就已经开始驯化马了。

马嚼子造成的磨损显示，波泰马是套有马具的。马鞍可能是用来赶马的，但更可能是骑马要用的。除了这一养马的证据之外，波泰文化本身可以追溯到距今 5500 年。所以，人类开始骑马可能比这一时间还要早。在距今 6500 年的黑海—里海草原的墓葬中，除了牛羊的骨头之外，还有马的骨头。很明显，这些动物之间有一种象征意义上的联系。因此，考古学家认为，早在这一时期，人们就有可能开始骑马放牧了。

其他线索出现在今天罗马尼亚和乌克兰的多瑙河三角洲。那里发现了 6200 年前的马头骨权杖和坟头，这二者都是草原文化的典型特点。它强烈表明，草原上的骑马人在向南方迁移。在那些古墓里，死者的陪葬品有贝壳和牙齿做的项链、斧头、弯曲的项圈以及铜制的螺旋手镯。铜是这些人与多瑙河附近的欧洲城镇进行贸易而换来的。他们已经进入了铜石并用时代和青铜时代，这种具有良好延展性的金属闪闪发光，成了权势的象征。除了马，在这次迁徙中，草原居民可能还带了自己的一种东西：语言。他们可能说的是一种原始的印欧语言，随着他们再向南迁徙，这种语言就进化成了安纳托利亚语。

所以，早在波泰文化出现之前的 1000 年，可能早在公元前 5000 年，人类就开始驯马和骑马了。到了公元前的第四个千年，即距今 5500 年到 5000 年时，在欧亚大草原以南、黑海和里海之间的高加索山区地带，马骨已经变得很常见。在黑海以西的多瑙河三角洲，人类也已经驯马骑马。在距今 5000 年的德国中部的一些考古遗址中，马骨出现的频率提高，从数量上讲已经占到了所有动物骨头的 20%。这背后有着很清晰的关联性：人类的驯马骑马术得到了迅速传播。驯马和骑马术也传到了高加索以南地区。距今 5300 年之后，在苏美尔文明开始兴起之时，美索不达米亚平原也经常有马活动。

骑马不仅仅推动了养马业，它还大大提高了放牧其他动物的效率。

一个人带一只狗，如果徒步的话，可以管 200 只羊；而如果骑马，再带一只狗，就能管 500 只羊，并且活动范围也要大得多。活动范围的扩大肯定会引起牧民之间发生冲突。在这种情况下，建立联盟，互赠礼品就变得重要起来。考古记录中铜、金和珠宝的扩散说明，人们在追求身份地位并炫耀财富。而之前，他们并没有这种意识。但是，这一切都是有代价的：到了这一时期，开始出现一些经过精细打磨的石制权杖，其中有的还是马首形状。即使早在这一时期，骑马似乎也都与战争紧密相连。正式的骑兵要到 3000 年前的铁器时代才出现，但是，骑马术刚出现时，人们就会骑着马袭扰其他部落，偷窃他们饲养的动物，这又会引起部落间致命的仇杀。

到了公元前第四个千年的末期，大草原上的牧民流动性又增强了。在这一千年开始的几个世纪里，气候条件改善，但是随后又恶化了。大型的畜群需要走更多的地方才能找到足够的牧草。这似乎催生了一种新的生活方式和文化。牧民已经不能像在波泰一样，再继续过着半定居的生活；他们需要和家畜家禽一起迁徙。对于迁徙，他们的解决方案就是利用马车，这些轮式车辆就最先出现于 5000 年前的大草原之上。这一推测听起来很精确。那么，在有关马车的实际线索很少的情况下，考古学家到底是怎样得出这一推论的呢？车辙一般保存不了数千年（即使人们发现了印记，也不可能将其与雪橇留下的印记区分开来）。

答案就在这些草原居民的墓葬中。草原居民仍然修建坟头，在堆土之下会埋葬他们的精英分子——通常为男性，而马车也会作为陪葬品下葬。在公元前 3000 年至公元前 2200 年之间，黑海—里海草原上有一些宏伟的墓葬，墓坑中放置着尸体和拆解的马车。这种新的文化因这种墓葬仪式而得名"颜那亚"文化，颜那亚就是俄语中"坑葬"的意思。当然，当时的人们永远也不会知道这一名字。

车轮本身可能并非在草原上发明的。人们认为，轮式车辆要么是来自西方，即欧洲，要么来自南方，即美索不达米亚。最早的轮式车辆的图形是在波兰一处遗址中被发现的，时间约在公元前 3500 年；而在土耳其发现的一件泥制车模型则是约公元前 3400 年的。有这些带有顶篷的牛车作为移动房屋，牧民就可以跟随着大批家畜家禽迁徙。当然，他们还会骑马。考古学家认为，在四季的轮回中，牧民春夏两季会居住在开阔的草原之上，到了冬天则会在河谷中扎营。很关键的是，那些河谷中会有树，不仅能提供柴火，也能用以修理车辆。虽然"颜那亚"文化（其特征有骑马、以车辆作为流动的家、修建坟头等）存在于整个黑海—里海草原，但是各地区在饲养的家畜和种植的粮食作物上还是存在差异的。在东部的顿河流域，人们主要饲养山羊和绵羊，只有少量的牛和马，用来搬迁。他们的食物除了羊肉，还有地里挖的植物块茎和藜属植物的种子——这种植物与藜麦非常接近。而在西部草原，人们更多地处于定居状态，他们饲养牛和猪，种植一些谷物。

但是，与公元前 5000 年的那些早期骑马的游牧民族类似，颜那亚人并没有一直待在草原上。到了大约公元前 3000 年时，他们开始向西迁徙，来到了多瑙河下游河谷的匈牙利大草原。另一方面，他们也向东迁徙，接触到了中国早期的农民。这样，在西方驯化和种植的动植物传到了东方。铜的冶炼也有可能从西方传到了中国。在颜那亚人之后，草原上的人们似乎还一拨一拨地向东西两个方向迁徙。在 5000 年的时间里，这种情况反复出现。有史可考的最后一拨人类迁徙是 13 世纪的蒙古人入侵。

史前草原游牧民族的迁徙对东方和西方原有社会的影响大不相同。在中国，游牧民族似乎融入了定居的社会形态；而在西方，他们侵占了原来被其他游牧民族占领的土地，这就产生了撞击效应，使得原来的游牧民族再往西迁徙。

颜那亚文化在欧洲的扩张有着深远的文化影响，这种影响今天的人们仍然能够感受到。遗传学家和比较解剖学家利用现代生物和古代生物（如果能够找到的话）的同异模式构建了种系发生图，这种谱系图能够说明进化的历史。语言学家利用比较语法和词汇，也可以做出不同语言的发展图谱。许多古代和现代语言，从英语到乌尔都语，从梵语到古希腊语，都可以归入印欧语系。语言学家不断地追溯语音的发展，直到有了一种最接近原始印欧语的语言，这种语言一共有约1500个不同的语音。这些语言学家是否找到一种古代语言的线索，很难验证。但是，考古发现揭示了赫梯语和迈锡尼希腊语中一些之前不为人知的单词。关于这些单词，历史语言学家也都做了正确的预言。因此，我们有一定的理由相信语言学家所重构的语言发展图谱。

原始印欧语的片段中包含了水獭、狼、赤鹿以及蜜蜂、蜂蜜、牛、绵羊、猪、狗和马等词。换句话说，这种语言的根源是在新石器时代开始之后才出现的，操这种语言的人会用词指代家养动物。但是，"马"这个单词指的是否是家养马尚不清楚。然而，还是有其他线索的。这种重构的原始印欧语中有车轮、车轴和车辆等单词。情况似乎是，颜那亚人（欧亚大草原上骑马赶车的游牧民族）所操的语言是印欧语系各种语言的基础。今天，在欧洲、西亚和南亚，人们还继续使用这些语言。我们今天用的一些单词仍与欧亚大草原上那种古老文化（颜那亚文化）有隐约的关联。一想到这儿，该是多么奇妙的感觉啊！

近同类和另类发展史

要解开家养马的起源（这一话题大家已经非常熟悉了）确实是非常困难的。正如狼和早期犬以及野牛和早期牛的情形一样，人们很难找到野马和家养马在骨头上的差异。波泰遗址中马的掌骨与野马的骨头只有细微差别。事实上，马属动物中各个品种的骨骼之间只有非常小的差异。如果比较一下斑马和驴的骨骼，你得费很大劲才能把它们区分开来。在这个问题上，遗传学又一次发挥了救急的作用。在研究家养马的起源之前，我们需要确保真正理解今天现有各种马之间的差异。最新的研究显示，有些马之间的差异比我们以前所认为的还要小。

过去，在分类学上，我们似乎过于热衷给马科动物分类。基因研究已经得出了一些观点，认为一些传统上被认为是不同品种、有着明显差异的种群，实际上相互关联要紧密得多。例如，传统上，很大程度上基于外表，人们认为，平原斑马和已经灭绝了的白氏斑马是不同的品种。现代遗传学则认为，它们就是同一物种。与此类似，已经灭绝的美洲"高脚马"从基因上看就是马，与现代家养马非常接近。虽然马的谱系图本身内部发生了消解，马的品种比以前人们所认为的要少，各品种的基因联系也更为紧密，但是，有一个关键的部分是不容置疑的，那就是，家养马与中亚草原上现有的普氏野马之间有着非常紧密的联系。这些马体形不大，但是很有活力，毛色淡黄或微红，鼻口和腹部为白色，有着棕色的硬质鬃毛，背部还有一个条纹。

基因研究使得重构马的谱系并且确定有关时间成为可能。家养马的祖先出现于4.5万年前，当时它们与普氏野马的祖先分开，形成了一个独立的品种，而这是发生在马被驯化之前很久的事。两种马虽然分开了，但是，还有少量的杂交情况继续发生，这两种马的基因组中能够清楚地显示出双向的基因流动。这种杂交主要发生在很久以前，比最后一个冰河时代高峰期还要早些，大约距今2万年。冰河时代之后，还有一些普氏野马的基因进入了家养马的基因组，这种情况即使在马被驯化后还在发生。后来，在20世纪初，有证据显示，基因流动还有另外一种方向，从现代马流向普氏野马。这是家养马的基因最后一次进入普氏野马，其时机恰好是人们开始圈养并繁育普氏野马的时候。

这两个马的种群能够杂交，确实不同寻常。它们在形态和基因上都不一样，被认为是不同的品种。并且，它们的染色体数量也不相同，而这种情况经常被认为是根本不能杂交的。家养马有64个染色体（32对），普氏野马则有66个（33对）。哺乳动物的精子或卵子形成时，结果会形成一种基因互补染色体，它是从这一哺乳动物体内其他细胞中发现的。在受精时，卵子中的基因物质与精子中的基因物质结合，就又创造出新的一组来。卵子中的每个染色体必须与精子中对应的染色体配对，这样，受精卵才能分裂，进而形成胚胎。如果一匹家养马和一匹普氏野马交配，受精卵中将会有一组32个染色体和一组33个染色体。但是，不知为何（遗传学家也很惊讶于此），它们的染色体还是配对成功了——如果没有成功配对，就不会诞生后代。现代家养马和普氏野马基因组杂交的情况显示，它们不仅产下了正常的后代，而且，这些后代也能够生育。

当然，不同马的品种之间发生杂交的事已经广为人知。驴骡是公马和母驴杂交的产物，而马骡则是公驴和母马杂交的后代。驴骡和马骡虽然通常不能生育，但偶尔情况下也可以成功繁殖后代。驴有31对染色体，而马有32对染色体，因此，它们杂交的后代能够生育也是相当不寻常的事。然而,不同品种的马,其基因组中也包含着一项更为令人震惊的证据,索马里野驴和格利威斑马之间也能发生杂交和基因流动,而前者有 31 对染色体,后者却只有 23 对。这些发现对我们关于生物学原理的固定观念构成了挑战。在基因组学出现之前,物种之间的界限比我们所想的要更易于穿透。此前,我们认为,染色体数量上的差异会阻碍成功繁殖,但是,实际情况似乎相反。

遗传学除了研究杂交问题,还能使我们了解古代马种群的体形随时间而发生的变化。在约 1 万年到 2 万年前的更新世晚期和全新世早期,家养马和普氏野马祖先的数量都曾经大幅下降。种群数量的萎缩一直持续到约 5000 年前马被驯化之时。之后,家养马的前景看起来就很乐观了。但是,一方面,家养马的种群不断增长,扩散到全世界;另一方面,它们的野生同类却成了濒危动物。

泰班野马有着典型的淡黄灰色毛皮,腹部为白色,腿为黑色,鬃毛不长。有时候,人们认为,与普氏野马相比,泰班野马与家养马关系更近。但是,这种野马 1909 年就灭绝了。与此同时,普氏野马也在滑向灭绝的边缘。1879 年,俄国探险家和地理学家尼古拉·米哈伊洛维奇·普热瓦利斯基在穿越中亚草原时发现了这种稀有又怕见人的马。当时,这些野马活动的范围已经萎缩,只在蒙古地区有少量种群在游荡。普热瓦利斯基准备离开蒙古时,有人把一匹被猎杀的野马的皮和头骨赠给了他。他立即将这些东西带回了圣彼得堡。俄国动物学家波利亚科夫对这些东西进行了研究,并于 1881 年发表了他对这种稀有马的相关描述。波利亚科夫认定,这匹来自蒙古的野马,其残骸与家养品种明显不同,因此,应该是一种新的品种。于是,为了纪念这种野马的发现者,他把它命名为普氏野马。这种野马立即变得珍贵起来,一队接一队的科考人员出发前往蒙古去狩猎这种野马以送往动物园，这又进一步消减了野生种群的数量。最后一只被抓住的普氏野马是一匹小母马驹，名叫奥利查。在野外，这种野马变得越来越稀有。从某种意义上讲，被认定为一个新物种导致了它们的式微。那些给动物园狩猎野马的科考人员不可避免会杀死一些野马，同时还会驱散其他的野马。

据报道，人们最后一次在野外见到普氏野马是在 1969 年，地点是在蒙古国西南部的准噶尔戈壁。普氏野马在野外灭绝了，但是在动物园里，还有一些存活了下来，并且繁育了后代。20 世纪 80 年代和 90 年代，人们曾经试图将这些野马重新引入到野外环境中，他们要野化的是从 14 匹野马（其中就包括奥利查）中繁殖出来的野马，人们的努力取得了成功。从 20 世纪 60 年代到 1996 年，人们都认为，普氏野马"在野外已经灭绝"。但是，到了 2008 年，野外环境中又重新出现了这种野马——当然其数量还很少，因而还被标定为"严重濒危"。普氏野马的数量持续增加，到了 2011 年，它被改认定为"濒危"，意味着有50 多匹成年马在野外生活。

现在，据估计，在野外自然生长的普氏野马有几百匹。这一数量不多，因此，它意味着野马种群在恶劣环境（疾病和寒冬）面前仍很脆弱。但是，有人帮助这些野马。2001 年时，有一些普氏野马被放到了中国新疆的卡拉麦里自然保护区。每年冬天，这些马都被圈进一个畜栏进行喂养，使它们不必与家养马争食。到 2014 年时，这一群被重新放入野外的普氏野马数量就达到了 124 匹。这一项目被称为中国最为成功的野化行动。

人们圈养的普氏野马看起来也很健康。全世界的动物园中，共有1800 匹普氏野马，并且数量还在增加。野化项目主要是在中国和蒙古国的特定区域进行，这一地区是人们所见的普氏野马灭绝之前最后生活的地方。但是，还有一些普氏野马被放到了乌兹别克斯坦、乌克兰、匈牙利和法国的自然保护区和国家公园。

这些野马的故事使我们能够找到家养马发展的另一种过程。如果这些家养马一直生活在野外，会是什么情形呢？无疑，人类历史的进程也会因之而大不同。但是，如果马没有成为人类的朋友，对它们自身而言，情况也会大不相同。野马对于我们旧石器时代以狩猎采集为生的祖先而言，是一种重要的肉食来源。但是，如果它们在其他方面对人类没有用处，比如驮着骑手穿越大草原、驮着武士上战场、拉车拉炮、作为人类社会中身份和威望的象征，肯定也会因狩猎而灭绝，或者接近灭绝。将普氏野马重新引入野外环境似乎取得了成功，这是动物再野化事业的成功。但是，野外和圈养的普氏野马在全球最多也就几千匹。相比之下，全世界有6000万匹家养马。当然，也有人担忧家养马基因多样性减少的问题以及一些品种消亡的问题，但是，家养马肯定不会成为濒危物种。

豹纹和马的面部

我们似乎已经确定了家养马的起源地。然而，家养马最早的考古证据来自黑海—里海草原并不意味着今天所有的马都来自一个起源地。可能也会存在一些更晚的、独立的驯化中心。毕竟，马在欧亚大陆分布很广，在许多其他地方，马和人类的接触已经有几千年的历史。关于马的起源，还有另一个更加分散、多地区的理论模型，它认为，不同的种群后来发生融合,成为一个具有多样性特点的家养马品种。因此,家养马有地区差异,也有不同的起源地。与犬类驯化史类似,根据现代马所具有的明显的多样性,我们可以认为,它很可能有多个起源地。一些家养马品种与当地野生小马有很多相似点。过去,人们认为,这一事实可以支持上述模型。经过对形态特点(体形和骨骼大小)的研究,人们认为,埃克斯穆尔马、巴斯克地区的波托克马以及灭绝的泰班野马之间有很多相似之处。有人认为,法国卡马格地区那漂亮的半野马就是古代真正的梭鲁特野马的直系后裔。而冰河时代的洞穴壁画中就有梭鲁特野马。然而,基因分析则得出了不同的结果,而且更加有意思。

2001年,有人发表了一项关于马的研究成果,其基础是对一些标本上某一段线粒体DNA进行的分析。这些标本是从37匹马身上提取的。结果显示,这段DNA是非常多变的。但是,这种多样性所代表的不同谱系是在驯化之前还是之后彼此分开的呢?如果是之前,这就说明现代马有多个起源地;如果是之后,那就说明是单一起源地。为了回答这一问题,遗传学家研究了一头驴子的线粒体DNA——它的线粒体DNA有16%与马不同。他们推定,驴和马是在200万年(化石记录所示)到400万年前(根据当时基因估算的结果)彼此分开的。这使遗传学家能够进行测定——在100万年的时间里,基因序列的分化可以在4%(在400万年前分化)到8%(在200万年前分化)之间。这样,他们就可以将这一速率应用到研究现代马线粒体DNA的差异上。现代马线粒体DNA的比例约为2.6%。根据这一测定,现代马的谱系肯定是在32万年到63万年前分化的。即使是32万年前,这也意味着这种基因多样性的起源要远早于马被驯化的时间(约为6000年前)。遗传学家接着指出,人类是在很大的区域内狩猎野马的,用途既有食肉又有驮运。后来，随着野生马种群的消失，家养马变得更为重要，它们经过杂交，形成了现代马的基因基础。研究人员将马的驯化史与犬、牛、绵羊以及山羊的驯化史进行了比较。一方面，犬、牛、绵羊以及山羊被驯化的时间要早得多，而且，它们都出自一个封闭的起源地，然后才向外扩散。另一方面，马的驯化似乎是在许多不同地点反复进行：它所体现的是一种思想、一种技术的传播，而不是动物本身的扩散。

但那只是母马的情况。那么公马呢？结果显示，它们的驯化史完全不同。人类学家大卫·安东尼把马描述成"基因分裂"型物种。线粒体 DNA 是继承自母马的，它显示，现代家养马的祖先是许多种野生母马。马的线粒体基因多样性是非常丰富的，这与其他家养动物相比非常不寻常。而 Y 染色体则继承自公马，它显示，现代马的祖先只是很少几种野生公马。

在某种程度上，线粒体和 Y 染色体数据的差异能够反映出自然的繁育模式。普氏野马和野生马都是一匹公马配多匹母马。在马的种群中，这种情况很自然：在这里，一夫多妻是常态，通常一匹公马会控制一群母马和马驹。年轻的公马会离开种群，先是单身游荡一些年，然后就试着建立自己的家室——它们要么从其他公马那里拐走母马，要么通过打斗接管别的马的家眷。因此，现代马的基因能够反映出马的社会模式和生殖模式，这些在马的种群中都是自然而然的。

但是，这并不足以解释为什么线粒体谱系与 Y 染色体相比在多样性上有着巨大差异。这一模式表明，与公马相比，被驯化的母马数量要多得多。这一点在我看来意义非凡。公马的本性就是好动、独立，甚至还有些危险性。要抓获一匹年轻的雄性野马，它极可能会变得狂躁，将你从身上掀下，还会踢你的脑袋。而母马的天性则更为温驯。如果你是一位牧民，想要抓一匹野马来驯化，那么找到一匹母马的概率要大得多。所以，在马的进化史上，难怪人们捕获和驯化的母马要比公马多。虽然母马易于驯化，但要成功地繁育后代，至少需要有一匹公马。这是由基本的生物学理论决定的。

然而，看一看现代马的 DNA，迷局之中还有待填的部分。我们不知道，不同的谱系是在何时何地进入了家养马的种群；我们也不知道，有多少多样性随着时间而消失。人们从古代的马骨上提取了古时马的 DNA，这使我们能够有更为深入的了解。在冰河时代末期，从阿拉斯加到比利牛斯山脉地区，有一个大的野马种群，它们内部各支在基因上都有关联。到了 1 万年前，北美洲的马已经消失了，欧亚大草原上马的种群也与伊比利亚的马分开了。最新的基因研究还显示，Y 染色体的多样性随着时间推移在消失，这使我们有了一个错误的印象，认为只有不多的一些公马品种被人类驯化。

马的驯化始于青铜时代的欧亚大草原西部。古代和现代马的 DNA 都同时说明了这一点。此外，这些古今马的 DNA 也显示，在家养马向欧洲和亚洲传播的时候，继承自母马的线粒体 DNA 反复进入家养马群。在铁器时代以及中世纪，人们捕获并驯化了更多的母马，它们的基因也就被引入已经被驯化了的马群。

在家养马出现之前的古伊比利亚马，因为比利牛斯山脉而与欧洲其他地方的马群隔离。其中某些母系分支也进入了家养马群，而有些今天仍然存在，如伊比利亚的马利斯迈诺马、卢西塔诺马以及德卡罗马。由于是西班牙人重新将马引入了南美洲，南美各品种马（如阿根廷的克里奥尔马和波多黎各的巴索菲诺马）身上出现古伊比利亚马的特征也就不足为奇了。但是，一些法国马和阿拉伯马身上也有古伊比利亚马的特征，这很可能反映了古代伊比利亚和法国之间的贸易往来以及西班牙与北非地区的紧密联系。在中国，绝大多数线粒体 DNA 都显示，家养马是从西方传入东亚的，但是，也从当地野马种群中引入了一些分支。

关于马的驯化，现在，我们所了解到的并非是有多个独立的驯化中心；相反，家养马起源于欧亚大草原上，但在历史的传播过程中，有许多野生母马被引入到了家养马种群中。所以，马的扩散并非只是一种观念和一种新技术的扩散，它还是马本身的扩散。

如同其他家养物种一样，故事到此并未结束。选择性繁育会增强某些特征，同时又会压制另一些特征的发展。与犬、牛和鸡的情况相似，在过去的两个世纪里，严格的繁育机制引起了强有力的人工选择，因而造就了我们今天所知的各个马的品种。但是，在久远的过去，人工选择一直都在发生。在青铜时代，人们喜欢小型马，因为它跑得快，而且还灵活，可以用于拉轻型马车；而在铁器时代，西塞亚人繁育了大型马，一方面是为了追求其耐久力，另一方面则是为了追求其奔跑速度。中等体形的马则被拉上战场拉马车和大炮。到了中世纪时，役用马的身材已经变得很大，体重可达 2000 磅。

现代马的一部分特征在家养马出现之前就有了。拉斯科洞窟壁画上的马，身子是棕色和黑色的，这些很可能就是其自然的毛色。在派许摩尔的画中，马身上有斑点。人们认为，这非常具有想象力，可能有象征意义，甚至还有一些迷幻色彩——所有这些都与马周围抽象的斑点图案相匹配。但是，另一方面，派许摩尔马身上的斑纹看起来与一些现代马（如纳普斯特鲁马、阿帕卢萨马和诺里克马）身上的"豹纹"图案非常相似。这种"豹纹"图案的基因基础人们已经很了解，它是源于 LP 基因中的某一变体，又称等位基因，而 LP 基因位于马的 1 号染色体上。为了看看能否找到这一等位基因，遗传学家筛选了 31 种古代家养马出现之前的马的基因。亚洲马中没有 LP 等位基因，而在他们研究的 10 匹西欧马中，有 4 匹有这种基因。在派许摩尔的画中，那些马的头部特别小，腿部细长，这肯定有些许艺术加工。但是，其身上的"豹纹"图案应该就是直接从大自然中复制过来的，就是铁器时代马真正的样子。一些早期的育马者似乎特别喜欢这一特点，例如，在土耳其西部一处青铜时代的遗址中，10 匹马中有 6 匹出现了 LP 基因。

人们认为，在西伯利亚北部，育空马可能与当地野马发生了杂交，这使它们具备了一些生理和解剖学上的特点，从而能够在亚北极地区生存。这些马体形不大，腿也不长，并且长着很长的毛。但是，对古今育空马的基因研究显示，它们之间并没有特别的关联。现代育空马是 13 世纪时被引入当地的，并且它们很快就适应了寒冷的环境。可以肯定，育空马要生存下来，其基因的快速变化是非常关键的。这些变化与三个方面有关：一是马毛变长；二是新陈代谢；三是血管收缩（以减少身体表面热量的散发）。就家养马总体而言，其他一些基因也显示了人类在过去对马基因特点的选择。这些基因主要与马骨骼、循环系统、大脑以及行为有关。

马的行为中有一些很有意思的现象，养马人可能早就知道，或者至少也能猜想到。但是，在这一方面，科学研究才刚刚开始论述。有证据显示，猫和狗能够理解人的情感，不管人通过身体还是语言表达出来的。狗似乎确实知道人在高兴时，面部表情是什么样的。人们知道，马也有面部表情，并且，它们也能识别出别的马的面部表情。在最近进行的一次研究中，人们给马看了人类生气、皱眉和快乐时的面部表情图片。与看到笑脸时相比，马在看到一张生气的脸时，心跳就会加快。如果这意味着马确实能读懂人的情感，那么，我们对这种能力可以有几种解释。一种可能是，马早就能够解读别的马的面部表情，因而，在它们被驯化之后，也能读懂人的表情。另一种可能是，这种能力是马在生活中学到的，比如，它们会将其他表示生气的线索与一张生气的脸联系起来。但是，这种通过外表解读情感的能力也有可能是马从野生祖先那里继承而来的。

最近的另一项研究经过了仔细规划，它显示，马不仅能解读我们的行为，它还会努力去影响人类行为：马的一些姿态似乎确实是一种要进行沟通的意思表达。人们会见到，面对一桶喜欢但又够不着的食物，马会伸长脖子，把头指向食物桶。它们会看一下实验人员，然后"指"一下桶，然后再看一下实验人员。当实验人员朝它们走去的时候，它们的这种行为会更加频繁。马还会通过点头和摇头吸引人们的注意。实验显示，马不仅有与人交流的意愿，而且能够认识到，人类也具有接受信息的能力。这种能力不可能是马在仅仅数千年的驯化过程中养成的，但也不可能是一种天生的能力。相反，在其社会环境中，在与别的马或人类的交流中，马可能就有了学习这种行为的能力准备。所以说，尽管这种行为不是天生的，马还是具备形成这种行为的先天优势。马与犬类很像，天生就是群居动物，这意味着它很适合与另一种群居动物形成组合关系。自从青铜时代黑海—里海草原那些以狩猎采集为生的人类祖先学会骑马之后，马就成了人类的好朋友。它们还是好旅伴，但它们不仅驮载人类。我们接下来要讲的另一种人工培育物种向全世界的扩散，就始于今丝绸之路西端的旅行者的鞍囊之中。装进那些鞍囊之中的，是人们旅途中要吃的水果——苹果。

pples

苹果

干杯吧！干杯吧！全城都在痛饮啊！
白色的是面包，褐色的是酒；
我们端着，
白色枫木做的酒碗，
向你敬酒。

——格洛斯特郡祝酒歌

酒宴

北萨默塞特 1 月末的一个寒夜里，有一小群人聚集在一个果园中。光秃秃的树枝伸向夜空，人们脚下的雪已经挺厚了，踩上去嘎嘎作响。不管老幼，每个人都穿得很厚实，还要裹上头巾，戴上羊皮帽子。人们一呼气，就在寒冷的空气中结成一道白雾。孩子们都拿着一些器具，但很难将其称之为"乐器"，因为它们只是一些能发出声响的东西：响葫芦、小手鼓、里面装有瓶盖的罐头盒；他们还给一根木权上绑上一截线，再把许多瓶盖拴在线上，就有了一个临时做成的拨浪鼓。一个成年人手里拿着喇叭。人群开始移动，他们的队列弯弯扭扭，在树下行进。人们一路上都敲敲打打，扭动身体，场面热闹非凡。

人们这是在唤醒苹果树，吓跑恶鬼，以确保秋天有个好收成。行进队伍停了下来，一个男子清了一下嗓子，开始唱祝酒歌。人们在公众场合突然放歌总会让我倍感不安，我认为那是一种炫耀。我的感觉就像是不得不看别人家的小孩练习他们刚刚编好的戏剧一样，既逃不掉，又笑不出来，还得坐在那里，面带微笑以示鼓励，不能露出一点苦相，表演结束时还得做出很诚恳的样子祝贺他们。但是，在这个果园里，我的态度温和了一些，不再有冷嘲热讽的样子。那个人唱得很卖力，他的嗓音好听、流畅并且有点沧桑感。我觉得时光好像倒退了，人们似乎是在重新演唱几百年来一直延续的一种旋律。

然后，我们都回到院子里，脱下了围巾和大衣。我们开始和朋友们聊天，当下这一刻，我们已经清醒了。但是，我们手里仍然拿着一杯加了香料的苹果酒，互相干杯，祝福健康——这也是古时的一种仪式。这种喝酒的传统至少可以追溯到中世纪，但其源头很可能更为久远。这完全是一种非基督教的仪式，目的是安抚树神，求得好收成。关于喝酒礼，历史上最早的记录是发生在 1585 年的肯特郡，当时，那里的年轻人因为在果园里举行喝酒仪式而受到了褒奖。17 世纪时，作家、古董研究者约翰·奥布里曾记录了一种西部的风俗，男人们带着酒碗去果园里，"围着树转，祝福它们"。18 世纪时，祝酒歌和旋律四下传播开来，但 19 世纪又一下子衰落了下去。20 世纪时，人们恢复这种古老仪式的努力都不同程度地取得了成功。在威尔士和英格兰塞汶河附近各县，人们似乎最讲究这一传统仪式。我的朋友们在果园里的饮酒礼是当代人在模仿一个古老的传统，虽然这一传统还是在人工推动下复兴起来的。

"干杯"（wassail）一词来自古挪威语，意思是"祝你健康"。我们回到屋内，手端温热的带香料的苹果酒互相祝福身体健康。这是新年开始的标志，我们希望朋友们新年一切顺利，希望苹果获得丰收。

从本质上讲，苹果就是一种英国的水果。饮酒仪式所庆祝和强调的，就是我们与这些苹果和苹果树自古以来的联系。但是，如同本书中其他人工培育物种一样，苹果的起源地并非是这个位于欧洲西北部的小岛（英国），它远在 3500 英里之外。

在天山山麓之上

我们以前讲过这个地方，或者，至少离这里很近。准噶尔地区是人们在普氏野马消失之前，最后一次看到它的地方。准噶尔以南是天山山脉。天山山脉向西继续延伸，形成了一段楔形地带，就是今天的吉尔吉斯斯坦，以北是哈萨克斯坦，以南是中国新疆向西南延伸的一片土地。

草原和沙漠之间有一处肥沃的绿洲。"天山"的意思是"天上的山脉"，这样叫似乎还真是名副其实。植物学家巴里·朱尼珀曾经这样描述天山之美："天山顶部，一座座山峰错落林立，闪闪发光的积雪覆盖其上；山坡上有树林，林间点缀着高山草场；春天时，花朵盛开；秋天里，果实满山。天山，一个被人们奉若神明的古代山国。"

1790 年，德国药剂师和植物学家约翰·西弗斯加入了一个俄国科考队，前往西伯利亚和中国，寻找一种药用大黄。但是，他并未一心只想着寻找大黄，还观察了沿途的其他植物。在今哈萨克斯坦西南部的天山山麓，他发现了很大一片苹果树林。这些树上结的果子很大，颜色多样，有的是绿色或黄色的，有的则是红色或紫色的。这并非混合落叶林里间或出现一棵苹果树。相反，苹果树是这片树林的主要树种。这些苹果树也不是今天我们果园里经过修剪的矮化树——它们可以长到 60 英尺高。结束科考回国后不久，西弗斯就去世了，时年仅 33 岁。他还没有机会描述自己的科考发现。但是，后来，人们将他在中亚天山发现的苹果树命名为"西弗斯苹果"（即新疆野苹果）。西弗斯因为这种苹果树而被人们永久地纪念。

19 世纪早期，植物学家和苹果种植者努力想弄明白苹果树的树枝为何会弯曲。人们很大程度上似乎忘记了天山地区树林里结着大果子的树。当时流行的观点认为，人们栽培的苹果树是从欧洲野生苹果树中培育而来，这些野生苹果树包括欧洲苹果，即"林地苹果"、东南欧的"乐园苹果"以及早熟苹果，即"原始苹果"。

尼古拉·瓦维洛夫被广泛认为是世界上最伟大的"植物猎人"。为了寻找小麦的起源地，他曾前往波斯进行科考。1929年，在波斯科考之后的13年，他又沿着西弗斯的足迹出发踏上了科考之路。他在哈萨克斯坦东南部艰难跋涉，那一地区当时已经被正在向外扩张的苏联吞并了。在天山脚下的阿拉木图附近，他对野生苹果林进行了考察。今天，阿拉木图是哈萨克斯坦的最大城市，拥有近200万人口。但是，这座城市的名字却显示了其与苹果树的悠久关联。"阿拉木图"的俄文意思是"苹果之父"。研究文献中最早提及这座城市是在13世纪，当时，它的名字意思是"苹果山"。

瓦维洛夫写道："在城市周围，你能看到山下有许多苹果树，形成一片一片的果林。"他发现，有一些野生苹果树的果实与人工栽培的品种相似，因而感到很惊讶。与又小又酸的欧洲野苹果不同，这些野苹果果实丰满，味道很好。他惊叹道："一些树的果实质量很好，果型也大，甚至都可以直接移植到果园里。"一般来说，人工栽培的品种和其野生先祖有很大区别。考虑到这一点，阿拉木图的野苹果与人工栽培品种的相似程度确实令人惊讶。可以想一想玉米和墨西哥玉米的差异，或者，人工栽培的小麦与野生小麦的差异。通常，要确认一个物种的野生祖先是需要进行大量考察的，但是，对苹果来说，情况并非如此。很显然，中亚的这种野生品种与我们果园里人工栽培的果树太接近了，并且，它们还有着共同的祖先。瓦维洛夫确信，阿拉木图周围地区肯定是苹果的诞生地，即培育中心。他写道："我能亲眼看到，这个美丽的地方就是人工栽培苹果的起源地。"

然而，即使到了20世纪末，还有一些植物学家仍然关注着欧洲野苹果，认为它们才是人工栽培苹果的祖先。另一些植物学家则没有那么确定。1993年，美国农业部的园艺学家菲尔·福斯林回到了哈萨克斯坦东南部的树林中。他和当地科学家一起，进行了一次植物考察，内容包括品尝水果的味道，寻找从坚果味到茴香味，从酸味到甜味的各种味道。他还努力地从尽可能多的品种中收集种子，目的是建立一个"生殖质"的档案库，而这将来有可能用于改良果树。他和他的团队最后回到美国时，带了1.8万多颗苹果种子。

与瓦维洛夫和西弗斯一样，福斯林也被一些野生苹果与人工栽培苹果的相似性所震惊。但是，还有一个原因让人们相信，阿拉木图附近地区就是苹果的起源地。那就是，在这一地区，苹果树的种类太丰富了。瓦维洛夫已经意识到，多样性是地理起源的重要线索。正如我们所见，离起源地越近，物种的多样性越丰富，这是因为，在起源地附近，它们有足够长的时间去累积差异。在天山地区的树林里，大果苹果树似乎已经生长、进化了至少300万年。

在许多方面，"西弗斯苹果"都是一种奇怪的果树。其他野生苹果品种所结的果实一般都不大，而且酸涩。"crabapple"（野苹果）这一名字的起源是有争议的。在苏格兰语中，它写作scrabbe。这说明，这一名称可能是源自挪威语，其意思就是"野苹果"。但是，crab一词还有"酸味"的意思。野苹果树通常是自己独立生长，或者一小片一小片地生长，它们不会形成像"西弗斯苹果"那样的茂密果林。"西弗斯苹果"树的另一怪异特点是它在树的大小，花的颜色，果实的形状、大小以及味道等方面，变化很多。这种多样性的一个原因是，这一树种在哈萨克树林里生长、进化的时间很漫长；另一个原因则是，它易于接受变化，而其他苹果属的品种却不太容易接受变化。相比之下，野苹果就是极端保守的（指不接受变化）。

中亚的大果野苹果似乎是从早期的小果祖先进化而来。在天山山脉隆起之前，这些小果果树可能就已经传遍了亚洲。天山山脉隆起之时，给一种孤立的苹果树种群造成了一个合适的生存地区，这一地区内环境独特，周围又都被荒凉的沙漠包围。更新世时多次的冰期造成全球气候波动，使植物只能在一些支离破碎的小块地区生存。这种情况一次又一次地发生。野苹果多样性如此丰富，特别是一些后代与其父本差异如此之大，原因就是它们要适应环境的多样性。

中亚野苹果与西伯利亚野苹果（即山荆子）关系很近。西伯利亚野苹果会结红色的小果实。鸟类吃下这些果实，在体内消化之后，种子会被排出来。这样，播撒种子的工作就由鸟类完成了。"西弗斯苹果"的祖先也有可能是由鸟类播撒种子的。但是，之后，这种果树发生了变化。果实变大可以明确说明，这种果实吸引了一种非常不同的动物——哺乳动物，来完成播撒种子的任务。苹果起初结出更大的果实，似乎是为了吸引熊并满足其味蕾和胃口（当然，这种说法是为了表述简洁：实际上，导致大果果树出现的原理，就是进化论的核心原理——自然选择。如果有多种果实，熊会喜欢吃大一些的。这样，能结大果实的树就会有进化优势，能够将更多的基因传到下一代的苹果树中）。随着时间的推移，原先的小果果树中，有一支进化成了新的品种，它所结的果实较大，吸引力对熊而言无法抗拒。如果苹果不大，一方面，其吸引力就不强；另一方面，即使动物吃了它们并且把种子完好地排出来，其成功发芽的可能性也不大。粘在苹果核里的种子不会发芽。这貌似不利于繁殖，而且没有必要。但是，它能防止在亲本植物之下长出新的果树，避免了竞争关系的发生。碾碎大的苹果，其种子就能暴露出来，这是发芽的一个基本步骤。如果一颗苹果种子没有被动物牙齿咬碎，它就能被完好地排出。而一旦排出，它就有机会长成一棵新树，也许离其亲本植物已有数英里之遥。苹果种子被熊排出之后，就会落在林间地面上的一堆肥料之中。但是，即使考虑了熊提供的肥料，林间地面也并非种子发芽生长的理想之地。幸运的是，树林中还有其他大型哺乳动物能够帮助把苹果种子埋起来：野猪非常善于把泥土翻起并进行搅拌，这样能增加种子成功发芽的概率。

虽然棕熊（还有野猪）无疑会把苹果种子很好地在中亚的树林中播撒，但是，苹果要传遍欧亚并最终到达全世界，还是需要人类，还有他们的马，来运送。

关于苹果的考古学

古代中亚以狩猎采集为生的游牧民族留下的线索甚为稀少。有一些遗址中的动物骨头碎片记录了他们的存在，所以，我们知道，他们主要狩猎马、驴和野牛。在天山山脉之中，人类活动的线索既有最后一个冰河时代高峰期之前的，也有之后的。随着全球变暖，人类的技术也发生了变化。从约 1.2 万年前的石制品判断，人类的狩猎技术发生了变化。这些石制品包括一些小的薄刀片，要说它们有什么用途，肯定是插入标枪或鱼叉的杆中。随后，在约 7000 年前，青铜时代即将开始之时，随着牛的出现和马的驯化，人们又从狩猎转向了游牧。到了快5000年前，即公元前第三个千年时，青铜时代的文化已经传到欧亚大草原。最近的研究显示，这一时期，哈萨克斯坦东部已经有谷物种植了。这些谷物包括从西方传来的小麦和大麦，还有从东方传来的小米。在山区里种植这些谷物的人仍然是游牧民族，但是，很显然，他们会回到季节性的居住地去播种、收割谷物并将它们脱粒。从东方的黄河流域经过天山地区一直到兴都库什山脉，有一系列青铜时代的遗址。它们都能够证明，早在史前社会，东西方之间就经由"亚洲内陆山脉走廊"进行着有益的思想交流。到了公元前第二个千年，游牧民族已经带着他们的绵羊、山羊、马、小麦和大麦迁移到了天山地区的高地河谷之中。

在天山和其东北的阿尔泰地区扎根的游牧生活方式很可能是由颜那亚人引入的。但是，这种生活方式的引入途径，还是人们激烈争论的一个话题。一种说法认为是通过文化传播（思想从一个社会传到另一个社会）实现的，另一种说法认为是通过牧民向东迁徙实现的。阿拉木图有人居住的最早证据可以追溯到4000年前的青铜时代。像颜那亚人一样，阿拉木图青铜时代的居民也为死者修建坟头。由于位于"亚洲内陆山脉走廊"的中心点，阿拉木图很快就成了东西贸易路线上的一个重要中转站。这条贸易路线将中国中部和多瑙河流域连接了起来，成为后人所称的丝绸之路。

小麦和大麦从西方传到了中亚，小米从东方传到了中亚。现在，该是中亚向世界其他地方贡献礼物的时候了。古丝绸之路会穿越野苹果林。古时的人们沿着这条路旅行的时候，会将野苹果装进鞍囊，或者也会吃苹果，这样，他们就（不经意间）把苹果带出了它们的家乡。

毕竟，苹果本身已经进化成了果树播撒种子的手段。所以，苹果的美味可口并非偶然，它就是这样鼓励我们帮助它播撒种子的。人类和马、熊一样，都爱吃苹果。而且，在帮助苹果播撒种子方面，马可以兼具熊和野猪的功能。一方面，它会把果肉与种子分离，再把种子埋进一堆粪肥当中；另一方面，它还能用蹄子把种子踩进地下。

就这样，苹果树开始向外传播。作为自由授粉、自然生长的幼苗，这些苹果树从本质上讲还是野生的，但是，在传播的路上，它们有了新的朋友，一些是两条腿的，还有一些是四条腿的。随着向外传播，这种水果需要有个名字。关于苹果一词，印欧语系诸语言中有两种表达方式，一种听起来有点像 "abol"，另外一种像 "malo"。但是，这二者可能都源于一个原始印欧词汇——samlu。欧亚大草原上青铜时代和铁器时代的骑手们可能把苹果叫作 "amarna" 或者 "amalna"，这两个词听起来很容易变成古希腊语 "melon" 或拉丁语 "malum"。但是，随着向西的传播，这一词汇又发生了变化，字母 "m" 变成了 "b"（这两个字母的转化写出来奇怪，但是实际上并不古怪。你可以试着发 "mmm" 的音，然后发 "mmmb" 的音，最后再发 "b" 的音。明白了吗？当你发这些音时，它们听起来非常相似，"m""b""p" 三个音都是通过嘴唇开合发出的）。古时指代苹果的词不断地进入各种不同的语言和方言，但是，乌克兰语（yabluko）、波兰语（jablko）、俄语（jabloko）中苹果一词还是与德语（apfel）、威尔士语（awall）和康沃尔语（avel）中苹果一词有一丝丝的接近。凯尔特人传说中的阿瓦隆岛实际上就是苹果岛。不管苹果一词是经由怎样曲折的路径才进入我们今天的各种语言之中，但这一词汇的根源就在中亚，正如苹果这种水果本身以及在旅途中驮苹果的马一样。

指代苹果的各种词可能会有很强的误导性。伊甸园中那个传说中的苹果是最为有名的了，但是，它有可能根本就不是苹果。这对传说而言，听起来有点奇怪。把它称为苹果，只是讲故事的需要而已。但是，故事中原本指的也不是苹果。在伊甸园中生长的禁果实际上是"他普亚"，那条蛇怂恿夏娃吃这种果子。但是，希伯来语中，"他普亚"一词并不是苹果。圣经故事的发生地很可能在巴勒斯坦。可事实上，直到最近，能在巴勒斯坦干热环境中生长的苹果品种才被开发出来。学者们讨论，"他普亚"一词到底指的是什么？它有可能指的是橙子、柚子、杏或石榴，但几乎可以肯定不会是苹果。

荷马的《奥德赛》很可能写于公元前 9 世纪，其中很明确提到过苹果——在传说中的斯刻里亚岛上，阿尔喀诺俄斯国王的果园里，就栽种有苹果树。

在这里，有各种茂盛的树，树龄也都正当年，

有石榴，有梨树，还有红闪闪的苹果，

无花果和橄榄鲜嫩多汁，乌黑油亮。

但是，这些所谓的"苹果"，还有希腊神话中的其他"苹果"（比如帕里斯王子送给阿佛洛狄忒女神的那个，或者赫斯珀里得斯国王花园里栽种的那些）实际上指的可能是任何圆形水果。希腊语中，"melon"一词虽然与印欧语系其他语言中表示苹果的词有相同的词根，但是它并非特指某一种水果——它可能指代任何圆鼓鼓的水果（包括各种瓜类）。

要说起问题纠缠不清，还不止古代各种指代苹果的词。苹果传到

美索不达米亚平原之后，人们发现它本身就有一点怪异。4000 年前，有一种苹果出现在了近东地区，它与我们今天栽种的苹果相近。当时，近东地区的农业已经有几千年历史了，人们理解自然之道，而且能控制它。但是，一到果树上，他们就无能为力了。这并不是说，水果和坚果在古人饮食结构中不重要，而只是因为，这些植物实在很难人工栽培。与谷物和豆类作物不同，木本植物内在多样性更为丰富。和人类一样，苹果就有两组染色体。并且，它不能进行自花授粉。人们将苹果描述成遗传基因"高度异型"——很难见到某一基因的同型基因在一组染色体中的另一个染色体之中重复出现。在这一点上，它与人类还有点相似。我们的"异型杂合性"（heterozygosity，这一词汇拼读多么复杂，又是多么新奇而有诗意啊！）意味着孩子会与父母不同。与此类似，果树，特别是苹果树一般不会与原种相同。如果你是一名园艺学家，正在努力培育一种能保留某一优点的树种，那么，上述特点就有些惹人烦恼了。比如，一棵苹果树果实香甜，但是其后代几乎肯定是酸得不能吃的，正如自然主义作家亨利·大卫·梭罗曾写到的那样："肯定连松鼠的牙齿都能酸倒。"但是，古代的果树栽培者最终还是找到了如何使苹果与原种相同的办法。他们发现了一种办法，不仅能够找到优选苹果树的品质，而且能将其传到其他树上。公元前第四个千年时，栽培者们就已经发明了克隆技术。

有一些植物能够自然地进行克隆。从本质上讲，任何植物，只要其传播方式是先在地面或地下长出匍匐茎，然后在离亲本植物一段距离的地方长出新苗，它就是在自我克隆。即使截断亲本植物和新生植物的根，后者自己还能生长得很好。我当作篱笆的玫瑰就非常善于这样自我克隆。我确信，如果不去管它，它的分枝会不断蔓延，到处生长，最终把我的花园变成一片巨大的灌木丛。我必须得抑制其生长，修剪其匍匐茎以及长在这些茎上的新枝。但是，如果我想要更多的玫瑰，我就可以把这些新枝保留下来，插到其他地方去，它们就会生根长大。早期的农学家会利用一些植物的这一自然特性，实施无性生殖，满足自己的需要。他们发现，通过无性生殖，能够用插条培育出无花果、葡萄、石榴和橄榄；而且还发现，只要截一段侧枝插入地里，就能成功地长出枣椰树来。但是，培育梨树、李树和苹果树，则很不容易。一方面，如果用种子来种植，就无法保持原种特点；另一方面，要让插条生根又非常困难，特别是在近东干燥的低地区域。野生苹果树可以通过无性繁殖进行传播，它们的根部会长根出条，或者，当一些枝条被土埋住时，其上会长出新芽。有很多证据能够证明这种繁殖方法。但是，要让人工栽培的苹果树这样繁殖，难度更大。

然而，肯定有人注意到了，两棵树会长得连接起来。在远古时代，人们就发现了这一现象。你可以把纤细的树弄弯，形成一个圆顶帐篷一样的框架，来遮风挡雨。即使你剪些细枝来做，它们也能生根长大，特别当你用的是柳条或者无花果枝时；这些细枝一相交，就会互相缠绕，长在一起。既然注意到，可能也亲眼看到了两棵树长得太近时会发生连接的现象，人们自然就会问：如果我剪下这棵树的枝，接到另一棵树上，它还能继续生长吗？这一方法成功了。在人类实现心脏移植之前数千年，我们的祖先就已经发现，可以将一棵树上的结果枝条移植到另一棵树的根枝上。

嫁接意味着，可以利用一个单一亲本（严格地讲，这还不是一个亲本植物，它只是一个完全相同的姊妹植物）克隆出几百棵苹果树来。这一技术还有其他优势。即使你种下一粒种子，得等数年，它才能长大并开花结果。但是，即便你将一个成熟的枝条或幼枝嫁接到一个初生主根上，它也很快就能结出果实——实际上跃过了植物生长的初级阶段。你可以随时给一棵树上嫁接新的栽培品种。通过仔细选择初生主根，你还可以改变树的大小，比如，一个栽培品种，原本是棵大树，你可以将它变成矮化品种。有的初生主根具备一些优势，比如抗虫性和耐旱性，而你想要栽培的品种却不具备。嫁接技术还有另一项用途，拯救一棵病树。如果树根被病菌侵袭，或者树干的皮开裂，你就可以在这棵病树周围种下幼苗，让它们在向上长的时候与树干融合在一起，这样，它就能把树生长所必需的水分和养料从土壤里带到高处的树枝之中。这种情形与旁路移植类似。

嫁接似乎是一种非常先进的技术进步。然而，有些迹象显示，在苹果于公元前第二个千年里传到近东时，这一技术在当地其他植物上已有应用。研究人员在今叙利亚发掘马瑞王宫时，发现了一块苏美尔人的泥板。它大约是公元前 1800 年的制品，上面有一段楔形文字记录，其中就有植物嫁接的相关线索。提到了把葡萄藤移植到王宫的事。人们普遍认为，这些葡萄藤是用来嫁接的。但是，实际上人们并不清楚它们是否只是被当作插条直接插入地里。葡萄藤确实很易生根，所以，它们更可能还是作插条用的。然而，马瑞遗址中还有一些泥板明确提到了苹果被运到王宫里的事情。即使马瑞的国王们并不种植或嫁接苹果，但他们肯定知道苹果的美味。

在稍晚的时候，还有一篇文字（或者说是多篇文字的集合）可能提供了有关嫁接更为可靠的证据。《希伯来圣经》中有一些故事和史料，写于公元前 1400 年到公元前 400 年的 1000 年间，涵盖了青铜时代末期，并一直到了铁器时代。这些故事和史料虽然并没有专门提到嫁接，但是，有几个寓言中讲到，人工栽培的葡萄藤又回到了野生形态，这就是关于嫁接的暗示。波斯帝国从地中海东岸一直延伸到了印度和西亚，他们很有可能在其果园中应用了嫁接技术。但是，史料中对此并未明确提及。

关于嫁接技术，最早的明确描述是在古希腊文献之中。公元前 5 世纪末期，希波克拉底论文中有一段文字写道："有一些树是从移植到其他树上的细枝幼芽中长起来的。它们独立生长，所结的果实也与嫁接株不同。"除了樱桃、桃、杏和橙子，古罗马人在意大利的果园里还种植甜苹果。当古罗马人在欧洲的势力强大起来时，关于嫁接的记述也越来越多。正是古希腊人和古罗马人通过其贸易网络、殖民地和帝国，将苹果树、果园以及嫁接知识传遍了整个欧洲大陆。在法国南部的高卢罗马博物馆，有一幅公元前 3 世纪的镶嵌画，它显示了果园里一年的活计：从种植、嫁接、修剪、收获一直到酿苹果酒。对古罗马人而言，人工栽培苹果是文明的象征。公元前 3 世纪塔西陀就在其作品中有过记述，日耳曼人吃的是粗鄙的野苹果，相比之下，罗马人喜欢吃的则是高品质的人工栽培苹果。但是，随着罗马文明的影响传遍欧洲，人工栽培苹果也传播开来。至少罗马人想给我们留下这样的印象。但是，还有一种可能是，人工栽培苹果传到英国和爱尔兰的时间要早得多。豪伊堡是北爱尔兰阿尔马县一处青铜时代末期的城堡。考古学家在那里发掘时，发现了一颗疑似为 3000 年前的大苹果。这使得人们很激动。但是，经过进一步的检验发现，它不过是一团 3000 年的尘菌而已。

所以说，截至目前，在欧洲西北角（指英国），还没有关于罗马时代以前苹果的直接证据。但是，在古典文明出现以前很久，庞大的贸易网络就已遍布欧洲。这一点并不算很稀奇。实际上，一些用于制作青铜的锡可能就来自康沃尔郡。如今，凯尔特地名遍布西班牙、法国和英国。这些地名最晚可能在铁器时代就出现了，它们显示，在罗马时代以前，这些地方就有苹果。从西班牙的阿维拉，到法国的阿瓦隆、阿维伊和阿弗吕伊，再一直到英国的阿瓦隆岛，与苹果有关的地名都暗示，这些地方与哈萨克斯坦的果园有着更为久远的联系。但是，这也只是猜测。这些与苹果有关的地名也可能指的是当地的野苹果。

罗马人抵达英国、爱尔兰、法国和西班牙时，当地土著居民可能已经很习惯利用当地的野苹果了。这与德国的情况一样。在德文郡的一处考古坑里，考古学家发现了一些陶土制成的纺线槌，还有保存非常完好的野苹果种子、茎秆甚至是完整的野苹果，这些东西都是新石器时代早期的，距今有近 6000 年的历史。普阿比王后的陵墓位于美索不达米亚的乌尔城，已经有 4500 年的历史。在那里，考古人员发现了一些用线穿起来的野苹果。但是，在苏格兰中石器时代的考古遗址中，人们发现了关于苹果的更早线索。在捷克下维斯托尼采的旧石器时代晚期遗址中，人们发现了约 2.5 万年前的野苹果残骸。有理由推定，自从居住的地方有了苹果，我们的祖先就食用它们。因此，野苹果似乎已经是旧石器时代人们食物的一部分。然而，野苹果还有其他用途——药用和酿酒。当然，人们利用的还是野生状态的树，它们被栽到果园里是为了帮助人工栽培的苹果授粉。人们会把野苹果煮熟和肉一起吃，或者把它做成调味汁和果冻，当然还用于酿酒。野苹果还很好看。在我的花园里，除了 4 棵人工栽培的苹果树，还有 1 棵漂亮的野苹果树，它的花是粉色的，果是黄色的。

青铜时代和铁器时代，在罗马帝国（但不限于）的支持下，人工种植的圆鼓鼓的苹果从近东传遍了整个欧洲。这被认为是苹果第一次大规模地向外传播。可随着罗马帝国的解体,果园也都被废弃了。但是,在西欧,苹果树在修道院的花园里仍有栽种,并且,在12世纪时,随着西多会的扩张再次传遍欧洲。1998年,人们在巴德西岛上发现了一棵苹果树,它结的果实是红金色的。这很可能是修道院花园里最后存活下来的一棵苹果树了。现在,人们又把这种果树栽种到地里。在东欧,拜占庭帝国于8世纪衰落之后,苹果树还是存活了下来,并且在伊斯兰世界得到了很好的照管和栽培。16、17和18世纪时,欧洲殖民者开始在美洲、非洲南部、澳大利亚、新西兰和塔斯马尼亚等地种植苹果树,开始了苹果第二次大规模向外传播。1835年,达尔文来到智利时发现,瓦尔达维亚港四周都是苹果园。塔斯马尼亚岛后来被称为"苹果岛"——另一个阿瓦隆岛。

苹果第二次对外大传播中产生了许多新品种,它们适合各种不同环境的气候带。苹果在北美洲种植的成功似乎有点"回归野生"的意思。在那里,人们播下苹果种子后,接下来就听凭自然选择了。因为冬天很冷,那些无法在这一新环境中茂盛生长的树就被淘汰了。经过筛选,出现了一些新的品种,而这些新的栽培品种无疑会与美洲当地的野苹果杂交,从它们身上吸取适应当地环境的一些特性。苹果能够重塑自己以适应新的环境。通过向全球的传播以及自然选择对幼苗的再次筛选,19世纪,我们所熟悉的现代苹果栽培品种开始出现。1811年,加拿大出现了麦金托什苹果(与苹果公司的电脑品牌同名);1830年白金汉郡出现了"橘苹"苹果;1872年,萨塞克斯郡出现了埃格雷蒙特黄褐色苹果;1868年,澳大利亚出现了澳洲青苹果。20世纪时,自然选择变得更加有针对性,更为精确,也更加野蛮。经过淘汰,曾经林林总总的苹果品种减少成了少数几个大品种,这些苹果充斥着全球市场。然而，还有一些新品种持续出现，其中有一些非常成功：金冠苹果1914年出现于西弗吉尼亚；安伯露西亚密苹果20世纪80年代出现于加拿大；布瑞本苹果、嘎啦苹果、爵士苹果分别于1952年、20世纪70年代、2007年出现于新西兰。

在现代人工栽培苹果中，多样性虽然受到了限制，但仍然很强，特别是与其他物种相比，更是如此。20世纪末21世纪初的植物学科考似乎验证了瓦维洛夫1929年前往阿拉木图那些苹果园时所做的结论——今天我们见到的所有现代苹果品种都可以追溯到哈萨克斯坦古代的果园。

基因揭秘

树、花、果的形状，以及史书记载，都将人工栽培苹果的诞生地指向了天山脚下。20世纪90年代，人们对苹果线粒体DNA和叶绿体DNA（后者也是继承自母系）的研究都证实了这一假说，即亚洲野苹果正是现代人工栽培苹果的祖先。总是有这样一种可能，即在人工栽培苹果的发展进程中，与其他野苹果的杂交起了重要作用。但是，遗传学家揭示，苹果的传承似乎没有中断，也未受（杂交）感染，可以一直追溯到哈萨克斯坦的野苹果。我们通常吃的苹果的DNA主要仍然是"西弗斯苹果"。由于这一野苹果品种在野外的多样性很丰富，人工栽培苹果中所有（或者几乎所有）的变化都可以认为是来自这一单一源头。有些植物学家甚至将人工栽培苹果和中亚苹果归为一类。

在法国遗传学家阿芒迪娜·科尔尼的领导下，研究人员新近又对苹果品种进行了研究。研究结果于 2012 年发表，对苹果的起源却给出了不同的、令人意想不到的解释。这一研究的对象是从中国到西班牙大量的人工栽培品种，与之前有关研究相比，它使用的 DNA 样本更为全面。它揭示，苹果的起源地非常多样。一般而言，绝大多数人工繁育物种的多样性只占其野生同类的一小部分；但是，人工栽培的苹果却与绝大多数野苹果具有同样的多样性。科尔尼和其同事对这种多样性进行了深入研究，仔细分析了人工栽培苹果和野苹果的比较结果，最终揭示了苹果深藏的秘密。遗传学家发现，人工种植的苹果确实是源于哈萨克斯坦的野苹果，但是并非只有这一个源头。他们还发现，人工种植的苹果在沿着丝绸之路传播时，明显与野生苹果发生了杂交。苹果并非是在短期之内从一个单一地理源头出现的，而是在几千年的过程中，不断进化，不断地与近亲品种进行杂交。在苹果的历史上，尽管人们利用嫁接技术克隆，并从基因上限制苹果的种群，但是，由于人类会从天然自由授粉长成的苹果中选择品相好的，苹果也就自然地出现了一些改良。而且，野生同类完全可能对人工栽培品种的基因库做出自己的贡献。这些贡献是自然而然做出的，人类并未有意地促成杂交过程。

这种与野苹果的杂交不仅给人工栽培苹果的进化理论增添了细节，它实际上还颠覆了这一理论。人工种植苹果的始祖仍然是"西弗斯苹果"。据估计，人工栽培苹果起源于 4000 年到 1 万年前。但是，其他野苹果，特别是欧洲野苹果，对其有深刻影响。这项研究显示，与中亚苹果相比，今天人工栽培苹果的基因结构更多的是与欧洲野苹果有关。

这一结果不同寻常，但是却与最近在其他物种中的发现相一致，包括其他人工栽培的木本植物，如葡萄和橄榄。这一情况与玉米进化的过程很相似：与最先被人工繁育的墨西哥低地玉米相比，人工培植的玉米在基因上与高地中的野生品种更为接近。

过去，一些植物学家认为，酿酒用的苹果可能是人工栽培苹果与野苹果杂交的产物，目的是引入一种受人喜欢的苦涩品质。虽然科尔尼的研究显示，二者之间肯定有杂交，但是，它并未显示出现代酿酒用苹果与食用苹果的差异。二者祖先中大约有同等数量的"西弗斯苹果"基因。如果非要说有差异的话，那就是甜点苹果中的"西弗斯苹果"基因要多一些。这些不同的遗传基因源头在实际中到底有什么意义呢？关于这个问题，遗传学家已经着手研究。影响苹果品质的基因是从苹果始祖——"西弗斯苹果"中继承并保存下来的。相比之下，在苹果从天山的树林中向外传播时，所到地区野生苹果的基因对于苹果适应所生长的环境则有贡献。

2012年科尔尼的研究也显示，还存在大量的基因反向流动，即从人工种植的苹果流向野生苹果。所以说，人工栽培苹果也影响了野生苹果品种的进化（这一点与马和狼的情况相同）。基因双向流动的证据是最近才被人们发现的。因此，农学家和保护生物学家还在努力分析其影响和意义。那些野生苹果会怎么样呢？它们会不会因为人工品种的基因进入其基因组而受到威胁呢？这种基因交流并非新现象，自从有了人工栽培，就肯定一直都在进行中。人们很易于匆忙得出结论，并且想象，所有从人工品种到野生品种的基因渗入都是有害而无利的。但是，一些人工品种的基因也有可能是有益的。为了指导人们保护野生物种，并且实现最佳的保护效果，我们需要找出这些问题的答案。物种保护在道德上是正确的，而且是一种有利他性质的事业。但是，我们关心野生物种的健康还有一些更为自私的原因。对现代苹果栽培品种的基因分析显示，其中一些品种关系太过紧密，已经具有危险性了：这些品种相当于第二代或者第一代同类，有时甚至是姊妹品种。这就增加了基因疾病加剧的概率，因为它将基因中的罕见变化聚合到了一起。与其他被驯化的物种相比，现代人工栽培苹果的基因多样性很丰富，不存在可见的"驯化瓶颈效应"。但是，这种多样性却掩盖了一个令人担忧的现实。苹果的生长是基于克隆的。在每一种克隆品种之间，可能会有很大的基因差异，但是，在克隆个体内部，却没有基因差异。虽然全球有几百万棵人工栽培的苹果树，但是，它们实际上代表的只是几百个克隆个体，也就是几百棵不同的苹果树而已。它们当中，一些是结果实的幼枝，一些是初生主根。这意味着，生存环境的变化会使苹果受到严重威胁，例如新病菌的出现和气候变化。

所以，维持野生苹果健康的基因库就更为重要，因为，要保证人工栽培苹果健康生长，我们很可能需要从野生苹果基因库中引入基因。实际上，我们无疑会有这种需要。人工栽培苹果已经面临一些常见的问题了，而野生苹果可能拥有解决这些问题的钥匙。到访哈萨克斯坦野生苹果林的植物学家已经注意到，有一些树没有受到溃疡病和疮斑病的伤害，明显对这些疾病有抗体。还有一些似乎能在极端干旱的条件下生长，这种耐旱品质对一些人工栽种的苹果非常有用。此外，很明显，不管实验室里是什么情况，都需要野外考察提供支持。我们仍然需要像瓦维洛夫、福斯林和朱尼珀这样的人，到古时的地方去，到野外去，再带回宝贵的标本。今天，我们的果树栽种者面临着一些挑战，其遗传学上的答案可能就在旷野之中；还有一些我们甚至没想到过的问题，答案也在其中。

遗传学使许多物种的起源水落石出。我们能从考古和历史中得到一些线索，但是，这些线索有时会误导我们。证据总是不完整。但是，研究古今品种的 DNA 能给我们提供另一种看待过去的视角，能给我们提供填补一些古今之间缺口的机会。随着整基因组排序变得更加容易和快捷，现在，我们对驯化物种的历史有了一些意想不到的认识：从家犬非常久远的起源到英国境内非常早的小麦线索；从认定巴尔萨斯类玉米为玉米的祖先到认识到苹果的野生本质。但是，最令人惊讶的基因发现是一种我们非常熟悉的物种：人类。

Humans

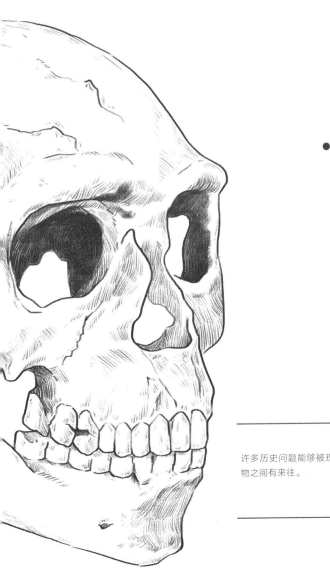

人

许多历史问题能够被理解，仅仅是因为人与动植物之间有来往。

——尼古拉·瓦维洛夫

巴斯克教授的那个有着中脑和扁胫骨、
下巴突出的古代类人猿头骨

1848 年，英国人在直布罗陀巨岩北侧的福布斯采石场采矿时发现了一具头盖骨。它被送到当地的直布罗陀科学协会会议上，但是没人认识这具粗短的头盖骨——它眉头紧蹙，眼洞深陷，样子很奇怪。于是，人们就把它束之高阁了。

8 年后，人们在另一处采石场又发现了头盖骨，还有一些其他骨头，这一次是在德国。这些残骸发现于杜塞尔多夫附近尼安德山谷里的费尔德豪夫格罗特。在采矿之前，工人们清除石洞里的泥土时，发现了这些骨头，他们当时还以为是穴熊骨，但是，当地一位教师认出这些是人骨，于是就把它们收集了起来。波恩大学的微尔教授认为，这些骨头属于一位蒙古军队逃兵，他死于佝偻病，因为疼痛而眉头紧蹙。但是，同一所大学的沙夫豪森教授却认为，费尔德豪夫头盖骨和其他骨头是正常而非病态的。鉴于这些残骸是和一些已灭绝动物的骨头一起被发现的，沙夫豪森推断，这个人肯定是远古时代的欧洲人。1861 年，伦敦解剖学家乔治·巴斯克将沙夫豪森关于费尔德豪夫化石的论文译成了英文。他也认为，这具头盖骨是属于一种古人类的，并且，他还要求对更多的化石进行研究。第二年，福布斯采石场的头盖骨被打包运往了伦敦。

1864 年，巴斯克发表了关于"直布罗陀古代类人猿"的报告，声称它与"驰名的"弗尔德豪夫化石类似。他指出，直布罗陀和尼安德山谷的残骸并不是什么古怪的东西，而是属于一个消失的部落，这个部落的人们曾经在"从莱茵河到赫拉克勒斯之柱"之间游荡。同一年，达尔文也看到了这个"奇妙的直布罗陀头盖骨"，但是他却没有做出进一步评论。6 月 27 日，巴斯克的朋友 H. 福尔康纳给他写信，建议给这个标本命名：

> 我亲爱的巴斯克，
>
> 我一直在想给这个古代类人猿取名的问题。这里是一点建议，就叫作卡尔佩人吧，因为卡尔佩是直布罗陀巨岩的古名。你觉得怎么样？
>
> 进来吧！女士们，先生们！进来吧！看一看巴斯克教授的这个有着中脑和扁胫骨、下巴突出的古代类人猿头骨啊！这是直布罗陀野人啊……
>
> 你永远的 H. 福尔康纳

但可惜巴斯克的动作不够快。就在他的"古代类人猿"发表之后几个月，女王学院（位于爱尔兰的戈尔韦市）的地质学家威廉·金弄到了一个弗尔德豪夫头盖骨的铸模。他认出这是属于一种古人类的骨头，但是，并非古代智人的。他认为，鉴于这一头盖骨的独特性，应该给它取一个新的种名。他提出，根据德国的那条河谷，可将其命名为尼安德特人。所以，第一位给一种古代人类取名的是金，而不是巴斯克或福尔康纳。当然了，这一名称被沿用了下来。

接着，巴斯克着手研究已经灭绝的鬣狗和穴熊。1865 年，福尔康纳去世。于是，福布斯头盖骨又一次被束之高阁，不过这一次是在爱尔兰皇家外科医学院。假设 1864 年发生的事情以不同的方式结束，假如巴斯克稍微不小心一点，那么，人们今天谈论的就不会是尼安德特人，而是卡尔佩人了。

自从人们首次发现并且承认曾经有别的人种存在过，相关的化石不断被发现，经常还是在人们意想不到的地方。人们给这些物种分支都取了名字。而与类人猿相比，这些物种与人类关系更为紧密，它们和我们一起，都是人科动物。现在，有 20 多个人种已被命名，其中有8 个人种在过去 200 万年中存在过，并且与我们关系密切，因而可以归入到我们的种属——人类当中。

尼安德特人是第一种被命名的古人类，它对于研究人类起源有着核心意义。目前，人们从 70 多处不同遗址中已经发现了几千块骨头。在几百处遗址中，人们还发现了典型的尼安德特石制工具。在很长的时间里，尼安德特人都被认为是我们的近似同类。他们与同一时期的现代人有着相似的行为方式——他们把石头打碎制作打猎用的武器、刮削器和刀具；他们埋藏逝者，收集贝壳，在洞穴壁上用颜料做标记。这些人属于一个"消失的部落"，他们和现代人在这个星球上共处了几千年。但是，他们后来却消失了。人们一直有一个疑问，我们人类真的遇到过他们吗？尼安德特人是人类的另一祖先，还只是我们的近似同类，并且最终成了人类谱系上的一个死结？

多年以来，古人类学家和考古学家一直就尼安德特人的命运，特别是现代人是否与他们通过婚的问题争论不休。有一些骨骼似乎显示，这两个群体曾经有过通婚，因为在疑似现代人骨骼中出现了典型的尼安德特人特征。但是，许多专家对此并不认可。这一问题的解决还得等到现代技术发达到能够给出答案的时候。有了新技术，我们就能够从古代人的骨头中提取 DNA 并进行排序。最终，似乎有可能回答这个问题：人类的祖先与尼安德特人通过婚吗？我们是不是他们通婚而生的后代？

解开人类起源之谜

现在，我们已经非常熟悉人类起源研究工作的历史过程了。这一工作是由几项内容拼凑起来的。首先是对全世界现有人类的研究；此外，19 世纪时，研究人员进行了很多探讨，讨论人类能否分成不同种族甚至是不同物种，并且，如果能分的话，这些种族或物种是否有不同起源。随着各种早期人类和原始人的骨化石（一开始是直布罗陀和德国的头盖骨，很快又增加了非洲更早的化石）被发现，它们也应该作为研究对象。20 世纪时，这一巨大的争论仍然在继续：现代人类（即智人）是有多个起源地——非洲、欧洲和亚洲，还是只有一个起源地？

多地区起源理论认为，人类起源地的范围非常广袤，早期人类种群分别生活在几个大洲，他们通过基因流动实现彼此之间的联系。相反，正如其名字显示的那样，非洲起源理论或者"走出非洲"理论认为，智人起源于一个非常明确且独立的区域，之后才扩散到旧世界的其他地方，最后才到了新世界。

1971 年，一位名叫克里斯·斯特林格的学生下定决心，开着他的古董 Morris Minor①走遍欧洲，寻找并研究各个博物馆里的头骨化石。他还带着测量仪器——量角器和卡尺。出发之前，他给他所知道的藏有古代头骨的博物馆写了信，有一些博物馆给了他回复。但是，还有一些没给他回复，到了那里，他就得碰运气了，希望到了之后能够获准进去。最终，斯特林格行程 5000 英里，测量头骨化石。他所测量的化石出土于比利时、德国、当时的捷克斯洛伐克、奥地利、南斯拉夫、希腊、意大利、法国和摩洛哥。带着所有收集的数据，他回到了布里斯托。随后，他使用了一种强大的数据技术——多变量分析——对这些数据进行了分析。这种方法能同时比较大量测量数据。他急于将尼安德特人的头骨与克罗马农人的头骨进行比较。克罗马农人是欧洲一种早期现代人种，距今约 3 万年。他希望能够回答那个引发激烈争论的问题：是尼安德特人进化成了克罗马农人，又或者，二者就是不同的人种？

经过比较所有头骨化石的测量数据，斯特林格发现，在人类发展图谱上，尼安德特人看起来肯定是一个独立的分支，他们生活的地方似乎在欧洲。另一方面，克罗马农人显然是智人的一部分，他们原本并非在欧洲生活，而似乎是突然抵达那里的。在克里斯之前，有科学家认为，智人可能在中东或欧洲与尼安德特人有过通婚交流。但是，从那些化石中，克里斯并未发现这两个人种之间有过通婚交流的证据。

斯特林格完成了他的博士论文，对一些关于人类起源的大问题给出了重要的解答。但是，从他研究的那些化石中，他并没有辨明现代人类到底源于何方。1974 年，克里斯得到了一个机会，看到了出自埃塞俄比亚奥穆－基比什的一具头骨。这具头骨是由理查德·李基带领的

①汽车名，现宝马公司 Mini 品牌的前身，曾风靡英国。

一个团队于1967年发现的。当时，人们估计，这具头骨是约13万年前的。而当时许多科学家认为，智人作为一个人种，只有约6万年的历史。但是，克里斯研究奥穆－基比什头骨时发现，它似乎并非属于一个古代人种。它的眉骨不大，脑壳为圆顶形，看起来像是现代人。因此，这具头骨很可能属于欧洲克罗马农人的祖先。既然这具头骨历史如此久远，那就说明，人类有可能起源于非洲。

在接下来的10年里，出现了更多的证据，能够支持人类起源地只有非洲一地的说法。1987年，这场争论中也引入了遗传学，当时，著名的《科学》杂志发表了一篇开创性的论文。来自加州大学的3位遗传学家——马克·斯托金、丽贝卡·坎恩和艾伦·威尔逊，对全世界147人的线粒体DNA进行了研究，并利用有关数据建立了人的种类史发展树状图。树的根就在非洲。在随后的几十年中，研究人员从更多当代人中提取了整个基因组，积累的基因数据都将人类的起源地指向了非洲。事实上，这个大陆上人的基因多样性最为丰富，这很能表明，人类的起源地就在这个大陆。经过重新测定，奥穆－基比什头骨出现的时间也被推到了近20万年前。基于智人（包括当代人和他们的祖先）基因组的差异，遗传学家认为，智人分离出来的时间更早，达到了26万年前。2017年夏，研究人员测定，摩洛哥杰拜勒·伊尔胡德的人类化石距今在3.5万年到2.8万年之间，这又引出了一个新发现。这处遗址中有几具头骨，虽然其脑壳形状又长又低，属于原始人，但是，他们的面部不大，且向后斜：这是智人的确定性特点。

所以，虽然多地区起源理论认为，人类起源地遍布整个旧世界，但是，在理查德·李基发现奥穆－基比什头骨之后40年、对人类基因进行的首次线粒体DNA研究之后30年，研究人员有了一种认识，即人类起源地虽然不如多地区起源理论认为的那么大，但也遍布整个非洲，可能还略微超出了非洲的范围。智人是在距今 10 万年之后，开始迈出故土，走向全世界。离开非洲后，他们首先到达阿拉伯半岛，从那里再沿着印度洋海岸前行，到了 6 万年前时，澳大利亚地区也有了智人。在距今 5 万年到 4 万年间，智人向西到了欧洲。

但是，我们的祖先并非在欧洲或亚洲生活的第一种人类。在他们来到之前，直立人、先驱人、海德堡人和尼安德特人已经在那里生活了几十万年。在智人到达之前，除了尼安德特人以外，其他的人种都已经灭绝。由于最后一个冰河时代高峰期到来之前，地球上已发生过两次气候恶劣变化，尼安德特人种群遭到重创，数量可能一直在下降。但是他们仍然苟延残喘着，直至 3 万年到 4 万年前才最终从化石记录中消失。

从 20 世纪 90 年代到 21 世纪初，关于智人是否曾与尼安德特人通婚交流，人们一直有争论。有些古人类学家拿出一些化石，认为其是二者通婚交流的证据，但是，这并不能说服该领域的绝大多数专家。虽然经过对化石时间的准确测定发现，智人和尼安德特人确实于同一时间（时间重叠期可能有数千年）在同一大的区域（中东和欧洲）共同存在过，但他们似乎一直都保持着距离（并未有通婚交流）。这种老死不相往来的情况，甚至都有点怪异。尼安德特人化石中提取的线粒体 DNA 与智人的不同，据估计，二者的分化时间约为 50 万年前。此前人们对尼安德特人基因组的研究显示，智人和那些欧洲古人类最后一个共同祖先也是生活在这一时期。在那次分化之后，这些种群之间似乎再也没有过任何通婚交流。

之后，在 2010 年，一些在莱比锡马克斯普朗克人类进化研究所的遗传学家公布了一项令人震惊的发现。他们对克罗地亚一处洞穴中发现的、距今约4万年的尼安德特人骨头碎片进行了DNA提取和分析。这一次，他们对核基因组进行了更为全面的研究，并且将汇集起来的尼安德特人基因组草图与当代人类的基因组进行了比较。比对结果揭示，当代有一些人（概括而言，主要指祖先为欧亚一带的人）比另一些人（主要指祖先在非洲的人）与尼安德特人共同点要多。对这种差异最可能的解释就是，一些当代人的祖先曾经与尼安德特人有过通婚交流。这一发现就好像（投入古人类学界的）一颗燃烧弹。许多科学家都发表论据进行反驳。但是，随着更多的古人类DNA被从化石中提取并且与当代人DNA进行比较，再要驳斥（一些当代人的祖先曾与尼安德特人）通婚交流的证据就越来越难了。正如粳稻在向西传播时曾与原始籼稻发生过杂交、哈萨克斯坦的大圆苹果在向欧洲传播时曾与欧洲野苹果杂交一样，当代人类的祖先也曾与欧洲和西亚土著人——尼安德特人进行过通婚交流。

　　新的基因手段的发展，一方面使我们能够理解过去，另一方面又限制了我们对过去的理解。这些手段是指分析线粒体中的基因（在植物中是指叶绿素）以及分析染色体本身的各种方法。或者，至少可以说，早期的研究限制了人们的理解。线粒体和叶绿素DNA给我们提供的都是通往过去的一个简单的单源路径：继承只是通过母系进行的。从某些方面讲，这样虽然能够继承许多基因信息，但是，它只能对应一个单一的遗传标记。而且，这种对历史的认识很可能并不能代表历史的全貌。因为这种基因手段只是基于细胞所包含的很小一部分DNA。要真正接触到生物基因库中包含的丰富的历史知识，我们不仅要探寻每一种基因的进化史，而且还要探寻那些影响基因读取和基因表达的DNA片段，这些片段位于基因之间及其内部。基因分析本身的历史迫使我们对许多物种起源的认识路径沿着一个特定轨迹进行，其中就包括我们对人类自身起源的认识路径。

所以，现在我们所知的内容（随着更多数据的出现，部分内容会变化）如下：人类起源于非洲（可能是非洲一大片相互关联的地区，还有可能延伸到了西亚）。虽然人类早期可能也有过迁徙，但是，始于距今10万年到5万年的一次大规模迁徙才使人类的足迹遍布了世界各地。而且，我们的祖先肯定与其他古代人种或种群发生过通婚交流。所以，尽管所有现代人的祖先都源于非洲这一理论已经确立，但这一理论的边缘地带已经变得模糊不清。

（关于人类起源）上面讲的只是一些概要，相关细节更吸引人。

人类的起源中心并没有很明确的界限，它可能分散于整个（非洲）大陆——这听起来更像是有多个起源地一样，只是这并非是全球意义上的多个起源地。现代人类的起源地曾局限于非洲一处，随后才扩大，包含了整个非洲，甚至可能也包含了亚洲的一小部分地区。这与小麦起源的情况很像：在人们的研究中，一粒小麦和二粒小麦的起源地就在土耳其东南部喀拉卡达山脉地区，后来才扩大到整个中东地区。研究人员提出了各种证据来论证在非洲东部、中部和南部都存在着人类的起源地，其中既有基因组证据，又有古生物证据。但是，我们也许并不必在这些地方中选择。现代人的特点可能是一点一点逐步出现，然后传遍各个种群。这些种群生活在整个非洲，甚至还走出了这个大陆一点。因为有基因流动，这些种群都是互相关联的。非洲 DNA 的历史很复杂，其中既有人类在撒哈拉以南非洲迁徙的相关线索，也有各个种群之间分化的线索，还有其融合的线索。在几万年里，智人的活动范围很大程度上都限于非洲大陆，但是随后，人类开始向外扩散和传播。

最新、最全面的全基因组分析认为，人类走出非洲是通过一次大规模的迁徙完成的。这一迁徙发生于 5 万年到 10 万年前，使人类的足迹遍布于世界的其余地方。离开非洲之后，人类先驱者分成了两拨，一拨向东沿着印度洋海岸前进，最终抵达了东南亚和澳大利亚；另一拨向北向西前进，进入了西亚和欧洲。向东的那一拨一直到了澳大利亚和巴布亚，他们可能遇到过更早时期从非洲迁出的智人祖先。以现状来说，南亚和东南亚的化石记录很少，无法排除在非常早的时候，曾有过一次东迁。

据估计，智人与欧洲土著尼安德特人通婚交流的时间是在 5 万年到 6.5 万年前——当时，智人走出非洲的过程刚刚开始。不是非洲裔的人体中包含少量的尼安德特人 DNA（平均有 2%），而非洲裔的基因组中尼安德特人的 DNA 则极少甚至没有。比如，我测了一下自己的 DNA，明显，我有 2.7% 的尼安德特人基因。东亚人比西亚和欧洲人的尼安德特人基因还要多一点。这可能有几个原因。东亚人的祖先在与欧亚西部种群分开以后，可能与尼安德特人发生了更多的通婚交流。我们也知道，尼安德特人 DNA 自进入智人基因组后，很大程度上只遇到了程度微弱的排斥。所以，西部和东部种群的祖先可能一开始有着同等数量的尼安德特人基因渗入，随后，自然选择从欧亚大陆西部种群的基因组中淘汰了更多的这种基因。最后，西方人体中尼安德特人基因较少还有可能是因为稀释效应，他们与可能来自北非、没有任何尼安德特人 DNA 的种群有通婚交流。

但是，我们现代人的祖先并非只与尼安德特人通婚交流。在东亚、澳大利亚和西南太平洋美拉尼西亚群岛当代人的基因中，有一些人类与另一种古代人种群通婚交流的线索。在美拉尼西亚人的基因组中，有3%到6%的DNA来自另一个祖先——这是从西伯利亚丹尼索瓦山洞里的一节手指骨和几颗牙齿中发现的。由于化石证据太少，我们无法得知这些人的样子。但是，经过对那节手指骨和那些牙齿中提取的DNA进行研究，我们确定地知道，这些人既非智人，又非尼安德特人。只是因为化石证据太少，无法给这些人取名。所以，目前，他们只把他们称为"丹尼索瓦人"。亚洲智人与丹尼索瓦人在亚洲的通婚交流很可能是在人类抵达澳大利亚和太平洋诸岛之前发生的。此外，还有证据证明，智人与其他非洲内部的古代人种有过通婚交流，只是这些人种目前尚未得到确认。尽管我们尚无相关化石证据，但现代非洲人基因组中却有一些其他古人类的印记。

基因组学研究的是整个基因组，而不仅仅是聚集在线粒体中的DNA片段或者分布在染色体中的单个基因。这门科学揭示了人类发展丰富而复杂的历史，而仅在10年前，我们还对此并不知晓。我们的祖先曾经遇到过许多其他人种（因为差异足够大，所以可以被认为是不同的人种），和他们生活在一起，并且通婚交流。正如美国古人类学家约翰·霍克斯在其博客中所言："在我们能找到DNA的每一种古人类以及一些尚未找到DNA的古人类中，都曾有过通婚交流。值得注意的是，我们现在都有了相关证据。"遗传学家、作家亚当·卢瑟福一直都很注意文章的优美措辞。他将导致今天人类形成的通婚交流描述成"大规模的、持续百万年的群交活动"。正如卢瑟福精准概括的那样，人类一直都是"淫荡而且用情不专"的。

除了提供智人起源、人类最初迁往欧亚大陆及其与其他人种通婚的线索和情况，基因组还包含一些史前社会其他事件的线索。在我们

DNA 的深处，有着无数航行和探险的记录，而那些先驱者和探险者的名字却早已被遗忘。虽然历史事件一层层地叠加，但是，遗传学家最终还是想出办法从基因库中抽丝剥茧，找到了细节。

从基因上看，在欧洲有 3 次重要的人类迁徙潮。虽然 4 万年前抵达欧洲西端不列颠群岛的第一批人留下的基因线索很少，但是可以确定，第一拨是旧石器时代的人。在最后一个冰河时代高峰期时，他们的数量骤降。但是，冰层退去之后，南部地中海地区物种残留区里的幸存者又向北开始迁徙。正如我们从约克郡斯塔卡尔中石器时代遗址中了解的那样，这些以狩猎采集为生的人，虽然仍然是游牧民族，但是，随着气候改善，已经显出更多定居的迹象。很快，第二拨古人类又来了，他们带来了一种全新的生活方式。原来生活在安纳托利亚中部的农民开始迁到欧洲各地。他们的迁徙过程断断续续，很可能是乘着船，于 7000 年前抵达伊比利亚半岛，6000 年前开始在斯堪的纳维亚半岛和英国定居——后一时间点正是索伦特海峡出现小麦基因线索之后的 2000 年。基因研究揭示，这些农民并没有完全取代当地以狩猎采集为生的种群，相反，他们与当地人融合了。新石器时代来临。在一些地方，游走觅食的人很快放弃了狩猎采集的生活方式，开始定居下来从事农耕。而在另一些地方，比如伊比利亚，除了农耕，人们还继续狩猎。第三拨人是在约 5000 年前，随着颜那亚人种群的扩大并进入欧洲而到来的。这一时期已是青铜时代早期，和这拨人一起到来的，还有马匹和他们的语言。如果你总体上是欧洲血统，那么，你的基因组中很可能仍然有着这些古代骑手和牧人奇怪的 DNA。虽然好多代人已经过去，在这一过程中 DNA 不断被稀释。不过，悲哀的是，这并不意味着你和马会有一种天然的亲近关系，或者你就天生会骑马——有些事还是需要学习的!

欧亚大草原上骑马的牧民也向东迁徙,他们取代了西伯利亚南部以狩猎采集为生的种群。亚洲另一拨从西向东的人类迁徙发生于大约3000年前。再退回到更久远的过去,基因研究还帮助我们解答了人类在美洲拓殖的问题。在海平面较低的时期,亚洲东北部通过白令陆桥与北美洲相连接。在最后一个冰河时代高峰期之前,人类穿过白令陆桥,在育空地区获得了立足点。但是,直到覆盖北美的巨大冰层的边缘于约1.7万年前开始消融,人类就一直被困在育空地区。之后,他们开始向南游荡。他们很可能是乘船的,并且沿着太平洋海岸定居。正如蒙特韦尔德遗址所显示的那样,人类于1.46万年前到达了智利。所有这些我们都是从考古学中了解到的。然而,关于人类迁往美洲的情况,还有一些重要的挑战。一些早期美洲人的头骨似乎与波利尼西亚人、日本甚至欧洲种群在形态上都有联系。有人认为,早期曾有人类迁往美洲,但他们后来被来自亚洲东北部和白令海峡一带的人所取代了。然而,当人们提取出这些早期人类的DNA后才发现,它与当代美洲原住民(即印第安人)最为接近,而西伯利亚人和东亚人的DNA与美洲原住民的接近程度则排第二。种群取代的理论最终会被搁置,因为,第一拨人就是从亚洲东北部通过白令陆桥(来到美洲的),然后从北往南,遍布整个南北美洲。然而,在更北的地方,又发现了人类后来大迁徙的基因线索——这是极地附近的人向东扩散,从亚洲东北部迁往北美洲北端寒冷地带和格陵兰岛。第一拨是约4000年到5000年前的古爱斯基摩人,随后是3000年到4000年前因纽特人的扩散。

在非洲,当代人基因组也能证明历史上发生过的人口变动——大扩张和大迁徙。约7000年前,苏丹牧民迁移到了非洲中部和东部;

5000 年前，埃塞俄比亚的农牧民扩张到了肯尼亚和坦桑尼亚；4000 年前时，还有一场大规模的人类扩散，当时，讲班图语的农业部落从家乡尼日利亚和喀麦隆向南迁移。这些人所到之处，就会取代原有的游荡觅食者，将他们赶到某些边缘栖息地。正是在这些地方，我们才发现了人类中最后一批靠狩猎采集艰难度日的人，比如纳米比亚的布须曼人。

阳光、山巅和胚芽

一方面，人类扩张到了全球，另一方面，气候条件有波动，所以，人类面临着新的挑战。我们的祖先采取了不同的办法来适应挑战。有一些适应之法是生理性的，在人的一生当中进行多次调整；另外一些办法则与基因变化有关，这才是真正的进化。这些适应之法使得人类在严酷的环境中生存并发展。当人类向北迁移时，他们会发现，周围的环境本身会发生变化——随着季节而变化。夏季白昼长，而到了冬季，白昼就变短了，阳光也成了一种稀有之物。就人的身体而言，阳光确实是一种货品。阳光灿烂的日子不仅能使人精神振作，而且能提供一种新陈代谢的好处——当你在户外晒太阳时，皮肤就会忙着制造维生素 D。或者，至少可以说，我们把一种胆固醇基的化合物转变成了皮肤中一种几乎就是维生素 D 的物质，随后，肝肾会承担最后的步骤，加入氢和氧以激活这种维生素。

20 世纪早期，研究人员在探究一种会导致儿童骨骼畸形的疾病——佝偻病时，阐述了维生素 D 的重要性。欧洲工业化可能是一个巨大的技术进步，并且最终也可能从各个方面提升人们的生活。但是，在工业化进程当中，还是付出了许多代价。拥挤的城市、工厂工作、雾霾笼罩的天空，所有这一切都在工业革命时代的儿童身上留下了印记。他们长得畸形，柔软的骨骼发生奇怪的弯曲。直到1918年，佝偻病都是一种难治的疾病，并且难以被人理解。这一年，一位名叫梅兰比的英国医生发现，把狗关在室内，给它们喂食稀饭，狗就会患佝偻病；如果再给这些狗喂鱼肝油，又会阻止这种情况发生。第二年，一位名叫哈兹琴斯基的德国研究人员发现，用紫外线照射患佝偻病的儿童就能治愈他们的病。其他研究还发现，各种食物，如植物油、鸡蛋、牛奶和生菜，经过紫外线处理，都能够预防这种疾病。这些研究人员实际上是在不经意间将食物中的胆固醇和植物固醇转变成了维生素D原。最后，当化学家发现了这种重要化合物的化学特性时，他们就开始人工合成维生素D了。最终，人类找到了治疗佝偻病的药物。取得这项突破的德国化学家温道斯因而获得1928年的诺贝尔奖。

然而，人们当时仍然不明白，这一物质怎样作用于骨骼。20世纪随后的几十年里，研究工作主要集中在跟踪这种化合物在人体中的路径。它显示，这种维生素的作用方式类似激素，一旦被肾脏激活，它就会沿着血管进入肠道，并且传递一个信息："补钙"。但是，维生素D这种化学品的功用并不单一。到了20世纪80年代，人们已经知道，维生素D除了钙代谢和促进骨骼生长的重要作用，还在免疫系统中发挥关键作用。缺乏维生素D，人就更容易患自体免疫疾病（在这种情况下，免疫系统内部各部分会互相攻击，甚至会发生"兵变"），包括糖尿病、心脏病和某些癌症。身体要维持健康运转，每毫升血液中至少要有30纳克维生素D。虽然我们可以从饮食中获取一些维生素D，但是，我们所需的 90% 的维生素 D，都要通过晒太阳来在皮肤中生成。

当然了，阳光，特别是其中的紫外线还是有可能带来伤害的。人的皮肤中有一些化合物就是天然的防晒霜，其中就包括黑色素。如果你比平时接受的阳光照射多，你的皮肤就会开始制造更多黑色素，这样，你就变得黝黑了。不仅白皮肤的人会这样，肤色深的人也会被晒黑。第一批进入欧亚大陆的智人很可能就已经是深色皮肤了，这是缘于他们原来地方（指非洲）的气候。在光照非常充足的地方，要避免晒伤，人皮肤中就需要更多黑色素。所以，我们很容易明白，为什么在赤道地区，自然选择会偏向更深色的皮肤。同时，在热带地区，足量的紫外线照射会穿过黑色素这一滤光器，使得皮肤能够通过光合作用形成维生素 D。同理，在光照不足的地方，深色皮肤能够很有效地滤除紫外线，所以就不可能生成足够的维生素 D。维生素 D 缺乏的害处有阻碍免疫系统，也有佝偻病。这些害处意味着，将有一种自然选择的压力起作用：任何肤色较浅的人在生存和生育方面都可能更有优势，他们更有可能将基因传到下一代身上。所以，只要出现一种能够影响黑色素生成并且导致较浅肤色的偶然性基因突变，它就能传遍整个种群。因而，越往北走，人们的肤色越浅。欧洲北部和亚洲北部的人都分别经历了适应光照不足的过程，但是，他们是通过不同的基因突变实现的。这看起来像是一个趋同进化的经典案例——利用不同的手段，实现相似的结果。

"维生素 D 假说"似乎很有道理。它假定，人类长出浅色皮肤，是为了适应北方光照不足的问题。人们观察到，英国和北美当代人中，深肤色的人比浅肤色的人更易患维生素 D 缺乏症。这一结果似乎能够支持上述假说。然而，对当代人体内维生素 D 含量的仔细测量却给研究结果带来了巨大挑战。针对维生素 D 含量和接受光照进行的跟踪研究产生了很有意思而又出人意料的结果。研究发现，随着接受光照的增加，维生素 D 的含量也会增加（到某种程度）。这符合人们的预期。我们也可以理解，裹上衣服与血管中维生素 D 含量降低有关联。但是，浅涂一层防晒霜虽然可以防止晒伤，似乎却不能减少维生素 D 的生成。拥有深色皮肤也不能减少维生素 D 的生成。非常奇怪的是，在促进维生素 D 生成方面，接受等量的光照对于深肤色的人和浅肤色的人并没有差异。

显然，这项研究显示，深肤色的人和浅肤色的人在生成维生素 D 方面似乎有着同样的效率。乍一看，这些新发现似乎会推翻我们关于人类肤色进化的所有理论。然而，还是有一些现实情况需要解释：越向北走，土著人的肤色确实变得更浅；而且，在北方国家里，深肤色的人确实更易于患上维生素 D 缺乏症。

第一种情况会引出一个问题，即在进化中的那些变化都是怎样发生的，它们并非总是因为某一基因突变会带来优势而发生。有时候，当与自然选择压力无关的基因突变在一个种群中扩散时（这种扩散被称为基因漂变），变化依然会发生。这一过程本质上具有随机性，很大程度上要看运气。也许，我们的祖先向北迁移时发生的情况是，自然选择要求人形成深肤色的强大压力（一种针对晒伤和皮肤癌的防御机制）逐渐减轻了。同时，趋向浅色皮肤的基因突变并不会被淘汰，依然会发生，最后可能还会通过基因漂变而扩散。而且，实际上，从赤道地区到北方高纬度地带，人的肤色并不是逐渐变浅的；白色素的沉着很可能出现得非常晚，并且也只在欧洲和亚洲极北地区的种群中才有。对欧洲和亚洲其他地方的人而言，肤色与纬度并没有关系。维生素 D

假说的另一个问题是，人们并未发现许多工业革命之前佝偻病患者的骨骼化石。

但是，在今天的英国和北美，深肤色的人与维生素 D 缺乏症有什么样的关联呢？有一项关于当代人种群的研究发现了一条线索。这项研究让人们填写一份详细的问卷，设置的问题是阳光明媚的时候，你们会干什么？问卷调查显示，阳光明媚时，肤色浅的人会冲出去晒太阳，而肤色深的人更多地会待在室内。在光照强烈且充足的地方，这很可能是个好策略；但是，在光照不强并且不足的北方，你就得尽可能充分利用阳光明媚的好天气了，在冬天尤其如此。对早期智人——旧石器时代以狩猎采集为生的游牧部落——而言，一年当中不可避免地每天都要在户外（或者，更准确地说，在帐篷外）。因此，虽然深肤色可能是人类为适应赤道地区强烈光照而形成的，那么，相反的情况（指浅肤色是为了适应北方高纬度）则经不起深究。然而，在皮肤之下，维生素 D 新陈代谢却有一些不太明显的变化。这些变化可能才是为适应高纬度环境而出现的。北欧人基因组中有一些突变增加了人体中维生素 D 前体的含量，而深肤色的人则有其他一些基因突变，它们增加了维生素 D 在体内的吸收和运转。然而，随着人们应用精确的流行病和基因组数据，一个简单的流行假说又让位于一个更为复杂的现实情况。近些年，关于人类对不同纬度的适应理论变得更加有趣，但远远不够明确；你可能会说，是远远不够黑白分明。

一方面，纬度变化似乎与某些新陈代谢的适应性变化有关，另一方面，高纬度还带来了一个特别的挑战。有人认为，一些人种能够适应高纬度的低氧环境，与一种被称为 EPAS1 的特殊基因变体有关。这种基因能够减少血红蛋白的生成，非常适合低氧环境；此外，它还能使血管网络更加密集。有明显迹象显示，在自然选择的作用下，EPAS1基因已经进入了中国西藏人的基因组中，但是，这种基因的源头却仍然神秘莫测。其基因模式显示，它不是一种现有基因变体随着人们开始在高原地区生活而突然流行起来，也不是一种偶然出现的新基因。那么，它来自何方呢？2015 年，研究人员完成了一项雄心勃勃的国际科研项目，名为"1000 个基因组"。所有为这一项目提供 DNA 的人中，都没有这种基因变体，只有两名中国人例外。但是，这种基因在丹尼索瓦人的基因组中却有存在。所以，现代中国西藏人的 EPAS1 基因变体似乎是从丹尼索瓦人那里继承的，然后又因为积极的自然选择而被保留了下来。这甚至都让人嫉妒。正如同苹果会通过与野苹果杂交而获得一些有用的适应特性，我们祖先也会吸收当地的基因。

新的环境或环境变化带来的一个最重要的挑战就是有了不同的病菌。我们总是不停地与细菌作战，这种进化史上的军备竞赛已经嵌入了我们的基因组。很明显，一些进入智人基因组的基因变体源于尼安德特人和丹尼索瓦人。据推测，在一些特定时期和特定地点，这些基因使智人对于一些传染病有了一定的防护。

人类有一种基因继承自尼安德特人，它与抵抗病毒传染有关。每20 个欧洲人中，就有一个人有这种基因；但是，在当代巴布亚人中，超过一半有这种基因。在巴布亚，大自然似乎强烈地偏爱这种基因。还有一些与免疫系统有关的基因似乎也是源于尼安德特人，并且，在一些人种中比另一些人种存在得更多。正是通过这样的模式，我们才看到了偶然性在进化中的重要作用。如果人类种群暴露于某一种病菌之下，而有一种基因变体能够抵抗这种病菌，那么，它就会变得重要起来，进而被自然选择。反之,如果人类种群没有暴露于这种病菌之下,那么，这种基因变体很可能就会消失，至少在基因库中出现的频率会降低。

在我们的基因组中，有成串互相紧密关联的基因在执行重要任务，帮助身体识别外来入侵者，并发起反击。它们还会进行自我识别，会对一些蛋白质进行编码，这些蛋白质就像有小旗贴在人体细胞上一样，这样，免疫系统就不会把它们误认成外来病菌了。这些基因被称为HLA基因。据估计，在现代欧亚人中，有超过一半的这种基因是继承自尼安德特人或丹尼索瓦人。

然而，我们从古人类继承的某些基因也有负面作用。有一些等位基因在过去某些时期有用，但是今天却成了有害的。某些HLA基因变体可能会使人易患自体免疫疾病。从本质上讲，这是HLA基因未能发挥自我识别作用：对免疫系统而言，那些小旗看起来很古怪，疑似外来入侵，令它产生警觉；于是，免疫系统就对自体细胞发起了攻击。从尼安德特人身上继承的免疫系统基因HLA-B*51能导致患白塞病的风险增大。这种病是一种炎症，能引起口腔和生殖器溃疡，还能引起眼睛发炎，甚至会导致失明。白塞病在英国很罕见，但是，在土耳其，每250人中就有一人患病。这种病也被称为"丝路病"，但是其起源似乎要比人类布匹贸易久远得多。在丝绸之路成为贸易路线之前的数千年，这些路线就对人类往他处迁移并居住起着非常重要的作用。也许，在远古时代，智人就是在这些穿越中亚的走廊上遇到尼安德特人，并与之通婚交流的。

在当代墨西哥人中，很奇怪地普遍都有一种与脂肪新陈代谢有关的特殊基因变体，它似乎最初也来自尼安德特人。也许，因为与某种特殊饮食有关，它在过去曾经能够带来某种优势。但是，与人们今天摄入的食物相互作用后,它却增加了人患糖尿病的风险。还有一些从这些"消失的部落"进入人类基因组的基因变体与皮肤和头发颜色有关联。每 10 个当代欧洲人中,就有 7 个身上有一种源自尼安德特人、能使人长雀斑的基因。而对于其他继承自古代人类的基因而言,我们尚不太清楚其在现代人基因组中的作用。另一方面,有许多古代人类 DNA 很明显已经被淘汰了,极有可能是因为它与生育力下降有关。

与消失的部落通婚交流意味着我们的祖先曾经利用过一个丰富多样的基因库——可能会吸收一些对当地环境(包括其中的病菌)的适应性。这是关于进化变化机制的一个重要的新认识:一种新基因变体的引入和扩散,可能始于一个新的基因突变,也可能是某一种群中原有的基因突变突然显示出某种用途。但是,它还可能是通过通婚交流,从另一个关系紧密的种群中引入的。从苹果到人类的基因组中,都有杂交起源的证据。

但是,在我们身上留下印记的,不仅仅是一些曾与我们通婚并且紧密关联的人种。我们与包括动植物在内的其他物种也成了好朋友,本书中已经讲过 9 个这样的物种。人类与这些物种密切交流,驯化培植它们,或者给它们机会,让其"自我驯化"。在这一过程中,人类历史的进程也受到了深刻影响。关于产生这种影响的具体方式,我们仍然难以理解。新石器时代的影响已经传了几百、几千年了。

新石器革命

我们只是凭着事后的认识,还有地理学、考古学、历史学和遗传学等赋予我们的宽广而有深度的视角，才能理解人类进化这一宏大的课题。这一课题的研究，一方面是描绘出几千年里各个大陆上发生的事件及其过程，另一方面是我们祖先的个人经历和日常生活。二者之间有着巨大的鸿沟。然而，（经过努力）我们似乎正在接近这两者之间的交汇点：被烧黑的麦粒、磨制的石镰刀、陶器碎片上的牛奶痕迹、古代野狼的 DNA 以及古代语言中"苹果"一词的各种读音，每一样东西都给我们提供了令人惊讶的细节。

我们在论述物种起源时，会随着新证据的出现而添加有关内容，使得论述变得更为复杂。与此相同，关于新石器时代的研究也是随着时间推移而变得更加复杂。新石器时代的发展（指物种之间新的联盟关系以及与之相伴的新技术），并不是由人类主观意图推动的一个可预测的线性过程，其出现方式更具随机性。随着人口的增加，新石器时代的到来就不可避免，人类随之也从以狩猎采集为生的游牧生活转向了定居的农耕生活。但是，在世界各地，这一转变的路径各不相同，因为外部因素有着巨大的影响。随着冰河时代趋向结束，世界各地的农业都各自发展了起来。在各地，农业的出现都是断断续续的。之后，农业思想、技术和新驯化培植的物种都从其起源地向外传播，给不断增加的人口提供了食物。

亚洲西部和东部的农业几乎同时出现于大约 1.1 万年前，这肯定不是简单的巧合：虽然相隔数千英里之遥，但人类和草场都同样受到气候变化的影响。距今 1.5 万年之后，在全球范围内，大气中的二氧化碳含量增加，这会促进植物生长，就有了成片的野生谷物供人类去采集。随后，在距今 1.29 万年到 1.17 万年的新仙女木期，气候又变冷了。猎人们经常会空手而归。地面上容易采集的水果和浆果也变得稀少。以采集为生的人不得不依赖其后备食物资源，包括一些难以采集但是富含能量的草种：西方的燕麦、大麦、黑麦和小麦，东方的高粱、小米和大米。在人工培育植物和农耕出现之前，人类就掌握了某些技术，能使收获效率更高，还能将硬草籽磨成面粉，比如纳图夫人使用镰刀和石臼的技术。到了气候开始转暖时，人们对谷物的这种依赖已经进化成了原始农业。

早期的培育中心有着非常大的影响力。美索不达米亚"农业摇篮"为欧亚大陆西部新石器时代的农业发展提供了创始农作物。在幼发拉底河和底格里斯河之间肥沃的土地上，出现了人类最早培育的豌豆、小扁豆、苦苕子、鹰嘴豆、亚麻、大麦、二粒小麦和一粒小麦。在黄河和长江流域出现了小米、大米和黄豆。但是，在许多其他地方，人工培育农作物也起步了。在新仙女木期末，非洲南半部的人向北迁移，开始居住在当时肥沃的绿色撒哈拉地区。这些人以狩猎采集为生，既食用水果、植物块茎和谷物，也吃捕获的动物。他们自 1.2 万年前就开始使用磨石碾磨食物，在那之后不久，就培育出了当地的高粱和珍珠稷。但是，大约 5500 年前，季风南移，曾经肥沃的撒哈拉地区变成了沙漠，当地的农业也就消失了。大约 9000 年前，新几内亚培育出了甘蔗；6000 年前，中美洲人把墨西哥玉米培育成了玉米。

我们研究的地方越多，似乎就能发现越多的驯化培育中心。"肥沃新月地带"很引人关注，但是，它也使我们忽视了其他同样重要的新石器时代起源地。瓦维洛夫确认了 7 处驯化培育中心。贾雷德·戴蒙德推定，在全世界共有 9 到 10 处驯化培育中心。更新的研究显示，这类中心有多达 24 处。物种的驯化培育在不同的地方，发生了许多次。正如瓦维洛夫所言，发生驯化培育的地方，有许多都是山区环境。在这样的环境里，由于物质条件随着高度而变化，所以多样性都比较丰富。但是，任何物种都要与人类的特点契合，再遇到合适的时机，才可能被驯化培育。一方面，人类愿意改变其生活方式，另一方面，物种对人类的干预做出积极的反应；这两者在一起就是最佳组合，能够催生人与其他物种之间重要的结盟关系。在这一过程中，有意识的决策几乎不起任何作用。

"人工选择"这一术语可能暗示的是一种媒介、一种意识，但它并不总是起作用。虽然现代选择性繁育工作都是经过详细计划，通过人工干预进行的有意识的选择，但过去并不总是如此，特别是在人类开始驯化培育（野生物种）之前。在打谷场附近生长的小麦并不是专门播种的，但是，它却成就了最早的麦田。也许，将物种选择分成自然的和人工的，本身就是一种人为的划分。并非只有人类才会影响其他物种的进化。人类自身的生存与其他物种也是相互依赖的。通过仔细研究基因组，我们可能会理解人类认为自己（在驯化培育物种中）所发挥的作用，但是，蜜蜂肯定也会影响花的进化，正如我们影响犬、马、牛、大米、小麦和苹果的进化一样。蜜蜂可能不会知道自己发挥的影响，也不会像人类一样去思考，但它们的作用是客观存在的。我们所称的人工选择是达尔文用以立论的一个术语，实际上它不过是一种有人工介入的自然选择。

在许多情况下，驯化培育一开始都是一个"无心插柳"的过程：各个物种互相接触、碰撞，再近距离共同生长，最后，其进化历史交织缠绕在了一起。我们总是习惯于把自己当成主人，把其他物种都当成心甘情愿的仆人甚至是奴隶。但是，我们与动植物形成这种"契约"关系的方式各有不同，而且都很细致微妙，最终在器官上形成一种共生和共同进化的状态。最初，与其他物种形成伙伴关系几乎都不是人类有意识的行为。人类学家和考古学家描述了 3 种驯化动物的主要途径——这种驯化并非一个"事件"，而是一个很漫长的进化过程。第一种途径是动物选择人类，从我们身上借取资源。当它们与人类接近时，就开始与我们共同进化了。在人类介入选择过程开始之前很久，这些动物自己就会变得温驯起来。几百年前，各种犬品种的形成就属于这种情况。狗和鸡都是这样成为人类的朋友的。第二种途径是通过捕食。即使这样，人类最初也并没有驯化动物的意图，他们只是把动物作为一种资源。经由这种途径的主要是一些大中型食草动物，如绵羊、山羊和牛。它们最初是作为猎物被捕获，然后被圈养，最后成了人们放牧的家畜。最后一种途径肯定是人类主动选择的，他们从一开始就主动猎捕并驯化动物。通常，人们会认为，这些动物除了肉用，还会有其他用途。马就是一个绝佳的例子，它们最初被驯化是要供人类骑用的。

当农民和育种者开始淘汰一些他们不愿意要的特性，有意选择另一些特性时，就表明他们开始有了主动驯化的意图。即使这样，他们也没长远的目标。达尔文就认识到了这一点。他曾写道："虽然一些著名的育种家会有明确目标，并且会尝试有系统地进行选择，"而一般育种的人只会关注下一代，"并不期望永久性地改变某个品种。"不管怎样，经过几十几百年，人类的这些选择都会导致某一品种被"无意识地改良"。达尔文认为，即使"野人"和"野蛮人"（对现代读者而言，有时候，达尔文是一个极端"政治不正确"的人）也会通过不怎么有意识的选择行为改良他们的动物。如果他们喜欢一些野兽，遇到饥荒也不会吃掉它们。

被人类成功驯化培育成朋友的物种数量相对很少，这是对人类掌控自然界说的最后一击。自然作家迈克尔·波伦曾经很简洁地说过，许多物种"都选择了不被人类驯化"。一个物种要成功地成为人类的盟友，它必须要具备某些品质。当机会来临时，这些品质会推动它们成为人类驯养的物种。如果狼没有好奇心，如果马不够驯服，如果那种草没有长出不易折断的叶轴，如果中亚的野生苹果长得不是圆鼓鼓的，那么，我们很可能就不会有狗、马、小麦和人工栽培的苹果树。

不管怎样，人类驯化培育其他物种的影响深远，遍及全球。作为新石器的时代核心内容，人类与其他物种互相依赖的概念后来成了一种思想，成了人类文化的一部分。这种思想很有道理，注定会传遍全世界。与某些动植物建立起了特殊关系后，人类到了哪儿，就可以把它们带到哪儿，这就是改变当地的环境以适应它们。最初，虽然人类的这种做法是全凭机缘，但是，却获得了极大的成功。

今天，以狩猎采集为生活方式的人本来就不多，而且还在继续减少。其中，非洲地区就有这样一些小的人类种群，包括纳米比亚的布须曼人和坦桑尼亚的哈扎人。他们居住在半沙漠地带，环境相对恶劣，无法从事农耕。从最初直至现在，他们都抵制着新石器革命，但是他们的生活方式已经受到威胁，很可能在 21 世纪就会消失。

共同进化和历史的进程

如果是不同的物种与人类接触，人类的历史发展也会与现在大不相同。比如说，与我们接触的动物完全消失、无法被捕获或者驯化。有时候，我们研究历史和史前社会时，好像认为，我们就是自己命运的主宰，外在力量极少甚至不发挥作用。但是，任何物种的发展史都不能孤立地去看待。每一个物种都存在于一个生态系统中，各个物种都是互相关联、互相依赖的。在各个物种互相纠缠的发展史中，它们会发生互动，而机缘和偶然性则是这些互动的内在特点。

几千年来，我们与其他物种形成的联盟关系改变了人类历史的发展进程。这是最初的农民、带着狗的猎人以及最初的骑手做梦也不可能想到的。人口不断增长，人工种植的谷物能提供所需的能量和蛋白质；而靠野外采集却无法给人类提供足够的食物。

中东地区的繁育中心出产的小麦促进了人口激增。于是，在新石器时代，农民就迁移到了整个欧洲。在更早的时候，牧民就已经驯化了绵羊、山羊和牛。这些动物成了人们"行走的食品柜"，给他们提供了贮存蛋白质和能量的手段。人类与曾是其备用食物的植物以及曾是其猎物的动物建立起了伙伴关系，就能在一定程度上抵御恶劣气候的直接影响。人类有了可靠的能量和蛋白质来源，过上了更加稳定的生活，家族成员就会增加。这听起来完全像是一个成功故事。然而，新石器革命时期的现实却与人的直觉有点相悖：人们不得不整天辛苦劳作，男人、女人和孩子们的健康都受到了损害。

安纳托利亚中部有一处距今 9100 年到 8000 年（时间跨度刚刚越过 1000 年）的考古遗址。它使我们能够简单了解处于那一过渡时期的人们的生活状态。这个地方就是恰塔霍裕克，那里的早期农民居住在密集的泥土房子里。最初，只有一些家庭居住在那里，后来，村庄规模不断变大。农民们主要种植小麦，还有大麦、豌豆和小扁豆；除了狩猎野牛、野猪、鹿、鸟类以及采集野生植物，他们还养绵羊、山羊和一些牛。他们的田地就在居住地以南几英里。他们还要在很大的区域里狩猎和放牧。恰塔霍裕克已经出土了600多具人的头骨残骸，这些骨头能够提供当时人们的生活信息。其中，有很多是未成年人，甚至是新生儿的头骨。从表面上看，这似乎说明，当时的婴儿和儿童死亡率特别高。但是，这种情况很可能首先说明的是，当时有大量婴儿出生。根据时间梳理这些数据，研究人员发现，随着人类从游荡状态转向早期农耕生活，并且后来再发展到密集农作，婴儿出生率提高了。相应地，村庄里房屋的数量也增加了。对婴儿骨骼中氮同位素的分析显示，婴儿还相对较小时（大约18个月）就断奶了。在这些人中，断奶较早与生育间隔短有关，这说明人口激增的情况正在出现。

但是，情况并不总是如此乐观。恰塔霍裕克遗址还显示出一幅图景：与早期处于游荡状态时相比，新石器时代的人的生理负荷更大，健康问题更多。以谷物为主的饮食结构能够提供许多能量，但是并不一定能够提供人体所需蛋白质的基本构成要素，或者说维生素。虽然其他遗址中出土的证据显示，人口增长率有所降低，但是，恰塔霍裕克遗址似乎不是这种情况。尽管如此，在这处遗址，还是有大量证据证明，人们有轻度的生理疾病，包括骨质感染，而且龋齿率很高，这很可能与食物中富含淀粉有关。

今天，农业产业化意味着，在很大程度上，辛苦的农活都由机械而非人工完成。但是，只要是在谷物（对我们早期以狩猎采集为生的祖先而言，它们是一种备用食物）成为主食的地方（正如在新石器时代的恰塔霍裕克），我们所有人都被拴在了食物生产系统之上。随着食物供应的全球化，我们可以获得其他重要的维生素来源（现在，我们甚至可以利用基因编辑技术，将维生素添加到谷物当中），但是，我们的牙齿仍然在受着新石器革命影响之害。其中为害最烈的正是一种玉米的含糖衍生物：高果糖谷物糖浆。玉米这种食物似乎同时包含了新石器时代最好的遗产和最坏的恶果，它既是一种非常好的能量来源，又是对人类健康的一个隐性威胁，而后一点我们才刚刚认识到。玉米本身在人类历史上发挥了巨大作用。它推动了印加文明和阿兹特克文明，并且在哥伦布（可能还有卡伯特）抵达新世界后传遍了全球。今天，从重量上讲，它是人类产量最大的粮食作物。它推动了人类的发展，但是，我们种植的玉米中，用于家畜饲料的是人类食用的 4 倍；用于制造生物燃料的也是人类食用的 4 倍。

如果我们想象一下，要是没有驯化培植的物种，将会发生什么，也许就能很容易地理解它们对人类进化历史进程的影响。这一方法与遗传学家探究某一特定基因的功能有异曲同工之妙，都是先假定研究对象缺失，然后进行推理。当然，我们无法用同样的方法测试历史的另一张面孔。但是，思维实验仍然能让我们了解一点，要是没有这些不同的物种，世界将会有什么不同。

没有人工种植的谷物，我们今天会是什么样子？新石器时代肯定会有很大的不同，因为单纯依靠游牧肯定无法支撑大量人口增长。在人口增长过程中，人类及其家畜和农作物从中东地区扩散到了整个欧洲。那些早期文明，中东的苏美尔文明、远东地区的黄河和长江流域文明以及中美洲的玛雅文明，会不会出现呢？也许它们会以不同的方式出现，但是，欧亚大草原上骑马的游牧民族提醒我们，文明也可以在人类迁徙中发展进化。在一个没有谷物的世界里，我们会不会还是游牧民族？居住的会不会是圆顶帐篷而不是房屋？或者，食物的空白会不会由土豆这样富含淀粉的植物块茎来填补？一考虑一种驯养物种缺失的情况，我们就越来越难以想象，没有了这些我们如此熟悉、如此依赖的物种，世界将变成什么样子。

　　少了苹果会怎样呢？虽然能储存过冬的水果很少，我认为，没有苹果也不会导致哪个文明崩塌。但是，没有了苹果作为备用食物，还是会对人类有一些影响的。当然，我们还是会有苹果酒，因为我们可以用野苹果来酿，并且，我们现在还在这样做。然而，我们的文化中将会缺失关于苹果的奇妙神话。

　　如果没有犬类帮助人类狩猎，也许到了2万年前最后一个冰河时代高峰时期，欧洲以及亚洲北部的智人受到的冲击会更强烈。如果没有猎狼犬帮助人类找出最后的狼群，这些食肉动物可能会在英国和爱尔兰存活至今。人类和犬类之间建立起了高效而致命的联盟，对付欧洲冰河时代的一些巨型动物。如果没有这一联盟，那些动物会不会活到今天？如果没有狗，也许今天，在西伯利亚北部，仍然会有小群的猛犸象在游荡。

　　我们知道，人鸡联盟的时间形成得相对较晚。它们是在青铜时代被驯化的，但是很快就冲入前列，成为地球上最重要的家养动物。如果没有鸡，我们永远也不会有德玛瓦那只"明日之鸡"皇后；也不会有斗鸡；法国足球队也得另外找个标志了；世界各地的饮食中，将不会有鸡肉和鸡蛋。当然，也会有其他一些被人类驯化的鸟类。但是，没有哪一种能像鸡一样顺从，并且发展得如此成功。当然了，如果有人发起一场"明日之鸭"的比赛，一切可能都会改变（指鸭也会取得像鸡一样的发展）。

　　如果没有马，人类历史会怎样发展，真让人难以想象。从一开始，人工驯化的马就产生了深刻的经济影响，它们大大拓展了牧民们在草原上放牛的范围。如果没有马，草原上的人们会不会也像历史上发生的那样，向西方和东方扩散？这似乎不大可能。

马在欧洲史前社会中发挥了关键作用。从欧洲东部草原的边缘地带，迁来了一些骑马的人，他们所操的语言对今天仍有影响。语言并非他们唯一的贡献。西伯利亚和黑海—里海草原上典型的坟头和木质墓葬文化也传到了欧洲。正如我们所看到的，地中海东岸青铜时代的人们借鉴了在草原上形成的思想，开始把他们的国王也埋到大墓里，并放入奢侈品供其来生享用。那些豪华的墓葬中常常会有马饰，有时候还会有马的骷髅残骸。马与人们在社会中的高贵身份已密不可分，因此，对马的崇拜一直延续到了铁器时代及其以后，在现代社会中仍然还有影响。

马还被用于拉车。世界上第一种轮式车辆很可能就起源于欧亚大草原，而马车则肯定是在约公元前 2000 年起源于那里的。后来，马车向东传入中国，向西传入欧洲。公元前第二个千年里，各国军队开始骑马作战，战争形态也发生了转变。一直到了第一次世界大战（包括"一战"期间），骑兵在战斗中都发挥着关键的作用。如果没有马，全世界战争史将会大不相同。牛可以用于运输，但不能用于作战。

今天，使用蒸汽机（或内燃机）的轮式车辆很大程度上代替了马。但是，马仍然因其速度、力量和美感而受到人们的喜爱和重视。在人们的意识里，仍然把马与高贵身份紧密联系在一起。马术运动也被视为一项贵族运动。

人类历史上如果没有牛，似乎影响不会太大。然而，实际上，牛一直都是一种非常关键的家畜，不仅因为它们能提供牛肉和牛奶，正因为其在运输和农业上的作用——多少个世纪以来，牛一直被用于拉车和犁地。而且，它们自从新石器时代早期就被驯化了，这远早于马被驯化的时间。但是，和马一样，牛在文化上有着重要意义。这种意义超越了其作为驮畜和人类食物来源的功能。也许是因为在冰河时代末期，世界上如此之多的巨型动物都灭绝了，在我们的神话故事中，牛就占据了其他巨型动物的位置。虽然已经为人类所驯化，牛仍然是力量、声势和危险的象征。克里特岛上的人们对牛的崇拜，就是弥诺陶洛斯（人身牛头怪物）神话的基础。关于密特拉（它曾猎杀了一头巨牛）的神秘宗教也随着罗马人的脚步传到了英国。在哈德良长城中的一处古堡，人们发现了一块石头，上面就雕刻着密特拉的神像。而且牛不仅进入了我们的神话故事，它还影响了我们的 DNA。

牛奶和基因

虽然新石器时代时，人们养母牛主要也是为了吃肉（读者还记得那个母牛数量减少之谜吧），人类饮用牛奶的历史至少可以追溯到公元前第七个千年。牛奶是一种很神奇的食物：它含有大量基本的营养素，除了维生素和矿物质——钙、镁、磷、钾、硒和锌，还有以乳糖、脂类和蛋白质形式存在的碳水化合物。但是，要让成年哺乳动物吸收牛奶还是不同寻常的。绝大多数成年哺乳动物都不能消化牛奶。雌性哺乳动物的特点就是能给小动物产奶。作为哺乳动物，人类在婴儿时期是很习惯喝奶，并能消化的。毕竟，我们出生时是要靠母乳的。但是，哺乳动物（包括人类）到了成年期时，其消化奶的能力，特别是消化乳糖的能力就消失了。含有乳糖酶的基因已经关闭。但是，欧洲绝大多数人成年后也完全可以喝牛奶。

牛（还有绵羊和山羊）的驯化不仅影响了人类的历史和文化，而且还影响了生态。人类为了挤奶而开始饲养动物时，环境就被改变了。确实，我们改变了牛的DNA，方式就是通过有人为因素的自然选择（即所谓的人工选择）。但是，饮用牛奶后，我们最终也改变了自然选择影响人类自身的方式。一方面，我们对其他物种进行改造，以适应我们的需要、味觉并满足我们的欲望；另一方面，其他物种同时也一直在改造着我们。

饮用鲜奶对人类的祖先会构成真正的挑战：在有足够勇敢去尝试喝奶的人中，绝大多数会出现腹胀、胃痉挛和腹泻。问题的根源在于人消化不了乳糖。这种物质在肠道中会因为细菌而发酵，从而引起各种胃肠不适。有一种办法能够克服这一缺陷，那就是减少牛奶中的乳糖含量。我们可以使牛奶发酵，也可以把它制成硬质乳酪。这两种东西还能够使牛奶更长期地保存，供人饮用或食用。

理查德·埃弗谢德及其研究团队分析了波兰（考古遗址中的）陶器碎片上的脂质。结果显示，早在公元前16世纪，那里的新石器时代农民很可能就用牛奶制作奶酪。马奶中的乳糖含量比牛奶中要高出许多，但是发酵乳制饮料的发明，使得任何人都可以安全饮用马奶。欧亚大草原上的马奶酒是一种温和的"奶啤"，今天人们仍在饮用。它可能也是一项古老的发明。

但是，有一些人却进化出了一种能力，可以在断了母乳之后很久，轻松饮用和消化鲜奶。我们具备了"耐乳糖性"，这是因为我们具有一种等位基因（或者基因变体），它意味着我们成年之后还会继续生成乳糖酶。据估计，欧洲人身上与继续生成乳糖酶有关的基因变体在约9000年前就已经出现。在欧洲中部，新石器时代的人类种群中并没有这种变体；到了 4000 年前，已经有了少量出现。但是，今天，欧洲西北部有 98% 的人成年后仍能继续生成乳糖酶（或者说具有耐乳糖性）。这说明，他们的祖先曾经历过一段物资匮乏、互相争斗的时期，这时，饮用鲜奶的能力（而不是只饮用贮存的发酵乳制品和奶酪）就是性命攸关的事了。到了公元前 1 世纪，饮用鲜奶而导致的胃肠反应仍然很普遍。当时，罗马学者瓦罗曾写到，（如果你要通便）马奶可以作为一种很好的泻药，驴奶、牛奶，以及山羊奶也可以。甚至到了 2000 年前，耐乳糖性在意大利似乎也不常见。而且，虽然西欧的人现在普遍具有乳糖耐受性，但是，比如在哈萨克斯坦，只有 25% 到 30% 的人有。

与之类似，非洲奶农的后代最后也适应了饮用鲜奶。他们身上的基因变体出现于约 5000 年前，然后扩散到了整个种群。这一时间点与家养牛起源和扩散的考古证据非常吻合。相比之下，由于没有乳品业的历史，绝大多数东亚人一喝鲜奶就会出现严重的胃肠反应。

在人的基因组中，除了许多有关抗病的变化，乳糖耐受性是一个最清楚的代表，说明人类为了适应自然而发生的进化意义上的变化。一直以来，有许多人都想着要学习古人的饮食结构，但是，在新石器革命改变人们的生活方式时，我们祖先的体质也发生了变化。并不是只有被人类驯化的物种发生了变化，它们也相应地改变了我们。人类与其他物种形成盟友关系的方式各不相同。有一些可能是完全不经意间的事，比如堆肥中的苹果种子会长出新的果树。而有的则可能是其他物种发挥了促进作用，比如，是狼主动与人接触，最终，它们中有一部分被驯化成了犬。其他的情况则可能是人类有意为之，比如，抓捕和驯化马和牛肯定都属于这一类。但是，不管人类与其他物种的盟友关系是如何建立的，最终它们都发展成了一种共生的生态关系，这就相当于一个共同进化的试验。（在这个意义上讲，）驯化是一个双向的过程。

但是，在我们驯化的动物和我们自身之间，还有一个奇怪的关联。动物被驯化时，我们身上似乎也出现了它们的特性。像犬类和贝尔耶夫发现的银狐一样，人类的下颌和牙齿也变小了，面部也变得比其祖先更加扁平，此外，雄性的攻击性也降低了。人们把这一系列相关的特点称为"驯化综合征"。

自我驯化的物种

人类是一种具有很强社会性和包容性的动物。在网络、政界甚至日常生活中，我们会看到一些不好的行为，这些有时会使我们忘记了人类所具备的上述优点。更糟糕的是，犯罪、暴力和战争也使我们看起来就像一个极端好斗的物种。但是，历史显示，与 20 世纪乃至再早以前相比，平均而言，人类的暴力性已经降低了。虽然我们还有需要改进的地方，我们事实上正在学习如何更加和平地相处。

如果与人类现存的最亲近的物种，如黑猩猩和倭黑猩猩相比，我们进化得就非常好了。在其他类人猿中，大的群体会自然分解，而且遇到同一物种中的一个不熟悉的成员，它们的本能反应就是恐惧和压力。绝大多数情况下，我们能够做到与其他人住得非常近，遇到陌生人反应也很平静，还能在共同的工作中进行特别良好的合作。事实上，正是互相合作和互相帮助的能力，才使我们成为一个特别成功的物种，也使我们累积、发展出了灿烂的文化。而要有互相合作和帮助的能力，我们就必须变得温驯。

人类大约在 20 万年前出现于非洲。智人一开始可能就具备象征行为的能力（包括艺术能力和以口头语言进行沟通的能力）；甚至在数百万年前，人类与尼安德特人的共同祖先可能也有这种能力。在早期的考古记录中，象征行为只是偶尔出现，比如古怪的穿孔贝壳和怪异的磨制赭石。但是，到了距今 5 万年以后，这些行为就大量出现了。我们能够看到，从那时起，人类开始制造多种多样的物品；他们开始创造出如此丰富的艺术，其中有一些，比如象牙雕刻和洞穴壁画，一直流传到了今天。人们曾经从人类学上对文化在塔斯马尼亚和大洋洲的传播进行过研究，发现了一条线索，能够解释到底是什么释放了人类的创造性。如果可以就此类推的话，可以认为，随着人类种群扩大，流动性增强，互相之间又有足够沟通，思想就出现了，然后就会生根、扩散并发展，最终，冰河时代的文化就出现了。

但是，种群密度的增加对于任何物种都会构成巨大的挑战。人越多，需要的食物就越多；人们对资源的竞争也就越激烈。有人认为，只有当社会宽容度非常高的时候，"现代人的行为"（累积发展的复杂文化形态）才有可能出现。当我们的恐惧心理减少，互相的敌意减少，并且更加乐于和其他人交流，我们就是在学习了。

在其他动物（从银狐到老鼠等）的进化选择过程中，攻击性倾向被摒弃了。这导致其行为发生了许多变化。我们能预想到，这些动物会变得更加友好。但是，在由激素引起行为变化的同时，它们的身体也会有变化，特别是在头部和面部的形状上。比如，人类驯养的银狐，除了毛皮中有一片一片的白色之外，犬齿和头骨变小了，鼻子也变得更短。实际上，驯养的成年银狐看起来就像是野生的未成年银狐。

在过去20万年间，人类的头骨也发生了变化，看起来不再那么粗野，眉骨不再突出，骨骼整体也变细了，男女犬齿的差异也缩小了。这一变化模式与我们所见的银狐及其他驯养的动物相似。这一变化可能与睾丸激素的减少有关——这种激素既影响动物的行为，也影响其生长。在不同的发育阶段，睾丸激素的影响也不相同。在母体子宫中睾丸激素多的个体，其前额一般会比较小，脸庞比较宽，下巴比较突出。青春期睾丸激素较高的男性，脸形会较长，眉毛也会更浓。拥有这种非常"男性化"脸形的男人，通常被认为更加强势。

看一下早期智人化石，他们通常比更晚的智人眉毛更浓。但是，能否准确地确定这些变化是在何时发生的呢？美国有一组进化人类学家决心去研究。他们对一些头骨标本进行了测量和比对，其中一些是距今20万年到9万年之间的，一些是距今8万年之后的，还有大量更晚期的标本，在距今1万年之内。他们发现，与晚期标本相比，距今9万多年的头骨上，眉骨更加突出。早期标本中，脸形也更长。这种"女性化"的脸形一直持续到了全新世。脸形的这些变化有可能就是由睾丸激素含量的变化引起的。如果是这样，那么，细长而又女性化的头骨（男女都有）可能就是随着人类种群的增长，进化过程中选择了社会容忍度的一个副产品。不难想象那种选择压力是如何发挥作用的。正如遗传学家史蒂夫·琼斯所言，进化是"一场考试，但要写两篇论文"。仅仅生存下来是不够的，还必须繁殖，将基因传给下一代。如果一个人离群索居，那就很难完成第二篇论文，甚至都没机会做。随着人类社会的发展，我们的祖先开始居住得更为密集，他们的生存还依赖于更大的社会网络。这样看来，我们可能是在非常不经意的情况下完成了自我驯化。

驯化的动物与人类还有一个共同的特点，并且，人类将这一特点发挥到了极致。那就是，进化的速度很慢。我们的儿童时期比野生同类要长。与成年人相比，婴儿和未成年人更容易信任他人，更加友好，更加爱玩，学习能力也更强。我们设想一下驯化动物的各种情形：它们要么被人类容忍，要么是被捕获，然后不仅习惯于和人相处，而且还与人合作。如果是这样，那么，我们谈论未成年动物（不管是小狗、小牛还是小马）就更有意义了。如果在每一代中，那些长得更慢、学习时间更长的个体更有可能与人类发展盟友关系，那么，我们就能发现，物种驯化是怎样在非常不经意的情况下，施加了一种选择压力，让动物的幼年期变得更长。

在自我驯化过程中，我们也改变了自然选择作用于人类的方式：使它偏爱那些幼年期（或者，行为像幼年期的）更长的个体。这一转变似乎很简单。过去有些假说认为，"幼态持续"是问题的关键：这是一种发育停滞，即成年人不管是体质上还是行为上仍然与小孩相似。生物学，特别是遗传学上的细致分析证明，上述假说是完全错误的。事情永远不可能那么简单。像孩子一样的变化只是部分的结果，却不能完整解释"幼态持续"的原因。实际上，关于人类基因、激素以及环境（包括其中的其他物种）之间的互相作用，我们的理解只是刚刚起步。尽管如此，还有一种东西，能够将所有这些变化（神经的、体质的以及解剖学上的）连接起来。不同动物身上的"驯化综合征"中，都有这些变化。这种东西就是胚胎中的一个细胞种群，它们能制造出许多身体组织，包括肾上腺细胞、皮肤中的色素细胞、部分的面部骨骼，甚至还有牙齿。这些胚胎细胞被称为神经嵴细胞，它们的不同命运似乎与"驯化综合征"的特征完全吻合。如果要预测与神经嵴细胞有关的一两个缺陷基因的影响，你很可能会说，它会影响激素和行为，会影响脸形和牙齿大小，还会使皮肤色素发生一些有意思的变化。目前，这还是一个假说，但很有道理：根据它所做出的预测是可以验证的。人工驯化动物的胚胎中，神经嵴细胞的数量会更少。如果我们能找到与物种驯化关联的基因突变，这些基因突变又会影响胚胎神经嵴细胞，那么，就能解释整个"驯化综合征"的基础，并且也能解释，为何不同的哺乳动物在驯化中会显示出类似的变化。问题的答案需要时间，以及更多的研究。

18世纪哲学家让－雅克·卢梭认为，在某些方面，人类与野蛮人相比，其实是退化了的；最初的野蛮人其实很结实，而人类则有些苍白羸弱。其他人文主义哲学家则把人类自身的"驯化"看成一种积极的进步，认为它使人类脱离了野蛮原始的状态。与此同时，关于人类自我驯化的研究，深深陷入人们的政治和伦理解读之中。生物学理论总是被如此滥用，但是，进化实际上与伦理无关。有的情况之所以发生，是因为自然选择偏爱那些在某一时刻、某种特定环境下表现好的适应性变化，同时剔除了其他的变化。对祖先有利的东西，未必对今人有利。从道德视角来看，我们的祖先既不比我们差，也不比我们好。我们彼此近距离地生活在一起，仅仅是因为这样有用，并非因为这样是在道德上有多么高尚。我们不能认为，狗在道德上就优于狼，牛就优于野牛，或者说人工种植的小麦就优于野生小麦。

如上所见，随着时间的推移，人类身体上发生了一些变化。这些变化似乎反映出，他们脾性中的攻击性降低，宽容度增加。这一现象不仅与家养动物相同，而且还与某些野生物种之间的差异类似。倭黑猩猩是黑猩猩的近亲，但是，前者的攻击性更小，更爱嬉戏。与黑猩猩相比，倭黑猩猩的发育也更为缓慢，它们的幼仔一般来说更少恐惧之心，也更依赖母倭黑猩猩。与黑猩猩相比，不同性别的倭黑猩猩之间，头骨形状和犬牙大小的差异也不大。很关键的一点是，与驯化银狐相同，这些解剖学上的变化似乎也是自然选择（指倾向于选择社会性）的副产品。在哺乳动物进化过程中，有一种类似"自我驯化"的过程似乎非常普遍——只要提高社会宽容度对进化有用，它们就会"自我驯化"。

有些哲学家认为，人类自我驯化是对正常进化规则，特别是自然选择规律的背离。但是，其他野生动物中也有类似特点，这一事实证明，上述认识是完全错误的。实际上，即使选择的是一种不具攻击性的社会合作行为，自然选择仍然在起着作用。我们有时会把人类自身当成一个特例，但事实并非如此。正常的规则仍然适用于我们。

说起我们所驯化的动物，我们有可能真是撞了大运。我们只是利用了它们自然的潜力，对其进行驯化，使之成为我们的朋友。一些动物身上的这种潜力比另一些动物更大。这取决于其社会形态以及它们与其他物种交流的方式如何进化。这种潜力上的差异也许能够解释，为什么狼比狼獾更易驯化，马比斑马也更易驯化。而我们人类则更倾向于自我驯化。类人猿是一种社会动物。我们发现，居住得越密集，种群就越易于成功；于是，我们的社会性就变得更强。什么也阻挡不了我们。要说起孩子气、贪玩、相信他人，我们胜过了其他物种。新石器时代来临时，自然界具备了支持人口增长的潜力，我们的祖先也就在这一自己创造的环境中兴旺发达起来。随着人口激增，人们比以前居住得更加密集，进化过程中对社会容忍度的选择也更加强烈。在他们那狭小的泥砖屋子里，恰塔霍裕克人实际上是分层居住的。今天，人们能够在拥挤的大城市中生活，正是因为我们的社会容忍度很高，正是因为我们实现了自我驯化。当然，被我们改变的，不仅仅是我们的环境。

新石器时代的遗产

人类对环境的深刻影响，不仅是地区性的，而且是全球规模的。通常，人们认为，人类所引起的气候变化始于18世纪和19世纪的工业革命。自那时起，我们燃烧的化石燃料越来越多，提高了大气中二氧化碳的含量，使得地球变暖。但是，实际上，人类对全球气候的影响开始得要早得多，自新石器时代就开始了。南极冰芯能够提供古时大气中二氧化碳和甲烷含量的记录。在过去40万年间的绝大部分时间里，这些气体的浓度都在可预测的自然周期里上下浮动。但是，这一浮动模式随后发生了变化。二氧化碳的浮动模式从8000年前开始变化，甲烷则从4000年前开始。这些气体的浓度在本该下降的时候却上升了。这两个时间节点与亚洲西部和东部新石器时代出现的时间吻合，并且也和农业的传播和发展吻合。从游牧到农业的转变对环境产生了巨大影响，因为人们要毁林开荒，二氧化碳就被释放到了大气层里。这有可能延缓了一个冰河时代的来临。如果冰河时代来了的话，冰层就又会覆盖北半球。就在这一段气候的稳定期，人类文明发展壮大起来。但是，人类已经做得太过了。我们不仅是在影响全球气候，而且是在刺激它。并且，我们并不理解这样做的长远后果。如果说，数千名用着石制工具的人就能在无意间引起气候变暖，延缓了冰河时代的到来，那么，现在世界上有70多亿人口，又会造成怎样的破坏呢？

人为原因引起的气候变化不仅对我们，而且对许多其他物种都构成了威胁。但是，一方面，人类面临着一个紧急的任务，必须消减温室气体排放；另一方面，世界上的人还得吃饭。而且，世界人口还在不断增长。新石器时代之前，全球人口最多时也只有几百万。农业的出现使得人口出现激增。据估计，到了1000年前，全球共有3亿人口。到了1800年时，全球人口增长到了10亿。

20世纪时，全球人口从16亿猛增到了60亿。因此，农业生产需要巨大的进步。它也确实取得了巨大的进步，这就是绿色革命。从1965—1985年，平均粮食产量增加了50%多。人口增长率在20世纪60年代达到顶峰，现在正在下降。现在看来，到了21世纪中期，全球人口数量似乎会稳定在约90亿。但是，即使这样，到2050年，我们还要给再多10亿的人口提供食物。这足以引起一场温和的马尔萨斯恐慌①。

我们似乎需要再来一次"绿色革命"，但是，第一次绿色革命实际上根本不是一种可持续的解决方案：生产率提高的代价太大了。就每生产一粒粮食而言，现在的农业比那次农业革命（实际上不足以称为绿色革命）以前耗能更多，更加依赖化石燃料。农业排放占了全球温室气体排放的约1/3：有在热带毁林开荒的，有家畜放屁排放的甲烷，也有水稻田的微生物产生的甲烷以及土壤施肥后飘起的一氧化二氮。现代农业还有其他问题：种子更加昂贵，更加强调单一作物和经济作物的栽培，贫苦农民的生计因而受到了威胁，等等。大量使用化肥也对人类健康和野生动植物造成了伤害。土地用途的变化，再加上杀虫剂的使用，已经杀害了大量的昆虫种群。有人甚至估计，化肥氮污染的环

---

① 担心人口增长过快会引起饥荒。

境和健康成本比它带来的农业收益还要大。但是，同样重要的是，虽然绿色革命促进了农业生产，但却从未解决全球饥饿问题。正是在这一点上，问题变得高度复杂化和政治化了，因为我们已经生产了足够的食物。问题是，这些食物并没有在合适的地方生产，或者价格并不合适。国际粮食贸易给势力强大的大企业带来了利润，但是却并没有把食物送到最需要的地方去。此外，我们还浪费着大量粮食，占了生产量的1/3。同时，在地球上，最穷的人还是买不起所需的有营养的食物。很明显，要实现每个人都有饭吃，我们的全球粮食制度需要进行一次改革。

仅仅依靠提高大型商业化农场的生产率是不大可能解决世界饥饿问题的。这些农场已经生产了大量过剩的粮食。世界上90%的农场都小于2公顷，因此，支持小农场主，提高他们的生产率，对于全球粮食安全是非常关键的。单纯关注产量也可能会引起更多的问题，如能源价格攀升、温室气体排放增加、动植物栖息地和生物多样性的丧失以及水体污染。生态学家辩称，最佳的方法并非是集约化和使用化肥，而是通过可持续的"农业生态"方法。这些方法旨在保持土壤和水的质量，支持而不是毒害传粉媒质。在我们和蜜蜂之间，是我们更需要蜜蜂，而不是蜜蜂更需要我们。

转基因技术可以在一定程度上帮助解决饥饿问题。此前我们以黄金大米为例，讲过怎样使一种主食能够为人们提供所急需的维生素。现在，我们已经有技术制造出这样一些农业作物，它们既更善于产生营养物质，又能天然地抗病耐旱。很快，我们就能繁育出抗流感的鸡和猪。这一前景似乎很有吸引力，能使我们更接近于实现全球粮食安全。但是，这种技术仍备受争议。

把器官从一个生物体移植到另一个生物体上（包括人体器官移植）总是会引起人们的惊恐。过去，甚至连果树嫁接都会遇到一些伦理上的反对声浪。公元前 3 世纪的犹太法典《塔木德》中，就制定了圣经律法，明确禁止将一种树与另一种树嫁接："苹果与野梨、桃和扁桃、红枣和滨枣虽然相似，但是也要禁止嫁接它们。"将两种不同的动物杂交也是被禁止的。似乎从很早的时候起，人们就对跨越物种界限有担忧，有一些人甚至对同一物种内部的嫁接都会谴责。16 世纪的植物学家让·鲁尔把嫁接称为"插入式的乱伦行为"。绰号"苹果佬"的约翰·查普曼也对这种行为大加抨击。19 世纪早期，正是他用独木舟把成船的苹果种子运到北美边境地带，建立苹果树苗圃。他曾被引述说："他们能通过那种方式改良苹果，但是那只是人的一个小花招，那样将树切断是很邪恶的。正确的方法是选择良种，将其种植在肥沃的土地里。只有上帝能够改良苹果。"

人们很容易掉入这样一个陷阱，即把物种看成单一而且不变的。在人短暂的一生中看不到一个物种变成另一个物种，这一事实更强化了上述观念。但是，物种当然不是不变的。这就是进化的经验，从化石、生物体结构及其 DNA 中都可以看出。而且，事实上还有这样的例子，即在人的一生中（甚至更快），我们确实能够看到物种的变化。细菌繁殖进化得非常快。细菌抗生素耐药性的出现和传播就是一种进化意义上的变化，这种变化速度很快、很新，而且很令人类苦恼。但是，我们还是有可能看到动物身上"实时"的进化变化，特别是当环境发生巨大变化时，另外就是经过选择性繁育之后。贝尔耶夫在银狐身上所做的实验就显示，这些变化发生的速度有多快。达尔文在《物种起源》中侧重描述驯化过程中的多样性和变化，正是因为他知道，这正是物种易变性的证据，而对这一证据，每个人都很熟悉。一旦论述了这一点，展开了有关人工选择后果的证据，接下来，他就可以描述无心的自然过程是如何产生类似结果的：自然选择是如何发挥作用，创造出地球上多样的生命体。

物种是在不停变化中的。即使没有新奇的基因突变，一个种群中某些类型基因出现的频率也会随着时间推移而变化：通过基因漂移和自然选择，或从其他物种中引入基因。导致基因发生这种变动的，正是物种成员与其环境之间的互动，有一些变体与其环境之间的互动更显良性。虽然基因突变不是物种出现新奇特点的唯一原因，但是，一旦发生，就能给基因组合中引入新的可能性。在有性生殖中，随着配子的产生，DNA 就会被重组；此外，当母体和父体的染色体在受精卵中相遇，就会创造出新的基因。因此，有性繁殖是从现有基因材料中制造出新的变化来。环境变化也会带来新的不同的压力。这种环境不仅仅是物理意义上的，而且是生物学意义上的，它包括了某一生物体接触的所有其他物种。

多个世纪以来，我们通过改变驯化物种的生物环境和物理环境，影响了它们的进化。我们把它们带到了全球。我们对它们交配的伙伴也能进行管理。我们还保护它们不被其他动物吃掉，同时又保证它们有足够的食物。我们深刻地影响了它们的 DNA。但是，此前我们所做的一切（辐射育种除外）都是间接地改变基因组。而基因编辑技术使我们可以直接改良基因。

正如新近人们所发现的，许多物种，包括我们自己和我们驯化的盟友，都显示出杂交的特性。这是一项实实在在的发现。甚至连遗传学家都很惊讶，"物种界限"原来是如此易于穿透。这当然会给我们提供一个不同的思考视角，从伦理角度去看待将基因从一个物种转移到另一个物种之上的现象。

绿色运动的态度似乎有了一点转变：他们不再全面排斥转基因技术，而是趋向于把这种技术视作一种有效的、对环境敏感的工具。托尼·朱尼珀是一位保护生物学家，同时也是《地球之友》的前任主编。2017 年 3 月，他在 BBC 四台的《今日》节目中发言时，就转基因表达了一种谨慎乐观的态度，说起利用基因编辑技术的潜力去"加快选择繁育的进程"，将有用的等位基因在一个物种中传播开来。他评论道："你可以从人工栽培植物的野生同类中提取基因，再更为有效地应用到农作物品种中……帮助解决各种问题，如气候变化的影响、土体损伤和水短缺。"现在，有人甚至都开始谈论"转基因有机体了"。如果转基因技术能够成为新的、真正意义上的绿色革命的一部分，它确实就实现了命运大翻转。

但是，从伦理上考虑转基因现象不仅仅局限于其可能带来的生物学问题，还有一个谁来承担这项工作以及谁来获利的问题。还有人们对食物主权的担忧，担心有人会将新技术强加给不想要或不需要的人群。另一方面，抗虫害的转基因茄子和添加了维生素的黄金大米又可能让我们能够支持那些贫穷的小农场主。阻止人们利用这些机会，特别是在根本不了解农民及其群体想法的情况下这样做，最终只能维持现状，结果只有北半球的富国从这些新的技术进步中获益。还有一种方法，显得要更为公平一些。它支持最贫穷的农民自己做出知情的选择，因而显得不那么具有包办的色彩。

罗斯林研究所的遗传学家在鸡身上进行了基因编辑研究。他们并没有去劝说人们接受这一技术，而是想让人们了解更多情况，然后自行决定。对于转基因技术，他们的态度至少不是狂热或者自以为是的。我认为，与私人企业所做的工作相比，对于在大学里研究和发展的科技而言，人们的这种态度至关重要。因为，绝大多数大学里的科学家研究的目的是因为他们相信，这种研究对人类有益。他们一般都具有非常强的自我批评精神，为人谦逊。即使资助者怂恿时，这些科学家也不愿夸大其词。我确信，对于我们高等教育机构里的那些更具商业头脑、只想着利润的管理人员来说，这确实会令他们备感受挫。但是，这（指这些科学家的做法）绝对是必要的。使用公共经费的科学家不应该追逐利润最大化。相反，他们应该能够自由地追随自己的好奇心，为了大众利益而探索各种可能性。

我遇到过的遗传学家中，没有一人把转基因技术说成是万能药，但是，他们认为，这种技术在实际中可能会有一些用处，并且，他们还急于与发展中国家的农民合作，探寻转基因技术的用途。罗斯林研究所的迈克·麦克格鲁为自己在非洲的一个项目而激动万分。这一项目由盖茨基金会资助，主要是为了改良恶劣环境下鸡群的品质。他坚信，有关这项技术的工作需要抓紧，并且还要与当地人进行有效沟通。他还提及了参与的另一个项目——努力在非洲繁育出一种能抗锥体虫病（一种寄生虫病）的奶牛，其手段是将另一个物种的基因引入到奶牛体内。"你必须提前把你的计划告知当地人，并询问他们能否接受……我们不能将自己的价值观强加给其他人。"

也许，这一新技术面临的最大问题就是食物主权问题。农业不仅与食物生产有关，还与权力和利润有关，而权力和利润又都集中在北方富国手里。有这样一种危险：新的转基因品种不管有多么高效、强大，抗病性有多强，结果也可能只是固化了全球食物系统中原有的不平等，使得小农场主又一次被剥夺了选择的权利。在很大程度上,像"抗农达"大豆这样的第一代转基因农作物都与穷国没什么关系。但是,如果管理不善,第二代转基因农作物就会剥夺全世界贫穷农民的权力和决策权。

就传统而言,或者说,至少按照过去几百年的传统,农民都被当作农业知识的终端用户,而不是这种知识的创造者。这与新石器时代开始时的情形大不相同,而且实际上还与田间地头(比如龙胜的水稻梯田以及英国的果园和草场)的现实情况极不相符。农民总是在实景实验室里创新并测试各种可能性;他们比任何其他人都更了解自己的土地。从一开始就有农民参与的研究项目都会有丰厚的回报;相应地,农民也更愿意接受由自己协助开发的创新技术。农业技术发展领域的专家认为,整个制度都应该被颠覆过来:农业技术项目应该是从基层农村推动,再辅以各国政府和国际组织的支持;不应该采取现有的自上而下的规则,因为它的重点只在于政策、贸易协定和监管。

这一问题纠缠扭曲,紊乱不清。我们既要找到一些方法,在合适的地方生产足够的食物,又要适应气候变化,并且尽可能不使其继续恶化。此外,还要保护生态环境,提高贫穷农民的生活水平。不管解决方案是什么,我们在研究时都得保持多方沟通。我们真正需要的是一个集成的整体战略。但是,这一战略应该既从地区层面,又从全球层面仔细权衡得失。如果我们要为自己、为家养动物以及野生物种做出理性决策,那么,我们就要摆脱固有的二分法和教条理论。我们的战略不能简单化地归结为要么发展产业化的集约农业,要么发展对野生物种友好的小规模生产;也不能归结为要么使用化肥,要么发展有机农业;还不能归结为要么发展现有品种,要么创造出新的转基因品种。

并且，我们的解决方案也会因地域而不同。

所以，问题经过整理，就成了全球食物生产和食物安全问题。除此之外，就不是问题了。还有太多的人在忍饥挨饿，我们需要尽快找到解决之法。如果这还不算是一个巨大的挑战，那么，地球上其他的生命怎么办呢？还未被我们驯化的其他所有物种又该如何？野外环境又会怎样呢？就地球而言，新石器时代的真正遗产并不是人类怎样生存和发展，而是我们周围的其他物种（指那些尚未被人类驯化的）怎样被这一革命性的变化所影响。

野外自然环境

大约 10 年前，我乘飞机经过马来西亚上空，看到森林退化的情形时，感到了一种揪心的伤感。那情形我现在依然记得。小山和河谷里古老的热带雨林已经被毁得干干净净，推土机驶过，在地面上留下了奇怪的脊线，就像是一道道的手指印一样。绿色重新出现的地方，全是一排排整齐的棕榈树苗。采用单一作物栽培模式的棕榈树农场占据了大片土地，其栽种样式都是规范的，连那绿色都是标准化的。和我一起摄影的马来西亚人与棕榈油产业有联系，于是，我温和地表达了我的担忧。他回答说："可是，几千年前，你们就毁了你们岛上（指英国）的树林，所以你们没有权利对我们指手画脚了。"

目前，为了维持人类生活，我们正在把生物圈推向极限。现在，地球上已经有 40% 的土地在被耕种。随着人口和食物需求的增加，又有多少土地会被用于农业，来种粮食或作为家养动物的草场？要平衡食物生产与生物多样性和野生环境的保护，究竟还能不能办到？

　　人类所养的家畜，特别是牛、羊和水牛这样的大型哺乳动物，对地球而言是一个巨大的负担。地球上有 70 多亿人口，但却有 200 多亿头家畜。目前，我们种植的植物中，有 1/3 都喂养给了这些动物。我们种植的谷物中也有越来越多地被用于喂养家畜家禽。这是一种本末倒置的趋势，它使得食物生产所需能量更多。我们可以中止或少吃肉。至少，我们可以不去吃用粮食喂养的牛的肉，而选择吃用牧草喂养的牛的肉，或者也可以不食用牛肉，而食用家禽（它们需要的能量较少）。不用让农业更加集约化，也不用投入更多能量和化肥，只做出上述改变，我们就能使现有的食物系统更加高效。但是，也许我们需要考虑一下，我们到底还有没有理由再饲养家畜家禽。正如联合国环境规划署在一份报告中建议的，我们是不是应该考虑在全球范围内都吃素呢？

　　人们将许多生态问题都归咎于家畜家禽，这并没有错。但是，它们并不总是对生态系统有害。有时候，一些土地很难进行农耕，那么，饲养动物就可以是一种从地里获取资源的方法。在这种情况下，动物并没有占用本可用于种植农作物的土地。然而，有时候，放牧却会有灾难性后果。作家、环境活动人士乔治·蒙博曾经辛辣地批评，英国用于放牧的土地就是"被羊毁了"。但是，这种灾难的程度也可以缓和，比如，只要精心管理，放牧也是有助于维持像草地这样的自然环境的。在冰河时代末期，许多更新世巨型动物都消失了。现在，那些动物曾经扮演的角色可以由家养的巨型动物承担。有一些动植物需要在更为自然、开放的环境中才能获得良好生长。而通过其吃草和踩踏行为，家养巨型动物可以帮助维持这种环境。在混合农业模式中，家畜家禽还会通过排便给土壤施肥，这样就帮助实现了营养物质的循环。而且，非常重要的一点是，家畜家禽是蛋白质和其他营养物质的来源，而这些物质仅从植物中是很难获得的。这种情况在发展中国家尤为明显。此外，皮毛一类的副产品也很重要。而且，在一些农业机械化程度不高的地方，家畜还被用于拉犁和运输。最后，人类、家畜、家禽之间还有通过那份"古老的契约"建立起来的联系：这是一种难以估量的文化价值，但是，它在人类的神话故事中表现得非常明显，并且，现在我们也能强烈地感受到。

我们需要仔细研究，家养动物在未来农业中会占有什么样的位置。对全社会而言，这个问题都是具有关键意义的，需要我们对不同因素的价值进行认真思考，比如，一方面要限制二氧化碳排放，另一方面要改善土壤质量，或者要保护开放的自然环境，等等。农业产业化系统的效率可能很高，但是也会累积很远的动物"食物里程"，并且引发有关于动物福利的问题。加拿大土壤科学家和生物学家亨利·詹森认为，对于每一处地方，我们都要进行探讨，权衡饲养家畜家禽的利与弊，并问一下："家畜家禽怎样才能在此以最佳的状态生长？"有时候，答案会是：它们不适合在此地生长。但是，有时候，某一地方特别适合养绵羊、山羊和牛——这些我们自古以来的盟友。我们可以做到既享用这些偶蹄伙伴带来的好处，又可以通过努力，将对环境造成的压力降到最低程度。

但是，我们应该让农场占用多少土地呢？这一问题的核心是，我们是要尽可能地提高农田的生产率，还是要发展野生物种友好型农业？采用集约型和"土地节约型"方法，就意味着要接受野生物种从农田中消失。但是，通过提升农业生产率，我们就能更多地保留真正野生的环境。从表面上看，这一选择似乎有其道理：如果我们把农田圈起来，尽可能提高其生产率，我们就可以在其他地方给野生物种留出更大的空间。但是，生态学家辩称，这在现实中根本行不通，原因是野生物种无法在孤立的小片栖息地中生长。在受到人类保护和管理的野外环境以及半自然的栖息地里，野生物种（不管是蜜蜂、鸟类还是熊）生长得更好。在英国，自从 20 世纪 60 年代以来，农业集约化已经对自然界的生物多样性造成了深刻影响。环境友好型农场非常重要，既可以作为野生物种的避难地，也可以是连接各个物种的纽带。因为，传统农田里的灌木篱墙就可以形成一道道连接各个野生物种的走廊。有机农业目前只占全球农业的 1%，它能支持生物多样性，生产率也几乎可以赶上常规农业，但是，却有更高的利润率。因此，它貌似成了最可持续的一种选择。然而，要既实现食物安全，又实现生态系统安全，需要在不同的地方采取不同的方法。关于"土地共享"（指野生物种与驯化物种共存）和"土地节约"（指尽量提高土地生产率，节约出的土地留给野生物种）的争论还在继续。在全球范围内进行非此即彼的选择是于事无补的，生态系统太过复杂，其问题不是两分法就能解决的。这个问题一开始就应该聚焦当地，仔细研究每一处地方的动植物，研究面临的机遇和可能承受的压力。

从经济角度讲，保护野生环境和野生物种也是必要的，农业的未来依赖于此。家养物种的野生祖先身上存在着多样化的基因，而每一次驯化的过程都包含从它们身上提取的基因样本。驯化物种的 DNA 经常能显示出明显的"瓶颈效应"，它们有时是与最初的驯化有关，但也与过去几个世纪以来选择性繁育的聚焦方向有关。正是这些"瓶颈效应"创造出了我们今天种植和养殖的各个品种。绿色革命关注的范围更为狭窄，只集中于一些更为多产的栽培品种，这就引起了多样性的又一次收缩。因此，一个看似漂亮的解决方案，实则给我们整个食物生产系统都构成了严重威胁。任何生态系统或物种对未来的适应性都在于其所包含的多样性和可变性。这一点，我们看一下物种的历史和地球上的生命体就会明白。如果我们过分地限制物种，就会严重限制其适应未来变化（指适应不同的病菌和自然环境的变化）的潜力。爱尔兰土豆大饥荒就是这种破坏性的有力证明。家养物种的野生同类就是基因和表型多样性的巨大仓库。理解进化的过程、探寻驯化物种的野生同类，不仅仅具有历史和理论意义。这些知识和野生物种既对现代育种计划很重要，也对驯化物种的未来很重要。即使是出于非常自私的原因，我们也需要继续进入这一野生基因库。对野生有利的事，也对人类有利。我们是在进行同一场游戏：进化和生存。我们的命运与其他物种的命运连接在了一起，不可分割。

在基因层面上，人工驯化物种的存在会威胁到野生物种。人工驯化物种和野生物种、人为环境与自然环境之间的差异已经越来越模糊了。人工驯化物种的基因已经从园子里逃到了野生环境中去，实际上，这种情况一直都在发生。我们还不能确定，这种基因渗入现象对野生物种意味着什么。自然选择最终会淘汰这些"驯化"基因——实际上有可能已经淘汰了；或者，这些基因可能是有益的，从而得到了保存。最近的研究显示，在野苹果基因组中，存在着许多流行的人工栽培品种的DNA。这对野生苹果的未来进化可能会有重要影响，并且有可能减少了它们对于未来苹果树改良的用处。而且，监管再严，都不能排除DNA会从转基因生物体中逃逸到野生物种中。

驯化物种与其野生同类之间的基因关联提醒我们，人类是处于多么复杂的一个进化关系网络之中。人类驯化的物种并没有"离开大自然"，它们仍然是自然的一部分，人类自身也是如此。我们可能对于地球上其余的部分产生了极为深远的影响，但是，我们仍然是一个生物学现象。如果说认识到人类是自然界的一部分有什么意义的话，那就是，它会鼓励我们对于自身产生的影响多加思考，对我们影响其他物种的方式多加思考。我们不能与所有这些生命隔离，但是，我们也许可以推动物种间的互动向积极的方向发展。着眼农业的未来不应该是我们保护野生物种的唯一理由。我们理解自身作为一个物种对于生物多样性的威胁。我们要尽量在人类衣食的基本需要和维持其他物种（不仅指驯化物种，还有野生物种）生存的需要之间建立平衡。这是我们在道义上的义务。

我们已经成为地球上一股强大的进化力量。我们影响环境，改变气候，与其他物种形成共同进化的关系，推动所偏爱的动植物向全球扩散。在扩散的过程中，经过有人类介入的自然选择，再加上驯化物种与野生物种的杂交，其基因组也被改变了。苹果仍然保留着天山山麓野生果园里的源头记忆，但是，它们的基因构成中，却有了更多的欧洲野苹果的基因。同样的情况也发生在家猪身上。它们起源于安纳托利亚，但是，在向欧洲扩散过程中，与野猪发生了杂交。最后，它们的线粒体DNA特征都被当地野猪所取代。马在从大草原向外扩散时，也与其野生同类发生了杂交。今天的商品鸡产的蛋是黄色的，这一特征是鸡的祖先在南亚与灰色原鸡杂交时形成的。通过起源、扩散和杂交的进化模式，每种驯化物种身上都形成了一种非常复杂、难以解开的基因结构。不同地方野生物种的基因被引入人工驯化物种中，经常使人们认为，曾经有过多处驯化地点。但是，随着遗传学从仅仅研究线粒体DNA发展到研究整个基因组，随着人们从考古遗物中提取古代的 DNA，关于进化的真实图景开始浮出水面。结果证明，瓦维洛夫和达尔文都是对的。瓦维洛夫曾预言，绝大多数驯化物种看起来确实只有一个独立的地理起源。但是，达尔文认为，驯化物种可能有多个祖先，这并不是因为有多个独立的驯化中心，而是因为物种扩散时与其他品种发生了杂交。曾有人宣称，牛还有第二处驯化中心，正是在那里诞生了瘤牛。但是，更可能的情况是，牛只有一个最初的驯化中心，是在近东地区。长久以来，人们也认为犬起源于欧亚大陆两个相距很远的驯化中心。但是，最新的分析显示，犬极可能也是出现于一个单一起源地。然而，猪可能是这一规则的例外。有证据显示，它在欧亚大陆西部和东部各有一处驯化中心。

与 10 年前相比，我们现在对物种驯化的理解要深刻得多。10 年前，我们给驯化物种和野生物种划的界限太过机械和生硬。我们一方面解开了人类盟友的进化史，一方面也阐明了我们自身的进化史。与它们一样，我们也是杂交动物。与马、牛、鸡、苹果、小麦和大米一样，我们走遍了全球，在新的环境里居住下来，并且与"野生"同类杂交。

现在，人类无处不在，我们驯化的物种也与我们一起，成为一个全球现象。很明显，驯化物种进化的成功很大程度上依赖于我们。但是，其他未被人类驯化（包括播种、嫁接、培育和约束等行为）的物种，其进化的成功则有赖于其生存能力。而它们生存的世界受到了人类及其驯化物种的深刻影响。现在，我们比以往更加需要培植物种的野性。我们再也不能认为，我们可以与自然界的其他部分隔离开来；我们需要学着如何与自然相处。21 世纪人类面临的挑战似乎是，学习如何接受与各物种之间的相互关系，与野生物种共同成长，而不是去征服它们。

在我即将完成此书的时候，我的苹果树吐出了新叶。今年我把苹果树修剪得很厉害，一是要让它们多结果，另外还想让它们更悦目。剪树时，我会后退一些，就好像画画时一样，试验着构图的平衡性，然后再走到树跟前，修剪一根树枝。花全都谢了，在原来长花的地方，出现了又小又圆又硬的新苹果。在未来几个月里，它们会不断膨大。夏季的酷热消退之时，苹果就可以吃了。在苹果树下，樱草淡黄色的小花仍在随风摇曳。我在割草时很小心地绕过了它们。孤独的蜜蜂在嗡嗡地叫着。在花园之外的田地里，有些黑色的小公牛把头伸过墙去吃着常春藤。有一只身上有斑点的大啄木鸟在一棵苹果树身上啄着，在树皮里寻找昆虫当作美味佳肴。在这里，野生物种和驯化物种之间，桀骜不驯的物种和听话温驯的物种之间，还是有分界线的。但是，最终，它们都是一体的：都属于一个生物宝库，互相之间交织纠缠在一起。

致 谢

那么，我该说些什么呢？对我那些可亲的同事和朋友，我永远都怀有深深的谢意。他们与我分享他们的专业知识，通读《驯化》一书，给我提出了他们宝贵的意见建议，还进行了一些增补。感谢爱丁堡大学罗斯林研究所的亚当·巴里克、海伦·桑和迈克·麦克格鲁，你们在论述鸡那一章和遗传学方面给了我帮助；感谢伊万娜·卡米莱里给我短暂讲过西班牙语，还给我讲过"佐莉塔"的含义；感谢澳大利亚国立大学荣誉教授科林·格罗夫斯，他给我讲了许多进化生物学知识；感谢巴斯大学的劳伦斯·赫斯特，他给我讲了许多基因的精髓，并仔细读了我的书稿；感谢尼克和米兰达·克列斯托夫尼科夫，他们办了一场奇妙酒会；感谢牛津大学的格雷格·拉尔森，他是物种驯化领域的大师；感谢都柏林三一学院的奥伊夫·麦克莱萨特（他发现了基因突变）；感谢东英吉利亚大学的马克·派伦和华威大学的罗宾·阿拉比，他们在沉积物部分给我了支持；感谢亚当·卢瑟福，他帮我发现并解决了一些问题，并提出预先警示，当然，偶尔还开开玩笑；感谢自然历史博物馆的克里斯·斯特林格和伊安·巴恩斯，他们在切尔滕纳姆科学节上提供了大量信息；感谢伯明翰大学的布赖恩·特纳，他对细节如此关注，一直研究到了分子层面；还有凯瑟琳·沃克，她给我提供了最新的参考资料！任何错误和疏漏责任都在我，而且只在我一人。

还要感谢我最出色的编辑莎拉·里格比以及我最为用心的文字编辑莎拉－简·福德。我对我的文学编辑路易吉·波诺密所给予的巨大支持和鼓励一直心怀感激；还要感谢乔·萨尔斯比管理公司的整个优秀团队，他们将帮我发行本书。

戴夫，我还要感谢你。我知道，你认为这本书里都是你的观点，但真不是这样。好吧！也许你的贡献有那么一点点。

图书在版编目（CIP）数据

驯化 /（英）艾丽丝·罗伯茨著 ； 李文涛译. -- 兰州 ：读者出版社，2019. 1
ISBN 978-7-5527-0558-4

Ⅰ．①驯… Ⅱ．①艾… ②李… Ⅲ．①生物－进化－通俗读物 Ⅳ．①Q11-49

中国版本图书馆CIP数据核字（2019）第000857号

著作权合同登记图字：26-2018-0078

Tamed: Ten Species That Changed Our World
Copyright © 2017 Alice Roberts
Simplified Chinese edition copyright ©2019 Thinkingdom Media Group Ltd.
All rights reserved.
This Chinese edition of *Tamed* is an abridged and edited version of the original English version.

驯化

（英）艾丽丝·罗伯茨 著
李文涛 译

策划编辑　汤　胜
责任编辑　漆晓勤
特邀编辑　王　雪
营销编辑　李　莉
装帧设计　韩　笑
内文制作　杨兴艳

出　　版　读者出版社（兰州市读者大道568号）
发　　行　新经典发行有限公司　电话（010）68423599
　　　　　邮箱 editor@readinglife.com
经　　销　新华书店
印　　刷　北京中科印刷有限公司
开　　本　635毫米×975毫米 1/16
印　　张　24
插　　页　4
字　　数　276千
版　　次　2019年5月第1版
印　　次　2019年5月第1次印刷
书　　号　ISBN 978-7-5527-0558-4
定　　价　79.00元